科学出版社“十三五”普通高等教育本科规划教材

南开大学代数类课程整体规划系列教材

国家精品资源共享课配套教材

抽 象 代 数

邓少强　朱富海　编著

科 学 出 版 社

北 京

内 容 简 介

本书是南开大学代数类课程整体规划系列教材的第二本，主要讲述群、环、模、域等理论中最基础的知识，以大学一年级的高等代数课程为基础. 本书特别注意讲清定理、定义的来源以及其中包含的数学思想. 书中配有大量精心挑选的基本习题和训练与提高题.

本书可用于大学本科数学与应用数学专业两学期的抽象代数课程，特别适合国内985或211学校或类似的本科学校的该课程的教学，也可用于数学爱好者自学或数学工作者参考.

图书在版编目(CIP)数据

抽象代数/邓少强，朱富海编著. —北京：科学出版社，2017.6

科学出版社"十三五"普通高等教育本科规划教材 · 南开大学代数类课程整体规划系列教材

ISBN 978-7-03-053634-1

Ⅰ. ①抽… Ⅱ. ①邓… ②朱… Ⅲ. ①抽象代数-高等学校-教材 Ⅳ. ①O153

中国版本图书馆 CIP 数据核字(2017) 第 133247 号

责任编辑：张中兴／责任校对：彭　涛
责任印制：吴兆东／封面设计：迷底书装

科学出版社 出版
北京东黄城根北街 16 号
邮政编码：100717
http://www.sciencep.com

北京凌奇印刷有限责任公司印刷

科学出版社发行　各地新华书店经销

*

2017 年 6 月第 一 版　开本：720 × 1000 1/16
2024 年 6 月第八次印刷　印张：13 3/4
字数：278 000

定价：42.00 元

(如有印装质量问题，我社负责调换)

前言

本书是南开大学代数类课程整体规划系列教材的第二本, 适用于我国大学本科数学与应用数学抽象代数课程, 主要讲述群、环、模、域等理论中最基础的知识. 我们假定读者学习过大学一年级高等代数与解析几何课程的最基本内容. 但是除了一些例子中涉及高等代数与解析几何的知识外, 本书的绝大部分内容并不是真的需要高等代数作为基础. 我们的主要目标是让读者通过本课程的学习, 理解和体会代数学的基本思想, 为数学其他课程的学习或将来进行代数学的研究提供必要的代数基础.

全书共四章. 第 1 章讲述群的基本理论, 包括群、子群、商群、群的同态与同构、变换群与置换群、群的扩张、群在集合上的作用及 Sylow 定理; 第 2 章主要讲述环的基础理论包括环、子环与理想、同态、素理想与极大理想、四元数体、主理想整环与欧几里得环, 以及环上的多项式理论; 第 3 章是模论, 除了模的基本定义外, 主要讲述主理想整环上的有限生成模的结构理论. 作为应用, 我们给出了有限生成 Abel 群的分类以及线性变换的标准形理论. 第 4 章讲述 Galois 理论、包括域的扩张理论、Galois 理论的基本定理, 以及方程存在根式解的条件等.

本书的写作中我们特别注意讲清定理、定义的来源以及其中包含的数学思想, 而对于命题和定理的证明都会强调其思路. 为了做到这一点, 我们往往在引入新的定义或结果以前加入一些解释性的说明, 即使有时在职业的数学研究人员看来这可能过于琐碎甚至啰嗦. 我们认为, 现在的数学教育过于强调技巧和逻辑, 而对于数学思想的传授似乎有忽略的倾向. 当然我们的尝试是否合适, 还有待实践的检验. 我们特别期待读者对于本书的有些做法提出建议甚至是批评.

本书可用于大学本科数学与应用数学专业两学期的抽象代数课程, 特别适合国内 985 或 211 学校或类似的本科学校该课程的教学. 值得注意的是, 本书有一定的难度, 因此并不是所有高等学校的抽象代数课程都需要讲授全部内容. 如果是一学期每周四学时, 可以讲授群论的全部内容, 环论除了多项式理论的全部内容, 以及域论的前四节. 如果是一学期每周三学时, 则可以讲授群论的前六节, 环论的前七节, 以及域论的前四节. 如果是两学期的课程, 则可以讲授全部内容.

本书的习题是我们精心设计的, 分为基本习题和训练与提高题. 基本习题是围绕课程内容设计的, 属于基本要求. 一般说来, 一名普通的学生应该有能力完成其中的大部分. 而训练与提高题是为拓展学生视野和进行基础科学训练而设计的, 不在基本要求之内. 事实上, 即使是优秀的学生, 也不一定有能力全部解决这些问题. 除了习题外, 我们还在正文中设计了很多思考题. 这些思考题有的紧扣教材内容, 是为了加深学生对课程内容的理解, 有的是为了指出某些重要的结果. 一般来说, 学生在学习过程中可以解决大部分的思考题, 不过值得注意的是, 部分思考题难度是很大的, 只有参考的价值.

本书是我们根据多年抽象代数课程的教学实践, 通过深入研究和总结而编写的, 部分内容在南开大学数学 "伯苓班" 试用过多次. 本书的编写过程中也有很多学生和同事提出了大量宝贵的修改意见, 我们也根据这些意见多次进行校对和修改.

虽然如此, 限于作者水平, 书中不足之处在所难免, 敬请读者批评指正.

作 者

2016 年 12 月

目录

引 言

抽象代数是高等代数和解析几何这一课程在抽象层面上的延续. 在高等代数与解析几何中主要研究了多元一次方程组的求解及由此发展而来的矩阵、线性空间和线性变换等理论, 这些理论在抽象代数的理论体系中也占有举足轻重的地位, 不仅提供了大量的具体例子, 而且提供了很多思想方法. 一元高次方程, 即多项式理论的研究正是抽象代数理论发展的起源, 其历史可以追溯到 4000 年前的古巴比伦时期. 楔形文字泥板记录了 4000 年前的古巴比伦人对二次方程求根的探索, 实际上他们已经找到求根公式了. 然而经过了 3000 多年的沉寂, 直到文艺复兴时期, 在一批意大利数学家的努力下, 三、四次方程的求根公式问题才取得了突破. 首先是 Ferro 和 Tartaglia 独立的发现了后来被称为 Cardano 公式的三次方程求根公式. Cardano 的学生 Ferrari 在此基础上找到了四次方程的求根方法. 1770 年, Lagrange 用一种统一的方法来处理低于五次的方程的求根方法, 他的方法体现了根置换的思想. 不过在应用到五次以上方程求解时遇到了实质性的困难, 也提示人们五次以上方程未必有求根公式. 1799 年, Ruffini 证明一般五次以上方程不可解, 不过证明中有漏洞. 直到 1824 年, Abel 给出了后来被称为 Abel-Ruffini 定理的完整证明, 正式宣告一般五次以上方程不可用根式解. 尽管如此, 还是有很多高次方程是明显可解的. 法国数学家 Galois 在前人的研究工作的基础上引入群和域的思想来描述方程的根的对称性. 域论的简单性质就能给出古希腊三大几何作图难题的否定回答. 进一步, Galois 理论可以给出正 n 边形可以尺规作图的充要条件. 最为重要的是, 域论和群论的结合得到了一元高次方程可用根式解的充要条件. 从此, 代数学研究开始了新的篇章.

在很多杰出的数学家的努力下, 群论迅速发展成为一门崭新的数学分支. 出于判断方程是否可用根式解的需要, Galois 证明了 $A_n(n \geqslant 5)$ 是单群. 由此开启了数学家们对群论的核心问题——有限单群分类的研究. 这一史诗般的研究工作持续了百年, 跨越了整个 20 世纪. 从 1963 年 Feit 和 Thompson 发表长达 255 页的论文证明了 Burnside 关于奇数阶群都是可解群的猜想开始, 有限单群的研究进入了快车道. Gorenstein 引领了有限单群分类的国际合作, 并于 1983 年宣布分类工作完成. 然而, 漏洞很快被发现, 直到 2004 年这一漏洞才被一篇 1221 页的论文填补. 尽管目前公认有限单群的分类工作已经完成, 不过由于篇幅太长, 微小的漏洞仍然会被发现; 并且, 简化分类证明的工作也在不断进行中.

域论也在 Abel 和 Galois 的工作基础上不断发展. 1871 年, 数域的概念被 Dedekind 首先引入. 1881 年, Kronecker 定义了有理函数域. 1893 年, H. M. Weber 给出了域的抽象定义. 1910 年, E. Steinitz 研究了域的性质, 给出了素域、完备域等概念. 1928 年至 1942 年, E. Artin 系统地研究了群与域的关系, 发展了 Galois 理论. 到目前为止, 对于代数数域的研究始终是数论研究的一个重要方向.

比域论更广泛的是环论. 我们熟知的整数、多项式全体都构成环. 在数论的早期研究包括对 Fermat 大定理的研究中, 代数整数环的重要性不断体现, 其中的因式分解的不唯一性也给包括 Cauchy 在内的数学家们带来了极大的困扰. 1843 年, Hamilton 经过十年努力发现了四元数体, 这是一种不满足乘法交换律的环或代数. 很快, 在 1857 年, Cayley 引入了矩阵乘法, 矩阵代数得到迅速发展, 为包括环论在内的抽象代数的发展奠定了基础. 随后, Clifford, Wedderburn, Artin 等一批数学家为环论的发展做出了极大贡献. 其中最值得一提的是被誉为 "数学史上最重要的女性" 的 Emmy Noether, 她提出的模论使得抽象代数的很多概念和理论得以统一起来, 并被广泛应用到代数拓扑、代数几何等领域中. 实际上, 代数学领域内的各种表示理论都可以看做是模论.

第1章 群

在 18 世纪 Euler 和 Gauss 对于数论的研究中已经有了群的概念的萌芽; Lagrange, Raffini 和 Abel 对于方程根式解的研究中运用了根的置换的思想, 研究了置换群的性质; 群的概念的提出要归功于 Galois, 他利用群彻底解决了方程根式解的充要条件. 在 20 世纪, 群论的一个重大研究成果是在很多群论学家的共同努力之下完成了有限单群的分类. 当然, 群论的研究工作远远没有结束, 群的用途也越来越广泛. 如 18 世纪后半叶, Klein 把群的思想运用到几何分类的研究中, Lie 在对偏微分方程的研究中提出了 Lie 群的概念, 这些都开创了新的研究领域. 在其他学科, 如物理、化学等, 群论也有广泛的应用. 本章我们将介绍群的基本理论, 研究群分类的基本思想和基本工具.

1.1 半群与群

顾名思义, 抽象代数是在抽象的层面上研究代数结构. 简单地说, 一个代数结构其实就是一个定义了一种或多种运算的非空集合, 而我们要研究的正是其中的运算规律. 首先来看一些熟知的例子. 在整数集 $\mathbb{Z}$, 非负整数集或自然数集 $\mathbb{N}=\{a\in\mathbb{Z}\mid a\geqslant 0\}$, 数域 $\mathbb{P}$ (如有理数域 $\mathbb{Q}$、实数域 $\mathbb{R}$、复数域 $\mathbb{C}$ 等), 多项式集合 $\mathbb{P}[x]$ 等集合上都有加法和乘法两种运算. 矩阵理论中的 $\mathbb{P}^{m\times n}$ 有加法和数乘运算. 特别地, $\mathbb{P}^{n\times n}$ 上还具有乘法运算. 容易验证, 我们熟知的 n 阶可逆矩阵的全体 $\mathrm{GL}(n,\mathbb{P})$、实正交矩阵的全体 $\mathrm{O}(n)$ 在矩阵乘法的运算下是封闭的. 这些运算都是由两个元素对应到一个元素的一种法则, 它们都有自己的特性, 也有一些共性. 本书的群、环、模和域等理论实际上都是从这些共性中抽象出来的.

为了方便叙述, 首先引入一个记号. 设 A,B 为两个非空集合, 用 $A\times B$ 表示 A 与 B 的直积集合, 它是由所有有序对 (a,b) 组成的, 其中 $a\in A, b\in B$, 也就是说

$$A\times B=\{(a,b)\mid a\in A, b\in B\}.$$

这个概念自然可以推广到有限个集合的情形.

现在我们从一些熟知的数学对象中提炼出如下定义.

定义1.1.1 给定非空集合 S, 若有一个法则, 使得对任意 $a,b\in S$, 存在 S 中唯一元素 c 与有序对 (a,b) 对应, 则称 S 上定义了一个**二元运算**. 称 c 为 a,b 的**积**. 换言之, 非空集合 S 上的一个二元运算实际上就是 $S\times S$ 到 S 的一个映射.

这一定义当然可以推广到一般情形, 如果 A,B,D 是三个非空集合, 则一个由直积集合 $A\times B$ 到 D 的映射称为一个 A 与 B 到 D 的**代数运算**. 为了方便, 我们通常会用一些运算符号来表示两个元素 $a\in A, b\in B$ 组成的有序对 (a,b) 在代数运算下的像, 例如, 我们经常将 (a,b) 的像记为 $a*b$, 在不引起混淆的情况下记为 ab. 我们以前用到的运算符号, 如 "+", "×" 等也经常用来表示代数运算.

抽象代数中研究最多的是二元运算. 我们熟知的二元运算大都满足一定的运算规律, 这些运算规律抽象出来就得到如下定义.

定义1.1.2 设非空集合 S 上定义了一个二元运算. 称该运算满足**结合律**, 如果

$$(ab)c=a(bc),\ \ \forall a,b,c\in S.$$

称该运算满足**交换律**, 如果

$$ab=ba,\quad \forall a,b\in S.$$

当运算满足交换律时有时会用 $a+b$ 来表示 ab.

定义1.1.3 设 S 为一个非空集合, 且在 S 上定义了 $*$ 与 $+$ 两种二元运算. 称这两种运算满足 $*$ **对+的左、右分配律**, 如果

$$a*(b+c)=a*b+a*c,\quad (b+c)*a=b*a+c*a,\quad \forall a,b,c\in S.$$

一般将左、右分配律统称为**分配律**.

我们以前涉及的大部分运算都是满足结合律的. 为了方便, 引入如下定义.

定义1.1.4 若非空集合 S 中定义了一个满足结合律的二元运算 $*$, 则称 $\{S;*\}$ 为一个**半群**, 在不至于引起混淆时, 也称 S 是一个**半群**, 将 $a*b$ 简记为 ab.

若半群 S 中存在一个元素 e, 对任意 $a\in S$ 有

$$ea=a\quad (\text{或 } ae=a),$$

则称 e 为 S 的**左 (右) 幺元**. 若 e 既是 S 的左幺元, 又是 S 的右幺元, 则称 e 为 S 的**幺元**. 含幺元的半群称为**幺半群**. 若 S 中的运算还满足交换律, 则称 S 为**交换幺半群**.

思考题1.1.5 试举例说明, 存在半群 S, S 中有左幺元, 但没有右幺元.

思考题1.1.6 若一个半群 S 中既有左幺元, 又有右幺元, S 是否一定为幺半群?

本节开始时提到的所有例子都是半群. 其中, 正整数集 $\mathbb{N}^*$ 对于乘法是幺半群, 对于加法是半群但不是幺半群. 读者可以自行判断其他例子哪些是幺半群, 哪些不是. 要构造一个半群, 需要定义出一个具有结合律的运算. 这一点看似简单, 其实并不容易. 一个很自然的满足结合律的运算是一个非空集合上的变换 (即集合到自身的映射) 的复合.

例1.1.7 记 $M(X)$ 为非空集合 X 上的所有变换的集合, 则 $M(X)$ 在变换的乘法 (即复合) 下构成一个幺半群, 其幺元就是 X 的恒等变换 id_X.

上面的这个例子是由任意的非空集合构造一个幺半群, 而在实际中, 集合往往会带上某些附加的结构, 例如, 线性空间的结构、度量等. 这时我们将保持相应的结构的变换拿出来, 就能构造新的幺半群. 下面我们给出几个这样的例子.

例1.1.8 设 V 是数域 $\mathbb{P}$ 上的线性空间, $\mathrm{End}\,V$ 为 V 上的线性变换的全体, 则 $\mathrm{End}\,V$ 在变换的乘法下构成幺半群, 其幺元就是 V 的恒等变换 id_V.

此外还有一些比较特别的例子.

例1.1.9 记非空集合 X 的所有子集的集合为 $P(X)$, 称为 X 的**幂集**, 则 $\{P(X);\cup\}$ 是幺半群, 幺元是空集 $\varnothing$. 此外, $\{P(X);\cap\}$ 也是幺半群, 幺元是 X. 这里 $\cup, \cap$ 分别表示集合求并与求交的运算. 这是定义在同一个集合上的两个不同的幺半群. 这个例子说明, 在同一集合上可以定义不同的二元运算, 从而得到不同的代数体系. 从这个意义上来说, 在一个代数体系中, 运算比集合更为本质.

在幺半群中, 不同元素的性质有很大的差异, 如在 $\mathbb{P}^{n\times n}$ 中, 有些矩阵是可逆的, 而有些矩阵是奇异 (不可逆) 的. 相对而言, 可逆矩阵具有更好的性质, 也更容易处理. 由此我们引入下面的定义.

定义1.1.10 设 S 是幺半群, e 是幺元, $a \in S$, 若存在 $b \in S$, 使得 $ba = e$ $(ab = e)$, 则称 b 为 a 的**左 (右) 逆元**. 若 b 既是 a 的左逆元, 又是 a 的右逆元, 即有 $ba = ab = e$, 则称 b 为 a 的**逆元**, 这时称 a 为**可逆元**.

思考题1.1.11 试举例说明, 存在幺半群 S 及 $a \in S$, a 存在左逆元, 但不存在右逆元.

思考题1.1.12 如果一个幺半群 S 中元素 a 既存在左逆元, 又存在右逆元, a 是否一定是可逆元?

下面我们讨论一下幺半群和可逆元的简单性质.

命题1.1.13 幺半群中的幺元是唯一的, 而且任何可逆元的逆元也是唯一的.

证 e 与 e' 均是幺元, 则 $e' = e'e = e$, 故幺元唯一. 设 b 和 b' 都是可逆元 a 的逆元, 则 $b = be = b(ab') = (ba)b' = b'$, 故逆元唯一. □

由这个命题, 以后我们将幺半群中可逆元 a 的逆元记为 a^{-1}. 有了上面的这些准备, 本章最重要的概念——群就该出场了. 群是抽象代数中第一个, 也是最重要的一个概念. Galois 在研究代数方程的根式解的问题时, 他用到了根的置换的概念, 这里包含的原理其实就是, 一个代数方程的根的全体具有某种对称性, 而这些对称性将构成一个群.

定义1.1.14 *如果幺半群 G 中的每个元都是可逆元, 则称 G 为一个***群**. *若群中运算还满足交换律, 则称 G 为***交换群***或* **Abel 群**. *群 G 中所含元素的个数记为 $|G|$, 称为 G 的***阶**. *若 $|G|$ 无限, 则称 G 为***无限群**. *若 $|G|$ 有限, 则称 G 为* **有限群**. *特别地, 若 G 只有一个元素, 则称为***平凡群**.

群的概念是通过对数学研究对象中出现的对称性进行高度抽象而得到的一类代数体系的总称, 因此具有非常广泛的应用. 群的研究不但是抽象代数中最重要的课题, 也与其他数学分支, 如分析学、几何学、拓扑学等紧密相关.

一般说来, 用上面的定义来直接验证一个代数体系是群比较麻烦, 下面的定理将定义 1.1.14 中的条件作了减弱.

定理1.1.15 *设 G 是一个半群, 则 G 是一个群当且仅当以下条件满足:*

(1) *G 中存在左幺元, 即存在 $e \in G$, 使得对任意 $a \in G$, 有 $ea = a$;*

(2) *G 中任意元素都存在左逆元, 即对任意 $a \in G$, 存在 $b \in G$, 使得 $ba = e$.*

证 必要性显然. 对于充分性, 需要证明左幺元 e 也是右幺元, 且 G 中任何元素的左逆元也是它的右逆元. 对任何 $a \in G$, 设 b 为 a 的左逆元, c 为 b 的左逆元, 则有 $a = (cb)a = c(ba) = ce$. 于是 $ab = (ce)b = cb = e$. 故 b 是 a 的逆元. 进一步,

$$ae = a(ba) = (ab)a = a,$$

故 e 也是右幺元. □

思考题1.1.16 *将定理中的左幺元和左逆元同时改为右幺元和右逆元, 结论是否成立? 若半群 G 中存在左幺元, 且每个元都有右逆元, G 是否一定是群?*

一般说来, 要完全确定一个群的结构, 就是确定这个群中的所有元以及任何两个元的积. 如果 $G = \{a_1, \cdots, a_n\}$ 为有限群, a_1 为幺元, 则 G 的乘法可以用如下的表格形式给出:

	a_1	$\cdots$	a_n
a_1	a_1a_1	$\cdots$	a_1a_n
$\vdots$	$\vdots$	$\ddots$	$\vdots$
a_n	a_na_1	$\cdots$	a_na_n

此表称为 G 的 “**群表**”. 群表的表示方法显然也适用于有限半群. 更一般地, 如果一个有限集合上定义了二元运算, 我们就可以通过列表的形式来刻画该运算.

下面我们给出群的若干简单而且重要的性质. 我们将会看到, 高等代数中处理可逆矩阵的很多技巧, 在这里也可以应用.

引理1.1.17 *群 G 的运算满足***左 (右) 消去律**, *即对任意 $a,b,c\in G$, 由 $ab=ac$ $(ba=ca)$ 可以推出 $b=c$.*

证 设 $ab=ac$, 则 $a^{-1}(ab)=a^{-1}(ac)$. 再由结合律得 $(a^{-1}a)b=(a^{-1}a)c$, 即 $b=c$. 故左消去律成立. 同样可证右消去律也成立. □

命题1.1.18 *设 G 是一个半群, 则 G 是群当且仅当对任意 $a,b\in G$, 方程 $ax=b$ 及 $xa=b$ 的解均存在.*

证 若 G 是群, 直接验证知 $a^{-1}b$ 与 ba^{-1} 分别是 $ax=b$ 与 $xa=b$ 的一个解.

反之, 利用定理 1.1.15, 只需证明 G 中有左幺元及每个元有左逆元. 设 $a\in G$, $e\in G$ 是 $xa=a$ 的解. 对任意 $b\in G$, $ax=b$ 有解 $c\in G$, 于是 $eb=e(ac)=(ea)c=ac=b$. 所以 e 是 G 的左幺元. 又对于任意 $a\in G$, $xa=e$ 有解 b, 则 b 为 a 的左逆元. 因此 G 是群. □

命题1.1.19 *有限半群 G 若满足左、右消去律, 则 G 是群.*

证 设 $G=\{a_1,\cdots,a_n\}$. 因半群对运算封闭, 故对任意 $a_i\in G$, 有 $a_ia_1,\cdots,a_ia_n\in G$. 利用左消去律可知 $a_ia_1,\cdots,a_ia_n$ 必两两不等, 从而是 $a_1,\cdots,a_n$ 的一个排列. 因此对任意 $a_i,a_j\in G$, 存在 $a_k\in G$ 使得 $a_ia_k=a_j$, 也就是说, 方程 $a_ix=a_j$ 有解. 同理可证方程 $xa_i=a_j$ 也有解. 于是由命题 1.1.18, G 是一个群. □

注记1.1.20 *这个证明的思想很有用. 群的运算是二元的, 如果固定其中一个元素, 让另一个元素变, 则定义了群上的一个变换, 并且是单射. 事实上, 这个变换也是满射 (请读者自己证明), 这一点在后面研究群在集合上的作用时很重要. 此外, 需要注意的是, 命题 1.1.19 的结论对于无限半群并不成立, 试举例说明.*

从群的定义可以看出, 以前我们接触过的很多集合在相应的二元运算下都是群, 例如, 整数的集合 $\mathbb{Z}$ 在加法下是 Abel 群; 数域 $\mathbb{P}$ 上的任何线性空间对于其上的加法构成 Abel 群; $\mathbb{P}^{n\times m}$ 对于矩阵加法也是一个 Abel 群. 而数域 $\mathbb{P}$ 上 n 阶可逆矩阵的集合 $\mathrm{GL}(n,\mathbb{P})$, 以及实数域 $\mathbb{R}$ 上所有正交矩阵的集合 $\mathrm{O}(n)$, 对于矩阵的乘法也都构成群. 更一般地, 我们从任何幺半群出发都可以构造群.

命题1.1.21 *设 S 是幺半群, 记 $U(S)$ 为 S 中可逆元的全体, 则 $U(S)$ 是群.*

证 显然 $e\in U(S)$, 故 $U(S)$ 非空. 若 $a,b\in U(S)$, 则 $(ab)b^{-1}a^{-1}=a(bb^{-1})a^{-1}=aa^{-1}=e$, $b^{-1}a^{-1}(ab)=e$, 故 $ab\in U(S)$, 且其逆元是 $b^{-1}a^{-1}$. 于是, $U(S)$ 是一个幺半群且每个元都可逆, 因此 $U(S)$ 是一个群. □

由这个定理我们可以得到更多群的例子. 例如, 整数全体对于乘法构成幺半群, 因此其可逆元的全体 $\{1,-1\}$ 对于数的乘法构成群. 下面是一些更一般也更自然的例子.

例1.1.22 (1) *在例 1.1.7 中我们已经知道, 对于非空集合 X, $M(X)$ 为幺半*

群, 则其中的所有可逆变换 (也称为置换) 的全体 S_X 是群, 称为 X 的**对称群**. 特别地, 如果 X 为有限集, 不妨设 $X=\{1,2,\cdots,n\}$, 则 S_X 通常记为 S_n, 称为 n **元对称群**.

(2) 数域 $\mathbb{P}$ 上线性空间 V 上的可逆线性变换的全体 $\mathrm{GL}(V)$, 也就是幺半群 $\mathrm{End}(V)$ 中所有可逆元素构成的集合, 构成一个群, 称为**一般线性群**.

(3) 设 $\mathbb{P}$ 是任意数域, 则 $\mathbb{P}$ 在其加法下构成群, 而对于乘法只构成一个幺半群. 在乘法幺半群中, 一个元素可逆当且仅当其不为零, 因此 $\mathbb{P}^*=\mathbb{P}\setminus\{0\}$ 对于乘法构成群.

习　题　1.1

1. 下列集合 G 中所给的 $*$ 是否是二元运算? 若是, 判断 $(G,*)$ 是否满足交换律? 是否是半群、幺半群或群?

(1) $G=\mathbb{Z}$, $a*b=a-b$;

(2) $G=\mathbb{Z}$, $a*b=a+b-ab$;

(3) $G=\mathbb{Q}-\{0,1\}$, $a*b=ab$;

(4) G 为 $\mathbb{Z}[x]$ 中本原多项式的全体, $f(x)*g(x)=f(x)g(x)$;

(5) $G=\mathbb{N}^*$, $a*b=2^{ab}$;

(6) $G=\mathbb{N}^*$, $a*b=a^b$.

2. 在 $\mathbb{Z}\times\mathbb{Z}$ 中定义乘法为

$$(x_1,x_2)(y_1,y_2)=(x_1y_1+2x_2y_2,x_1y_2+x_2y_1).$$

证明: $\mathbb{Z}\times\mathbb{Z}$ 对此乘法为交换幺半群.

3. 记 $M(\mathbb{N})$ 为 $\mathbb{N}$ 的所有变换组成的幺半群, 其中元素 f 定义为

$$f(n)=n+1,\quad \forall n\in\mathbb{N}.$$

证明: f 有无穷多个左逆元, 但无右逆元.

4. 设集合 X 上有两个二元运算 “$\cdot$” 和 “$*$”, 两个运算都有幺元且对任意 $a,b,c,d\in X$ 满足

$$(a*b)\cdot(c*d)=(a\cdot c)*(b\cdot d).$$

证明: 两个运算是一样的并且满足交换律和结合律.

5. 设集合 G 中只有两个元素, 试列举出 G 中所有半群结构, 并找出其中哪些是幺半群? 哪些是群?

6. 证明：一个有限半群, 如果右消去律成立, 且至少有一个左单位元, 则此半群为群.

7. 试举出一个右消去律成立但不是群的有限半群的例子.

8. 试举出一个无限交换半群的例子, 它有单位元且满足消去律, 但不是群.

9. 设 $P(X)$ 为非空集合 X 的幂集 (即 X 的所有子集的集合). 对任意 $A,B\in P(X)$, 定义 A 与 B 的对称差 Δ 为

$$A\Delta B=(A\setminus B)\cup(B\setminus A).$$

这里, $A\setminus B=\{x\in A|x\notin B\}$. 试证 $(P(X),\Delta)$ 为一个群. 当 X 只含有两个元素时, 试给出该群的群表, 此时称该群为 **Klein 群**.

10. 证明: $\left\{\mathrm{e}^{\frac{2k\sqrt{-1}\pi}{n}}=\cos\frac{2k\pi}{n}+\sqrt{-1}\sin\frac{2k\pi}{n}\,\middle|\,k=0,\cdots,n-1\right\}$ 是 n 个元的乘法群.

11. 设 $n\in\mathbb{N},\mathbb{Z}_n$ 表示集合 $\{\bar{0},\bar{1},\cdots,\overline{n-1}\}$, 在 $\mathbb{Z}_n$ 中定义运算如下

$$\bar{a}\cdot\bar{b}=\bar{c},\quad \text{其中 } c \text{ 是 } ab \text{ 模 } n \text{ 的余数;}$$
$$\bar{a}+\bar{b}=\bar{d},\quad \text{其中 } d \text{ 是 } a+b \text{ 模 } n \text{ 的余数.}$$

(1) 证明: $\{\mathbb{Z}_n;\cdot\}$ 是交换幺半群, $\{\mathbb{Z}_n;+\}$ 是交换群;

(2) 构造 $\{\mathbb{Z}_4;\cdot\}$ 的半群表;

(3) 设 $\mathbb{Z}_n^*=\{\bar{a}\in\mathbb{Z}_n|(a,n)=1\}$, 证明: $\{\mathbb{Z}_n^*;\cdot\}$ 是群;

(4) 设 p 是素数, 利用群的思想证明 **Wilson 定理**: $(p-1)!\equiv-1\ (\mathrm{mod}\,p)$.

12. 设 $\varphi(n)$ 表示小于 n 的非负整数中与 n 互素的数的个数. 证明 **Euler 定理**:

$$a^{\varphi(n)}\equiv1\ (\mathrm{mod}\,n),\quad a\in\mathbb{N},\quad (a,n)=1.$$

特别地, 当 $n=p$ 是素数时, $a^{p-1}\equiv1\ (\mathrm{mod}\,n)$ (**Fermat 小定理**).

13. 设 $\mathrm{SL}(2,\mathbb{Z}_n)=\left\{A=\begin{pmatrix}\bar{a}&\bar{b}\\ \bar{c}&\bar{d}\end{pmatrix}\middle|\,\bar{a},\bar{b},\bar{c},\bar{d}\in\mathbb{Z}_n,\bar{a}\cdot\bar{d}-\bar{b}\cdot\bar{c}=\bar{1}\right\}$. 证明 $\mathrm{SL}(2,\mathbb{Z}_n)$ 在矩阵乘法下是群, 并求 $A\in\mathrm{SL}(2,\mathbb{Z}_n)$ 的逆. 试对任意 $m\in\mathbb{N}$ 定义 $\mathrm{SL}(m,\mathbb{Z}_n)$.

14. 如果半群 G 中的变换 $a\mapsto a'$ 满足:

$$a'(ab)=b=(ba)a',\quad \forall a,b\in G,$$

证明: G 是群.

15. 设 $G=\{(a,b)|a,b\in\mathbb{R},a\neq0\}$, 定义 G 中乘法为 $(a,b)(c,d)=(ac,ad+b)$. 证明 G 是群.

16. 设 $A\in\mathbb{R}^{n\times n}$, $\beta\in\mathbb{R}^n$, 定义 $\mathbb{R}^n$ 上变换 $T_{(A,\beta)}$ 为

$$T_{(A,\beta)}(\alpha)=A\alpha+\beta,\quad \forall\alpha\in\mathbb{R}^n.$$

(1) 证明: 当 $|A|\neq0$ 时 $T_{(A,\beta)}$ 是双射;

(2) 证明: $\mathrm{Aff}\,(n,\mathbb{R})=\{T_{(A,\beta)}||A|\neq0\}$ 关于映射的乘法构成群, 称为 $\mathbb{R}^n$ 的**仿射变换群**.

17. 举例说明存在数域 $\mathbb{P}$ 上非可逆 n 阶方阵构成的集合使得其在矩阵乘法下构成群, 并证明: 对任意这样的群 G, 存在非负整数 $k\leqslant n$ 和可逆矩阵 $T\in\mathbb{P}^{n\times n}$ 使得对任意 $A\in G$,

$TAT^{-1} = \begin{pmatrix} A_1 & \\ & 0 \end{pmatrix}$, 其中 A_1 为 k 阶可逆矩阵.

训练与提高题

18. 设 F 是平面上 (或 3 维空间中) 的一个图形. 令 G_F 为全体保持 F 不变的 (整体上不变) 平面 (或 3 维空间) 正交变换所成的集合. 证明:

(1) G_F 关于变换的乘法构成一个群, 称为图形 F 的**对称群**;

(2) 试求中心在原点的正 n 边形的对称群的阶;

(3) 试求所有中心在原点的正多面体的对称群的阶.

19. 设 $G = \{x_1, x_2, \cdots, x_n\}$ 为有限群, 则 G 的群表是一个以 x_i 为元素的 n 阶方阵 A. 将 x_i 看作变量, 则 A 的行列式是一个 n 元 n 次多项式, 称为**群行列式** (准确地说, 群行列式 $|A|$ 的第 i 行 j 列元素是 x_i 与 x_j^{-1} 的乘积, 这样对角线的元素都是幺元对应的变量). 试求一些低阶群的群行列式, 并验证群行列式的不可约因式的次数等于其重数.

20. 设 S 是所有**数论函数**(即 $\mathbb{N}^*$ 到 $\mathbb{C}$ 的映射) 的全体. 对于 $f, g \in S$, 定义 **Dirichlet 卷积**为

$$f * g(n) = \sum_{d|n} f(d) g\left(\frac{n}{d}\right) = \sum_{ab=n} f(a) g(b).$$

(1) 证明: $(S, *)$ 为一个交换幺半群.

(2) 证明: f 可逆当且仅当 $f(1) \neq 0$.

(3) 称 f 为**积性函数**, 如果 $(m, n) = 1$ 时有 $f(mn) = f(m)f(n)$. 证明: 所有非零积性函数的全体在运算 $*$ 下构成一个 Abel 群.

(4) 称 f 为**完全积性函数**, 如果对任意 $m, n \in \mathbb{N}^*$ 有 $f(mn) = f(m)f(n)$. 所有非零完全积性函数的全体在运算 $*$ 下是否构成一个 Abel 群?

21. 设 $\mu : \mathbb{N}^* \to \mathbb{C}$ 为 **Möbius 函数**, 即满足: (a) $\mu(1) = 1$; (b) 若 n 有平方素因子, 则 $\mu(n) = 0$; (c) 若 $n = p_1 p_2 \cdots p_s$ 为不同素数的乘积, 则 $\mu(n) = (-1)^s$.

(1) 证明: μ 是积性函数, 且 $\mu(n) = \sum\limits_{m \leqslant n, (m,n)=1} \mathrm{e}^{\frac{2m\pi\sqrt{-1}}{n}}$;

(2) 试求 μ 在 S 中的逆元;

(3) **(Möbius 反演公式)** 对任意 $f \in S$, 若 $g(n) = \sum\limits_{d|n} f(d)$, 证明: $f(n) = \sum\limits_{d|n} \mu\left(\frac{n}{d}\right) g(d)$.

1.2 子群与陪集

如同子空间在线性空间的研究中的重要地位一样, 群中也有一些具有类似地位的子集. 在代数学中, 通过研究子体系和商体系来研究代数体系本身的性质是一个常用且重要的研究方法. 本节我们介绍群的子体系——子群, 以及由此派生出来的一些概念.

定义1.2.1 设 H 是群 G 的一个非空子集. 如果 H 对于 G 的运算也构成群, 则称 H 为 G 的**子群**, 记作 $H < G$. 显然, $\{e\}$ 与 G 本身都是 G 的子群, 称为**平凡**

子群, 其他子群称为**非平凡子群**. 称子群 H 为 G 的真子群, 如果 $H \neq G$.

由定义, 子群 H 实际上是一个对群 G 的运算 (乘法和求逆) 封闭的子集, 而且 H 的运算就是 G 中的运算的限制. 从而, H 的幺元就是群 G 的幺元 e, H 中任一元 a 的逆元就是在 G 中 a 的逆元 a^{-1}.

一般地, 我们有如下判别法则. 其中的条件 (3) 是验证非空子集 H 是群 G 的子群的常用方法.

定理1.2.2 设 H 是群 G 的非空子集, 则下列条件等价:

(1) H 是 G 的子群;

(2) 对任意 $a, b \in H$, 有 $ab \in H$, $a^{-1} \in H$;

(3) 对任意 $a, b \in H$, 有 $ab^{-1} \in H$.

证 (1) $\Rightarrow$ (2). 利用子群的定义即可.

(2) $\Rightarrow$ (3). 由 (2) 知, 若 $b \in H$, 则 $b^{-1} \in H$. 于是若 $a, b \in H$, 则 $a, b^{-1} \in H$, 从而 $ab^{-1} \in H$. 故 (3) 成立.

(3) $\Rightarrow$ (1). 因 H 非空, 任取 $a \in H$, 故 $e = aa^{-1} \in H$, 因此 H 中存在幺元. 又对任意 $b \in H$, $b^{-1} = eb^{-1} \in H$, 即 H 中任一元有逆元. 进一步, 若 $a, b \in H$, 则 $a, b^{-1} \in H$, 从而 $ab = a(b^{-1})^{-1} \in H$, 故 H 对运算封闭, 自然满足结合律. 因此, H 对于 G 的运算构成群. □

我们先来看一些子群的例子.

例1.2.3 设 V 是数域 $\mathbb{P}$ 上的 n 维线性空间, 则 V 中的加法运算使得 V 成为一个 Abel 群, 它的任何子空间都是其子群.

例1.2.4 设 V 是数域 $\mathbb{P}$ 上的 n 维线性空间, $\mathrm{GL}(V)$ 为 V 上的一般线性群, 以 $\mathrm{SL}(V)$ 表示 V 上行列式为 1 的线性变换的全体, 则 $\mathrm{SL}(V) < \mathrm{GL}(V)$, 称 $\mathrm{SL}(V)$ 为 V 的**特殊线性群**.

如果 V 是欧几里得空间, 则正交变换的全体 $\mathrm{O}(V)$ 是 $\mathrm{GL}(V)$ 的子群, 称为**正交群**. 此外, 第一类正交变换的全体 $\mathrm{SO}(V)$ 是 $\mathrm{O}(V)$ 和 $\mathrm{GL}(V)$ 的子群, 称为**特殊正交群**.

如果 V 是酉空间, 则酉变换的全体 $\mathrm{U}(V)$ 是 $\mathrm{GL}(V)$ 的子群, 称为**酉群**. 显然, 酉群中元素的行列式的模长为 1, 其中行列式为 1 的元素的全体 $\mathrm{SU}(V)$ 也是 $\mathrm{U}(V)$ 和 $\mathrm{GL}(V)$ 的子群, 称为**特殊酉群**.

如果 V 上具有非退化反对称双线性函数, 则保持该双线性函数的线性变换的全体记为 $\mathrm{Sp}(V)$, 它也是 $\mathrm{GL}(V)$ 的子群, 称为**辛群**.

由于在 V 中取定一组基后, $\mathrm{End}\,(V)$ 与 $\mathbb{P}^{n\times n}$ 之间就建立了一一对应 (后面我们将要看到, 这个一一对应事实上是两个群之间的同构), 以上的群都可以表示为矩阵形式, 对应的矩阵群分别记为 $\mathrm{GL}(n, \mathbb{P})$, $\mathrm{SL}(n, \mathbb{P})$, $\mathrm{O}(n)$, $\mathrm{SO}(n)$, $\mathrm{U}(n)$, $\mathrm{SU}(n)$ 和 $\mathrm{Sp}(n, \mathbb{P})$. 以后这些群的名称就采用上述例子中相应的群的名称.

除了上述例子外, 矩阵中还有大量子群的例子.

例1.2.5 以下由 n 阶方阵组成的集合都是群 $\mathrm{GL}(n,\mathbb{P})$ 的子群.

(1) 可逆对角矩阵的全体 T. 更一般地, 分块方式相同的可逆准对角矩阵的全体.

(2) 可逆上三角矩阵的全体 B.

(3) 对角线上为 1 的上三角矩阵的全体 N.

(4) 分块方式相同的可逆准上三角矩阵的全体 P.

例1.2.6 设 $m\in\mathbb{N}$, 则 $m\mathbb{Z}=\{mn|n\in\mathbb{Z}\}$ 是 $\mathbb{Z}$ 的子群.

思考题1.2.7 证明 $\mathbb{Z}$ 的任何子群都形如 $m\mathbb{Z}$, $m\in\mathbb{N}$.

例1.2.8 记 $\mathbb{R}^*$ 为非零实数构成的乘法群, 则 $\{1,-1\}$, $\mathbb{Q}^+$, $\mathbb{Q}^*$, $\mathbb{R}^+$ 都是 $\mathbb{R}^*$ 的子群, 但它们都不是加法群 $\mathbb{R}$ 的子群.

在抽象群的层面上, 我们也可以构造一些子群. 我们首先引入一些记号. 设 G 为群, $a\in G$. 记 $a^0=e$; 对 $k\in\mathbb{N}$, 令 $a^k=a\cdot a^{k-1}$; $a^{-k}=(a^{-1})^k$ (注意, 对于加法群 G, a^n 通常记为 na). 显然, 对任意整数 m,n, 有 $a^ma^n=a^{m+n}$. 容易验证 $\langle a\rangle=\{a^n|n\in\mathbb{Z}\}$ 是 G 的子群, 称为 a 生成的子群. 这个子群的阶也称为 a 的**阶**. 如果 a 的阶有限, 称 a 为**有限阶元**, 否则称 a 为**无限阶元**.

更一般地, 类似于在线性空间中考虑由向量组生成的子空间, 在群论中我们也可以引入类似的概念. 设 S 是群 G 中一个非空子集, 令 $S^{-1}=\{a^{-1}|a\in S\}$, 记

$$\langle S\rangle=\{x_1\cdots x_m|m\in\mathbb{N},x_1,\cdots,x_m\in S\cup S^{-1}\}.$$

利用定理 1.2.2 容易验证 $\langle S\rangle$ 是 G 的一个子群, 称为 S **生成的子群**. 如果 $\langle S\rangle=G$, 则称 S 为群 G 的一个**生成组**. 如果群 G 有一个有限的生成组, 则称 G 为**有限生成群**. 有限群自身就可以看作一个生成组, 所以有限群一定是有限生成群, 但有限生成群不一定是有限群, 例如, 整数加群 $\mathbb{Z}=\langle 1\rangle$ 就是无限群.

思考题1.2.9 证明群 G 中非空子集 S 生成的子群 $\langle S\rangle$ 是 G 中所有包含 S 的子群的交, 它是 G 中包含 S 的最小的子群.

在线性空间的研究中, 若给定线性空间 V 的子空间 W, 可以引入同余类 $\alpha+W$, $\alpha\in V$ 和商空间 V/W, 对于子空间 W 和商空间 V/W 的研究在一定程度上深化了我们对 V 结构的了解. 推而广之, 我们研究一般的代数体系也可以研究子体系及由其得到的商体系, 进而从不同的侧面来理解原代数体系的结构. 在本章中, 子群就是群的子体系, 而商体系的构造可以模仿商空间. 我们先引入下面的定义.

定义1.2.10 设 H 是群 G 的一个子群, $a\in G$, 则

$$aH=\{ah|h\in H\},\quad Ha=\{ha|h\in H\}$$

分别称为以 a 为**代表元**的 H 的**左陪集**和**右陪集**, 统称为**陪集**.

值得注意的是, 如果 G 是 Abel 群, 则左陪集 aH 和右陪集 Ha 是一样的. 但这一点对于非 Abel 群通常是不成立的. 参看如下例子.

例1.2.11 设 $G = \mathrm{GL}(2, \mathbb{C})$, T 为 G 中对角矩阵构成的子群, 则对 $A = \begin{pmatrix} 1 & 1 \\ 0 & 1 \end{pmatrix}$, $AT \neq TA$.

一般情形下, 在什么条件下任何元素的左、右陪集相等是一个值得探讨的问题, 且与商群的概念紧密相关, 我们将在下面详述.

左陪集与右陪集的讨论是类似的, 下面主要讨论左陪集. 一般来说, 给定一个左陪集 aH, 其代表元 a 的选取并不是唯一的. 实际上, 若 $b \in aH$, 则 $bH \subseteq aH$, 且存在 $h \in H$ 使得 $b = ah$, 故 $a = bh^{-1}$. 由此得到 $a \in bH$, 故 $aH = bH$. 这说明 aH 中的任何元素都是这个陪集的代表元. 进一步, 考虑任意两个左陪集 aH 和 bH. 如果 $c \in aH \cap bH$, 则上面的讨论告诉我们 $aH = cH = bH$. 因此我们有如下引理.

引理1.2.12 设 H 是群 G 的子群, $a, b \in G$, 则 aH 和 bH 要么互不相交, 要么重合, 且 $aH = bH$ 当且仅当 $a^{-1}b \in H$.

由引理 1.2.12, 给定 G 的子群 H, 则 G 可以分解为 H 的不同的左陪集的不交并. 通常, 若集合 A 是一些非空子集的不交并, 则称这些子集的全体为 A 的一个**分划**. 从这个意义上说, H 的左陪集构成了 G 的一个分划.

我们可以从另一个角度来理解分划, 这个角度更有利于我们理解分划中同一子集的元素之间的关系.

定义1.2.13 设 A 是一个非空集合, R 是 $A \times A$ 的一个子集, $a, b \in A$, 若 $(a, b) \in R$, 则称 a 与 b 有关系 R, 记为 aRb 或 $a \sim b$, 且称 R 为 A 的一个 (二元) **关系**.

关系的概念也可以描述成一个集合 A 上关于两个元素之间的一种性质 R, 使得该集合上的任何两个元素要么有性质 R, 要么没有性质 R, 二者必居其一. 如果 $a, b \in A$ 且有性质 R, 我们就说 a, b 有关系 R, 记为 aRb; 否则说 a, b 没有关系 R. 给定这种意义下的一个关系 R, 作集合

$$\{(a, b) \in A \times A | aRb\},$$

我们得到的一个子集, 仍记为 R. 例如, 实数集 $\mathbb{R}$ 中的大于、小于或者等于都是一种关系, 读者可以自己写出这些关系对应的 $\mathbb{R}$ 的子集. 当然, 不同关系的性质有很大差异. 为了构造和研究商群和其他商代数体系, 我们需要具有性质良好的关系. 我们给出一个定义.

定义1.2.14 设 R 是集合 A 的一个关系. 如果对任意 $a, b, c \in A$, 有

(1) 反身性: 任意 $a \in A$, aRa;

(2) 对称性: 若 aRb, 则 bRa;

(3) 传递性: 若 aRb, bRc, 则 aRc,

则称关系 R 为 A 的一个**等价关系**.

容易验证: $\mathbb{R}$ 中的等于是个等价关系, 而大于和小于都不是等价关系. 矩阵理论中也提供了很多等价关系的例子. 例如, 数域 $\mathbb{P}$ 上的 n 阶方阵集合中的相抵、相似和合同都定义了 $\mathbb{P}^{n\times n}$ 上的等价关系. 因此, 同一集合中可以有多种不同的等价关系.

以相抵为例, 我们知道矩阵相抵的充要条件是矩阵的秩相等. 把相抵的 n 阶矩阵放在一起, 这样所有 n 阶方阵就被分为互不相交的 $n+1$ 个子集, 同一子集中的矩阵都具有相同的秩, 分别为 $0,1,\cdots,n$, 这样我们就给出了集合 $\mathbb{P}^{n\times n}$ 的一个分划. 这一结论具有一般性, 事实上, 如果集合 A 上的一个关系是等价关系, 我们就可以利用这个关系给出 A 的一个分划.

定义1.2.15　设集合 A 中有等价关系 $R, a\in A$, 则 A 中与 a 有关系 R (也称与 a 等价) 的所有元素的集合 $\{b\in A|bRa\}$ 称为 a 所在的**等价类**, 记为 $\bar{a}$, a 称为这个等价类的**代表元**.

从以上定义及等价关系的传递性易知, 若 aRb, 则 $\bar{a}=\bar{b}$, 即等价的两个元素所在的等价类是同一个, 因此, 等价类中的任何元素都可以作为代表元. 进一步我们容易得到, 不同的等价类是不相交的, 这样集合 A 上的等价关系决定的等价类实际上确定了 A 的一个分划. 反之, 给定 A 的一个分划, 我们定义一个关系 R 为: aRb 当且仅当 a 与 b 同在一个子集中. 根据定义 1.2.14 容易验证, R 是 A 的一个等价关系. 这样, 我们得到了 A 的等价关系的全体和 A 的分划的全体之间的两个映射, 不难看出这两个映射是互逆的. 于是我们有如下定理.

定理1.2.16　集合 A 的分划与 A 的等价关系之间存在一一对应. 精确地说, 集合 A 上的任何分划都能唯一决定 A 中的一个等价关系; 反之, 任给集合 A 中的等价关系 R, 则 R 的所有等价类给出了 A 的一个分划.

等价关系会给我们的研究带来很多方便, 例如, 一个线性变换在不同基下的矩阵是相似的, 我们可以在相似等价类中任意选择矩阵来研究, 结果不会出现本质上的差别. 自然地, 我们可以把等价类中的所有元素看成一个整体, 从而有如下定义.

定义1.2.17　设集合 A 中有等价关系 R, 则 A 的所有不同的等价类的集合称为 A 对 R 的**商集合**, 记为 A/R.

需要注意的是, 等价类 $\bar{a}$ 是 A 的子集合, 却是商集合 A/R 中的元素. 例如, 线性空间 V 的商空间 V/W, 其中元素就是 V 中形如 $\alpha+W$ $(\alpha\in V)$ 的子集. 类似于线性空间 V 与商空间 V/W 之间存在商映射, 有如下定义.

定义1.2.18　设集合 A 中有等价关系 R, 则称映射

$$\pi : A \to A/R, \quad \pi(a) = \bar{a}$$

为 A 到 A/R 的**自然映射**.

现在我们用等价关系的语言来描述陪集.

定理1.2.19 设 H 是群 G 的子群, 则由

$$aRb \iff a^{-1}b \in H$$

所确定的 G 中的关系 R 是一个等价关系, 且 a 所在的等价类 $\bar{a}$ 恰为以 a 为代表元的 H 的左陪集 aH.

证 我们先证明 R 是等价关系. 对任何 $a \in G$, 因 $a^{-1}a = e \in H$, 故 aRa, 因此 R 满足反身性. 若 aRb, 则 $a^{-1}b \in H$, 于是 $b^{-1}a = (a^{-1}b)^{-1} \in H$, 从而 bRa, 故 R 满足对称性. 最后, 若 aRb 且 bRc, 则 $a^{-1}b \in H$ 且 $b^{-1}c \in H$, 因此 $a^{-1}c = (a^{-1}b)(b^{-1}c) \in H$, 故 aRc, 因此 R 满足传递性. 从而 R 是等价关系. 又对任何 $a \in G$, 若 $b \in \bar{a}$, 则有 $a^{-1}b \in H$, 因此 $b = a(a^{-1}b) \in aH$, 故 $\bar{a} \subseteq aH$. 此外, 若 $c \in aH$, 则存在 $h \in H$ 使得 $c = ah$, 于是 $a^{-1}c = h \in H$, 这说明 $c \in \bar{a}$, 因此 $aH \subseteq \bar{a}$. 于是 $\bar{a} = aH$. □

利用上述等价关系得到的商集合称为 G 对 H 的**左陪集空间**, 记为 G/H. G/H 的基数 (即元素个数) $|G/H|$ 称为 H 在 G 中的**指数**, 也记为 $[G:H]$.

应该注意的是, 以上叙述中都把群 G 中的运算记作乘法, 并且省去了运算符. 如果群 G 中的运算记作加法, 则以 a 为代表的 H 的左陪集应该记作 $a + H = \{a + h | h \in H\}$.

例1.2.20 $m\mathbb{Z}$ 为 $\mathbb{Z}$ 的子群, 其指数为 $[\mathbb{Z} : m\mathbb{Z}] = m$, 因为

$$\mathbb{Z} = (0 + m\mathbb{Z}) \cup (1 + m\mathbb{Z}) \cup \cdots \cup ((m-1) + m\mathbb{Z}).$$

例1.2.21 特殊正交群 $\mathrm{SO}(n)$ 是 $\mathrm{O}(n)$ 的子群. 令 $D = \mathrm{diag}\,(-1, 1, \cdots, 1)$, 则

$$\mathrm{O}(n) = \mathrm{SO}(n) \cup D\mathrm{SO}(n).$$

从而 $[\mathrm{O}(n) : \mathrm{SO}(n)] = 2$.

对于有限群, 我们有下面联系群的阶与指数的非常有用的结果.

定理1.2.22 (Lagrange 定理) 设 G 是有限群, $H < G$, 则有

$$|G| = [G:H] \cdot |H|.$$

从而子群 H 的阶是群 G 的阶的因子. 特别地, 任何元素的阶也是 $|G|$ 的因子.

证 对任意 $a \in G$, 考虑映射

$$\phi : h \to ah, \quad \forall h \in H.$$

利用群的消去律容易验证这是 H 到 aH 的双射. 于是 H 的任一左陪集 aH 中的元素个数都等于 H 的阶 $|H|$. 因为 G 是 H 的全体左陪集的不交并, 这些左陪

集的个数即为 H 在 G 中的指数 $[G:H]$, 所以 G 中有 $[G:H]\cdot|H|$ 个元素, 即 $|G|=[G:H]\cdot|H|$. □

由上述定理知 $[G:H]=|G|/|H|$, 于是我们容易得到下面的推论.

推论1.2.23 设 G 是有限群, $K<G$, $H<K$, 则有

$$[G:H]=[G:K]\cdot[K:H].$$

思考题1.2.24 Lagrange 定理说明任何子群的阶一定是群本身的阶的因子, 那么对群的阶的任何因子 m, 是否都存在子群使得其阶恰为 m?

要得到上述思考题的答案, 需要知道足够多的群的例子, 读者可以在后面的学习中自己得出结论.

习 题 1.2

1. 在集合 $K_4=\{e,a,b,c\}$ 中定义二元运算如下

	e	a	b	c
e	e	a	b	c
a	a	e	c	b
b	b	c	e	a
c	c	b	a	e

试证 K_4 是群, 称为 **Klein 四元群**.

2. 证明: 一个群的任意多个子群的交还是子群.

3. 证明: 任一群都不能写成两个真子群的并.

4. 设 H 是群 G 的非空有限子集, 证明 $H<G$ 当且仅当对任意 $a,b\in H$ 有 $ab\in H$. 如果 H 是群 G 的一些有限阶元构成的子集, 结论是否成立?

5. 设群 G 中每个非幺元的阶都为 2, 证明: G 为 Abel 群.

6. 试求 S_5 的所有 5 阶子群.

7. 设 G 是一个群, $a,b\in G$, 证明下列元素对同阶:

$$a \text{ 与 } a^{-1};\quad a \text{ 与 } bab^{-1};\quad ab \text{ 与 } ba.$$

8. 设 a,b 分别是群 G 中的 m,n 阶元, $ab=ba$.

(1) 若 $(m,n)=1$, 证明 ab 的阶为 mn;

(2) 若 $\langle a\rangle\cap\langle b\rangle=\{e\}$, 证明: ab 的阶为 $[m,n]$ ($[m,n]$ 表示 m,n 的最小公倍数);

(3) 如果 $\langle a\rangle\cap\langle b\rangle\neq\{e\}$, 试讨论 ab 的阶. G 中是否一定存在 $[m,n]$ 阶元素?

9. 设群 G 中的元 a 的阶为 d, $k\in\mathbb{N}$, 则

(1) a^k 的阶为 $d/(d,k)$, 这里 (d,k) 是 d,k 的最大公因数;

(2) a^k 的阶为 d 当且仅当 $(d,k)=1$.

10. 设交换群 G 中元的最大阶为 $n\in\mathbb{N}^*$, 则 G 中每个元素的阶都是 n 的因子.

11. 设 G 为 Abel 群, $n\in\mathbb{N}^*$, 证明: $\{a\in G|a^n=e\}$ 是 G 的子群.

12. 设 G 是有限群, k 是大于 2 的整数. 证明: G 中阶为 k 的元的个数一定是偶数.

13. 设 $\mathrm{SL}(n,\mathbb{Z})$ 的元素为整数且行列式为 1 的 n 阶方阵的全体.

(1) 证明: $\mathrm{SL}(n,\mathbb{Z})$ 是 $\mathrm{GL}(n,\mathbb{R})$ 的子群.

(2) 设 $S=\begin{pmatrix}0&-1\\1&0\end{pmatrix}$, $T=\begin{pmatrix}1&1\\0&1\end{pmatrix}$, $R=\begin{pmatrix}0&-1\\1&1\end{pmatrix}$, $U=\begin{pmatrix}1&0\\1&1\end{pmatrix}$. 证明: 其中任两个元素都是 $\mathrm{SL}(2,\mathbb{Z})$ 的生成元.

14. 下列各关系是否为等价关系? 说明理由.

(1) 在 $\mathbb{R}$ 中, $xRy \iff |x-y|\leqslant 3$;

(2) 在 $\mathbb{R}$ 中, $xRy \iff |x|=|y|$;

(3) 在 $\mathbb{Z}$ 中, $xRy \iff x-y$ 为奇数;

(4) 在 n 阶复方阵的全体 $\mathbb{C}^{n\times n}$ 中, $ARB \iff$ 存在 $P,Q\in\mathbb{C}^{n\times n}$ 使 $A=PBQ$.

15. 举例说明存在一些关系满足等价关系的三个条件中的任何两条但不满足另外一条, 从而说明等价关系的三个条件是相互独立的.

16. 设 H,K 是群 G 的两个子群, 定义

$$HK=\{hk|h\in H,k\in K\}.$$

(1) 证明: 当 H 和 K 是有限群时, $|HK|=|H||K|/|H\cap K|$;

(2) 证明: HK 是 G 的子群当且仅当 $HK=KH$.

17. 设 H_1,H_2 为有限群 G 的两个子群且 $H_1\subseteq H_2$. 证明

$$[G:H_1]=[G:H_2][H_2:H_1].$$

18. 设 G 是一个奇数阶群, 证明 G 中任何元都是一个唯一确定的元的平方.

19. 设 R 是群 G 对于子群 A 的右陪集代表元系, 证明 R^{-1} 是群 G 对于 A 的左陪集代表元系. R 是否一定是 G 对于 A 的左陪集代表元系?

20. 设 H_1,H_2 为有限群 G 的两个子群, 证明

$$[G:H_1\cap H_2]\leqslant[G:H_1][G:H_2].$$

又若 $[G:H_1]$ 与 $[G:H_2]$ 互素, 则 $[G:H_1\cap H_2]=[G:H_1][G:H_2]$ 且 $G=H_1H_2$.

训练与提高题

21. 设 G 为偶数阶群, 证明 G 中有 2 阶元. 更一般地, 如果 $n||G|$, G 中是否一定有 n 阶元?

22. 设 $G=\{A_1,\cdots,A_m\}$, 其中 $A_i\in\mathrm{GL}(n,\mathbb{R})$. 对任意 $A_i,A_j\in G$ 有 $A_iA_j\in G$. 证明: G 是 $\mathrm{GL}(n,\mathbb{R})$ 的子群. 进一步, 若 $\sum\limits_{i=1}^{m}\mathrm{tr}\,A_i=0$, 则 $\sum\limits_{i=1}^{m}A_i=0$.

23. 设 A 和 B 均为群 G 的子群, 则

(1) 对任意 $g \in G$, $g(A \cap B) = gA \cap gB$;

(2) 若 A 和 B 均有有限的指数, 则 $A \cap B$ 也有有限的指数, 且其指数不超过 A 与 B 的指数之积.

24. 设 H, K 是群 G 的子群, 对任意 $g \in G$, 称集合 $HgK = \{hgk | h \in H, k \in K\}$ 为 H, K 的一个**双陪集**.

(1) 证明: $|HgK| = |H|[K : g^{-1}Hg \cap K] = |K|[H : H \cap gKg^{-1}]$;

(2) 证明: G 可以分解为不相交的双陪集的并 (称为 G 的**双陪集分解**), 从而得到 G 的一个等价关系.

25. 设 H 是群 G 的指数为 n 的子群, 证明: 存在 $g_1, \cdots, g_n \in G$ 使得 $G = \bigcup\limits_{i=1}^{n} g_i H = \bigcup\limits_{i=1}^{n} Hg_i$.

1.3　正规子群与商群

在 1.2 节由群 G 的一个子群 H 构造出左陪集空间 G/H 这样的商集合, 一个自然的想法就是能否在左陪集空间上定义运算使之成为一个群. 例如, 线性空间 V 的加法定义了其上的 Abel 群结构, 子空间 W 即为 V 的子群, 商空间 V/W 具有自然的线性空间结构, 自然也是一个 Abel 群. 类似于商空间中运算的定义, 在 G/H 上定义乘法的一个自然方式是把陪集 aH, bH 的乘积定义为 abH. 这个定义合理吗? 也就是说这个定义是否不依赖于陪集中代表元的选取? 或者更本质地说, 两个左陪集的乘积是否仍是一个左陪集? 简单分析一下: 如果 $aH \cdot bH = abH$, 则 $H \cdot bH = bH$, 于是我们可以得到 $Hb = bH$. 换句话说, 能在 G/H 上定义自然的乘法运算的必要条件是对任何 $b \in G$ 有 $bH = Hb$. 而这一点并不是总能满足的, 如例 1.2.11. 为此, 我们需要如下定义.

定义1.3.1　*设 H 是群 G 的子群. 如果对任意 $g \in G$, $h \in H$, 有*

$$ghg^{-1} \in H,$$

*则称 H 为 G 的一个***正规子群***, 记为 $H \lhd G$.*

思考题1.3.2　*试举例说明, 存在群 G 及其非空子集 S 满足条件 $ghg^{-1} \in S$, $\forall h \in S$, $g \in G$, 但 S 不是 G 的正规子群.*

正规子群的条件比子群强了很多. 当 H 是 G 的子群时, 从其中一个元素 a 出发, 通过乘积和求逆能得到的 H 的元素必定形如 $a, a^2, a^3, \cdots$ 或 $a^{-1}, a^{-2}, \cdots$. 如果 H 是一个正规子群, 则对任意 $a \in H$, $g \in G$, gag^{-1} 也是 H 中的元素. 我们称 G 中的两个元素 a, b 是**共轭**的, 如果存在 $g \in G$ 使得 $b = gag^{-1}$. 与 a 共轭的所有元素的全体记为 C_a, 称为 a 的**共轭类**. 正规子群是由若干共轭类组成的, 而子群则未必.

一个非平凡群 G 至少有 G 和 $\{e\}$ 两个正规子群, 称为**平凡正规子群**. 如果一个非平凡群只有平凡的正规子群, 则称其为**单群**. 从定义上看, 单群与素数、不可约多项式等都有相似之处, 后面我们会发现有限单群在群论中的确占据类似的地位. 而有限单群的分类是二十世纪群论研究中的一个重大工程, 最终的分类定理由数百篇上万页的论文所组成, 群论学家们也在不断整理并努力简化原有证明. 判断一个群是否是单群, 或者更一般地, 求一个群的非平凡的正规子群, 并不是一件容易的事情. 自然, Abel 群的任意子群都是正规子群.

我们也可以换一个观点来看待正规子群. 给定 G 的子群 H, 我们定义 G 上元素的等价关系 $aRb \Leftrightarrow a^{-1}b \in H$ (见定理 1.2.19), 从而得到 G/H. 要把 G 的乘法自然地诱导成 G/H 上的乘法就需要满足: aRb, cRd, 是否一定有 $acRbd$? 如果是这样, 陪集空间就可以把 G 上的运算继承下来. 为此我们引入比等价关系更进一步的二元关系——同余关系.

定义1.3.3 设集合 A 中有二元运算 "$*$", 如果 A 的一个等价关系 R 在该运算下仍然保持, 即对任意 $a, b, c, d \in A$,

$$aRb, cRd \Longrightarrow (a * c)R(b * d),$$

则称 R 为 A 关于运算 "$*$" 的一个**同余关系**. 此时, a 所在的等价类 $\bar{a}$, 也叫作 a 的**同余类**.

例1.3.4 设 $\mathbb{Z}$ 为整数集, $0 \neq m \in \mathbb{Z}$, 在 $\mathbb{Z}$ 中定义关系 R 为

$$aRb \iff m|(a-b),$$

则 R 关于 $\mathbb{Z}$ 中的加法和乘法都是同余关系. 此关系 R 也称为模 m 的同余关系, aRb 也记为 $a \equiv b \pmod m$, 称为 a 与 b 模 m 同余.

下面的定理告诉我们正规子群正是定义群上的同余关系时所需要的子群.

定理1.3.5 设 G 是群, $H < G$, 则下列条件等价:

(1) $H \lhd G$;

(2) 对任意 $g \in G$, $gH = Hg$;

(3) 对任意 $a, b \in G$, $aH \cdot bH = abH$. 这里 $aH \cdot bH = \{ah_1bh_2 | h_1, h_2 \in H\}$.

证 (1) $\Rightarrow$ (2). 因 $H \lhd G$, 故对任意 $g \in G$, $h \in H$, 有

$$gh = ghg^{-1}g \in Hg; \quad hg = gg^{-1}hg \in gH.$$

故 $gH = Hg$.

(2) $\Rightarrow$ (3). 由 (2) 有 $Hb = bH$, 故

$$aH \cdot bH = a(Hb)H = a(bH)H = (ab)HH = abH.$$

$(3) \Rightarrow (1)$. 已知 $H < G$, 对任意 $g \in G, h \in H$, 由 (3) 可得

$$ghg^{-1} = ghg^{-1}e \in gH \cdot g^{-1}H = gg^{-1}H = eH = H.$$

因此 $H \lhd G$. □

由定理 1.3.5 知, 当且仅当 H 是 G 的正规子群时, 任两个左陪集的乘积一定是一个左陪集, 并且乘积的代表元就是原来两个左陪集代表元的乘积. 于是我们可以在左陪集空间 G/H 上定义乘法

$$aH \cdot bH = abH. \tag{1.1}$$

定理1.3.6 设 G 是群, $H \lhd G$, 则 G/H 对上述运算构成一个群, 称为 G 对 H 的**商群**.

证 因为 H 是 G 的正规子群, 根据前面的讨论, 上面的运算是合理的. 又对任意 $aH, bH, cH \in G/H$ 有

$$(aH \cdot bH) \cdot cH = abH \cdot cH = (abc)H = aH \cdot (bc)H = aH \cdot (bH \cdot cH).$$

于是, 结合律成立. 其次, $eH = H$ 是这一运算的左幺元, 因为对任意 $aH \in G/H$, 有 $eH \cdot aH = (ea)H = aH$. 再次, G/H 中任一元 aH 有左逆元 $a^{-1}H$, 因为 $a^{-1}H \cdot aH = (a^{-1}a)H = eH$, 所以, 左陪集空间 G/H 构成一个群. □

思考题1.3.7 假定 H 是群 G 的子群, 而且在左陪集空间 G/H 上可以定义群的结构, 那么 H 是否一定是 G 的正规子群?

例1.3.8 由于 $\{\mathbb{Z}; +\}$ 是 Abel 群, 故其任一子群 $m\mathbb{Z}$ 是 $\mathbb{Z}$ 的正规子群, 所以有商群 $\mathbb{Z}/m\mathbb{Z}$, 且

$$\mathbb{Z}/m\mathbb{Z} = \begin{cases} \mathbb{Z}, & m = 0, \\ \{\bar{0}, \bar{1}, \cdots, \overline{m-1}\}, & m \neq 0. \end{cases}$$

注意到 $\mathbb{Z}$ 中的运算是加法, 所以商群中的运算通常仍记为加法, 于是 $\bar{r}_1 + \bar{r}_2 = \overline{r_1 + r_2} = \bar{r}$, 其中 r 是这样得到的: $r_1 + r_2 = qm + r, 0 \leqslant r < m$. 这个群通常简记为 $\mathbb{Z}_m$, 称为模 m 的**剩余类加群**. 参见 1.1 节的习题 11.

例1.3.9 $\mathrm{SL}(n, \mathbb{R})$ 是 $\mathrm{GL}(n, \mathbb{R})$ 的正规子群, 因为对任意 $A \in \mathrm{GL}(n, \mathbb{R})$, $B \in \mathrm{SL}(n, \mathbb{R})$, $|ABA^{-1}| = |A||B||A^{-1}| = |B| = 1$, 所以 $ABA^{-1} \in \mathrm{SL}(n, \mathbb{R})$. 类似可验证 $\mathrm{SO}(n)$ 是 $\mathrm{O}(n)$ 的正规子群.

更一般地, 我们有如下结论.

引理1.3.10 设 H 是 G 的子群, N 是 G 的正规子群, 则 $H \cap N$ 是 H 的正规子群.

证 自然 $H\cap N$ 是 G 的子群, 也是 H 的子群. 对任意 $h\in H, n\in H\cap N$, 有 $hnh^{-1}\in H$, 且由 $N\lhd G$ 可得 $hnh^{-1}\in N$. 因此 $hnh^{-1}\in H\cap N$. 故 $H\cap N$ 是 H 的正规子群. □

类似于线性空间中补空间的定义, 如果 N 是群 G 的正规子群, 且存在 G 的子群 H 使得 $H\cap N=\{e\}$ 且 $HN=G$, 则称 G 为 H 与 N 的**半直积**, 记为 $G=H\ltimes N$. 特别地, 若 H 也是正规子群, 称 G 为 H 与 N 的 (内)**直积**, 记为 $G=H\times N$. 线性空间作为加法群, 其中的子空间都是正规子群, 子空间的直和就是正规子群的直积. 更一般地, 我们可以定义任意两个群的直积, 见本节习题 3.

同样类似于线性空间中商映射的定义, 我们有如下定义.

定义1.3.11 设 H 是群 G 的正规子群, G 到 G/H 的映射 π:

$$\pi(g)=gH,\quad \forall g\in G$$

称为群 G 到商群 G/H 的**自然同态**.

对任意 $g,h\in G$, 有

$$\pi(gh)=ghH=gH\cdot hH=\pi(g)\pi(h).$$

因此自然同态 π 保持群的乘法运算. 在代数学的研究中, 保持一个代数体系的运算的映射可以建立两个不同对象的联系, 有助于我们深入了解代数结构. 在群论中, 保持群乘法的映射, 即为群同态, 是下一节研究的主要问题.

习 题 1.3

1. 设 A 和 B 是群 G 的正规子群, $a\in A, b\in B$, 证明: $aba^{-1}b^{-1}\in A\cap B$. 特别地, 如果 $A\cap B=\{e\}$, 则 $ab=ba$.

2. 设 H 是群 G 的子群, 则 H 是 G 的正规子群当且仅当 H 是 G 的一些共轭类的并.

3. 设 H,K 是两个群, 在 $H\times K=\{(h,k)|h\in H,k\in K\}$ 中定义乘法为

$$(h_1,k_1)(h_2,k_2)=(h_1h_2,k_1k_2).$$

试证: $H\times K$ 是一个群, 称为 H 与 K 的**直积**, 且 $H_1=\{(h,e_K)|h\in H\}$ 和 $K_1=\{(e_H,k)|k\in K\}$ 为 $H\times K$ 的正规子群. 这里 e_H,e_K 分别是群 H,K 的幺元.

4. 设集合 A 中有二元运算 "$\circ$", 如果 A 的一个等价关系 R 在该运算下仍然保持, 即

$$aRb, cRd\Longrightarrow (a\circ c)R(b\circ d),\quad \forall a,b,c,d\in A,$$

则称 R 为 A 关于运算 “$\circ$” 的一个**同余关系**. 此时, a 所在的等价类 $\bar{a}$, 也叫作 a 的**同余类**. 试证明: 如果非空集合 A 上有二元运算 $\circ$, 又有等价关系 R, 且 R 是 $\circ$ 的一个同余关系, 则在商集合 A/R 上可以定义运算 $\bar{\circ}$: $\bar{a}\bar{\circ}\bar{b}=\overline{a\circ b}$.

5. 设 $\mathbb{Z}$ 为整数集, $0\neq m\in\mathbb{Z}$, 在 $\mathbb{Z}$ 中定义关系 R 为

$$aRb \iff m|(a-b),$$

证明: R 关于 $\mathbb{Z}$ 中的加法和乘法都是同余关系. 此关系 R 也称为模 m 的同余关系, 这一关系在初等整数论中记为 $a\equiv b \pmod m$, 称为 a 与 b 模 m 同余.

6. 在 $\mathbb{Z}$ 中定义关系 R 为: $aRb \iff 3|(a-b)$.

(1) 证明 R 是 $\mathbb{Z}$ 中的等价关系, 写出 $\mathbb{Z}/R$ 中所有元素 $\bar{0},\bar{1},\bar{2}$ 的含义;

(2) 证明 R 关于 $\mathbb{Z}$ 中的加法是同余关系, 写出在 $\mathbb{Z}/R$ 中相应产生的 “加法运算” 的加法表;

(3) 证明 R 关于 $\mathbb{Z}$ 中的乘法是同余关系, 写出在 $\mathbb{Z}/R$ 中相应产生的 “乘法运算” 的乘法表.

7. 证明: 群 G 中元素的共轭关系是一个等价关系, 从而共轭类构成了 G 的一个划分.

8. 如果 H 是 G 的正规子群, K 是 H 的正规子群, K 是否一定是 G 的正规子群?

9. 设 H,K 是群 G 的两个子群. 证明: H,K 中有一个是 G 的正规子群, 则 $HK<G$ (见习题 1.2 习题 16); 若 H,K 均是 G 的正规子群, 则 $HK\lhd G$.

10. 若群 G 只有一个阶为 m 的子群 H, 证明: $H\lhd G$.

11. 设 H 是群 G 的一个子群. 称 $N_G(H)=\{g\in G|gHg^{-1}=H\}$ 为 H 在 G 中的**正规化子**. 证明:

(1) $N_G(H)<G$ 且 $H\lhd N_G(H)$;

(2) $H\lhd G$ 当且仅当 $N_G(H)=G$.

12. 证明: 指数为 2 的子群是正规子群, 即设 $H<G$, 且 $[G:H]=2$, 则必有 $H\lhd G$.

13. 设 H 是群 G 的正规子群, $|H|=n$, $[G:H]=m$, 且 $(m,n)=1$. 证明: H 是 G 的唯一的 n 阶子群.

训练与提高题

14. 设 $H<G$, 试证:

(1) 对任意 $g\in G$, $gHg^{-1}=\{gxg^{-1}|x\in H\}$ 也是 G 的子群, 称为 H 的**共轭子群**;

(2) 如果 H 是群 G 的指数为 n 的子群, 则 H 的共轭子群的个数有限且是 n 的因数.

15. 设 H 为有限群 G 的真子群, 证明: $G\neq\bigcup\limits_{g\in G}gHg^{-1}$. 结论对无限群是否成立?

16. 证明群 $\mathrm{SO}(3)$ 是单群.

17. 试求 $\mathrm{SL}(n,\mathbb{R})$ 的所有正规子群.

1.4 群的同态与同构

我们在研究一个代数体系时, 很自然地需要考虑不同的研究对象之间的联系.

例如, 在研究线性空间时引入了线性映射和线性变换, 这些映射的特点是保持所研究的对象的代数运算 (加法和数乘), 借助它们, 我们可以得到那些表面不同的线性空间的内在联系, 甚至可以看出, 有些表面上看起来完全不同的线性空间, 本质上却是一样的 (即它们之间存在线性同构). 如果只考虑加法, 线性空间其实就是一个 Abel 群, 线性空间之间的线性映射保持加法, 也就是保持群的运算. 类似的保持代数结构的映射是代数学研究中的重要工具. 我们引入如下定义.

定义1.4.1 设 G 和 G' 是两个群, 如果映射 $f: G \to G'$ 满足

$$f(ab) = f(a)f(b), \quad \forall a, b \in G, \tag{1.2}$$

则称 f 是 G 到 G' 的一个**群同态**. 若对任意 $a \in G$, $f(a) = e'$, 则称 f 是**平凡同态**. 若同态 f 是单 (满) 射, 则称 f 是**单同态**(**满同态**). 若同态 f 是双射则称 f 是 G 到 G' 的一个**群同构**, 此时称群 G 与 G' 是**同构**的, 记为 $G \simeq G'$. 特别地, 称群 G 到自身的群同态 (或群同构) 为 G 的一个**自同态**(或**自同构**).

在 (1.2) 中, 令 $a = b = e$, 则易见 $f(e) = e'$; 令 $b = a^{-1}$, 则可得 $f(a^{-1}) = f(a)^{-1}$.

思考题1.4.2 若一个群 G 到自己的映射 $a \to a^2$ 是同态, 你能得到什么结论?

下面的命题是容易验证的, 证明留给读者.

命题1.4.3 若 $f: G_1 \to G_2$, $g: G_2 \to G_3$ 是群同态 (单、满或同构), 则 $gf: G_1 \to G_3$ 也是群同态 (单、满或同构). 特别地, 若 f 是同构, 则 f^{-1} 也是同构.

记 G 的自同态的全体为 $\mathrm{Hom}\,(G)$, 自同构的全体为 $\mathrm{Aut}\,(G)$, 则上述命题说明 $\mathrm{Hom}\,(G)$ 是一个幺半群, 而 $\mathrm{Aut}\,(G)$ 构成群, 称为 G 的**自同构群**.

群同构揭示的是两个表面上不一样的群在抽象层面是一样的. 首先来看一些例子.

例1.4.4 指数映射 $\exp: \mathbb{R} \to \mathbb{R}^+$ 是群同构, 其中 $\mathbb{R}$ 是加法群, $\mathbb{R}^+$ 是乘法群.

例1.4.5 设 V 是数域 $\mathbb{P}$ 上的 n 维线性空间, $\mathbb{P}^n$ 表示 n 维列向量空间, 两者在加法下都是 Abel 群. 任取 V 的一组基 $\alpha_1, \cdots, \alpha_n$, 定义映射

$$\varphi: V \to \mathbb{P}^n,$$

使得对任意 $\alpha \in V$, $\varphi(\alpha)$ 为其在这组基下的坐标, 则 φ 为 Abel 群 V 到 $\mathbb{P}^n$ 的同构.

例1.4.6 设 V 是数域 $\mathbb{P}$ 上的 n 维线性空间, $\alpha_1, \cdots, \alpha_n$ 为 V 的一组基. 任意可逆线性变换 $\mathcal{A}$ 在该组基下对应一个可逆矩阵 A. 于是

$$\varphi: \mathrm{GL}(V) \to \mathrm{GL}(n, \mathbb{P}), \quad \varphi(\mathcal{A}) = A$$

为群同构. 如果 $\beta_1, \cdots, \beta_n$ 也是 V 的一组基, $\mathcal{A}$ 在该组基下的矩阵为 B, 则有群同构

$$\psi: \mathrm{GL}(V) \to \mathrm{GL}(n, \mathbb{P}), \quad \psi(\mathcal{A}) = B.$$

若 $\beta_1,\cdots,\beta_n$ 到 $\alpha_1,\cdots,\alpha_n$ 的过渡矩阵为 T, 则 $B=TAT^{-1}$. 这样, 我们得到 $\mathrm{GL}(n,\mathbb{P})$ 到自身的映射:

$$\mathrm{Ad}_T:\mathrm{GL}(n,\mathbb{P})\to\mathrm{GL}(n,\mathbb{P}),\quad A\mapsto\mathrm{Ad}_T(A)=TAT^{-1}.$$

则 Ad_T 为群 $\mathrm{GL}(n,\mathbb{P})$ 的自同构.

这个例子启发我们得到更一般的结论.

命题1.4.7 设 G 为群, $a\in G$, 定义映射 $\mathrm{Ad}_a:G\to G$ 为

$$\mathrm{Ad}_a(g)=aga^{-1},\quad\forall g\in G,$$

则 $\mathrm{Ad}_a\in\mathrm{Aut}\,(G)$, 称为由 a 决定的**内自同构**. 记 $\mathrm{Inn}\,(G)=\{\mathrm{Ad}_a|a\in G\}$, 则 $\mathrm{Inn}\,(G)$ 为 $\mathrm{Aut}\,(G)$ 的正规子群, 称为 G 的**内自同构群**. 商群 $\mathrm{Aut}\,(G)/\mathrm{Inn}\,(G)$ 称为 G 的**外自同构群**, 记为 $\mathrm{Out}\,G$.

证 首先, 对任意 $a,b,c\in G$, 有 $\mathrm{Ad}_a\mathrm{Ad}_b(c)=a(bcb^{-1})a^{-1}=(ab)c(ab)^{-1}=\mathrm{Ad}_{ab}(c)$. 因此

$$\mathrm{Ad}_a\mathrm{Ad}_b=\mathrm{Ad}_{ab}.\tag{1.3}$$

于是 $\mathrm{Ad}_{a^{-1}}\mathrm{Ad}_a=\mathrm{Ad}_a\mathrm{Ad}_{a^{-1}}=\mathrm{Ad}_e=\mathrm{id}\,_G$. 因此 Ad_a 是双射, 其逆是 $\mathrm{Ad}_{a^{-1}}$. 其次, 对任意 $g,h\in G$, 有

$$\mathrm{Ad}_a(gh)=agha^{-1}=aga^{-1}aha^{-1}=\mathrm{Ad}_a(g)\mathrm{Ad}_a(h),$$

因此 $\mathrm{Ad}_a\in\mathrm{Aut}\,(G)$.

进一步, $\mathrm{Ad}_a(\mathrm{Ad}_b)^{-1}=\mathrm{Ad}_a\mathrm{Ad}_{b^{-1}}=\mathrm{Ad}_{ab^{-1}}\in\mathrm{Inn}\,(G)$. 因此 $\mathrm{Inn}\,(G)<\mathrm{Aut}\,(G)$. 又对任意 $\varphi\in\mathrm{Aut}\,(G)$, $a,g\in G$, 有

$$\varphi\mathrm{Ad}_a\varphi^{-1}(g)=\varphi(a\varphi^{-1}(g)a^{-1})=\varphi(a)g\varphi(a)^{-1}=\mathrm{Ad}_{\varphi(a)}(g).$$

所以 $\varphi\mathrm{Ad}_a\varphi^{-1}=\mathrm{Ad}_{\varphi(a)}\in\mathrm{Inn}\,(G)$. 故 $\mathrm{Inn}\,(G)\lhd\mathrm{Aut}\,(G)$. □

思考题1.4.8 举例说明存在群 G 使得 $\mathrm{Inn}\,(G)\neq\mathrm{Aut}\,(G)$.

一般群 G 中, 除了上述 Ad_a 这类变换是可逆变换, 还可以定义其他与群的运算紧密相关的可逆变换.

定义1.4.9 对任意 $a\in G$, 定义 G 上的变换 L_a, R_a 为

$$L_a(g)=ag,\quad R_a(g)=ga,\quad\forall g\in G.$$

分别称 L_a, R_a 为群 G 中由 a 决定的**左平移变换**和**右平移变换**.

容易验证 $L_aL_b = L_{ab}, R_aR_b = R_{ba}, \mathrm{Ad}_a = L_aR_{a^{-1}}$. 由于 $L_aL_{a^{-1}} = L_{a^{-1}}L_a = \mathrm{id}_G$, 因此 L_a 是 G 到自身的双射. 同理, R_a 也是双射. 因此

$$L_G = \{L_a | a \in G\}, \quad R_G = \{R_a | a \in G\}$$

都是 S_G 的子群. 于是我们有如下定理.

定理1.4.10 (Cayley 定理) 任何群 G 与对称群 S_G 的一个子群同构.

证 设映射 $L: G \to L_G$ 定义为 $L(a) = L_a$, 则由上面的讨论知 L 是满同态. 进一步, 若 $L_a = \mathrm{id}_G$, 则对任意 $b \in G$, 有 $L_a(b) = b$. 因此 $a = e$. 从而 L 是单射. 故 $G \simeq \mathrm{Im}\, L$. □

一般将一个非空集合 A 的对称群 S_A(或称**全变换群**) 的一个子群称为 A 上的一个变换群. 因此 Cayley 定理断言, 任何群都与该群上的一个变换群同构. 这个定理具有理论上的重要意义, 因为它体现了变换群在群论中的重要地位.

下面我们来看看群同态的性质和例子. 比较而言, 群同态的性质似乎比同构要差一些. 然而, 我们可以从不单或不满的同态得到更多的信息. 在线性映射的研究中, 映射的核和像是很重要的概念. 核和像可以用来判别映射是否为单射或满射. 同样, 对于群同态我们有如下定义.

定义1.4.11 设 $f: G \to G'$ 是群同态, 分别称集合

$$\mathrm{Ker}\, f = \{a \in G | f(a) = e'\}, \quad \mathrm{Im}\,(f) = f(G) = \{f(a) | a \in G\}$$

为同态 f 的**核**和**像**.

如果存在 $a, b \in G$, 使得 $f(a) = f(b)$, 则 $f(b)^{-1}f(a) = f(b^{-1}a) = e' = f(e)$, 即 $b^{-1}a \in \mathrm{Ker}\, f$. 于是我们得到如下引理.

引理1.4.12 设 $f: G \to G'$ 是一个群同态, 则 f 为单射当且仅当 $\mathrm{Ker}\, f = \{e\}$.

我们知道, 线性映射的核和像在加法和数乘下封闭, 因此都是相应空间的子空间. 那么群同态的核和像是否也具有类似性质呢? 答案是肯定的.

引理1.4.13 设 $f: G \to G'$ 为群同态, 则 $\mathrm{Im}\, f < G'$, $\mathrm{Ker}\, f \lhd G$.

证 对 $f(a), f(b) \in \mathrm{Im}\, f$, 有 $f(a)f(b)^{-1} = f(a)f(b^{-1}) = f(ab^{-1}) \in \mathrm{Im}\, f$, 故 $\mathrm{Im}\, f < G'$. 又对任意 $a, b \in \mathrm{Ker}\, f$, $f(ab^{-1}) = f(a)f(b)^{-1} = e'$, 因此 $ab^{-1} \in \mathrm{Ker}\, f$, 故 $\mathrm{Ker}\, f < G$. 进一步, 对任意 $g \in G$, $a \in \mathrm{Ker}\, f$, 有 $f(gag^{-1}) = f(g)f(a)f(g)^{-1} = e'$. 因此, $gag^{-1} \in \mathrm{Ker}\, f$. 故 $\mathrm{Ker}\, f \lhd G$. □

这个引理告诉我们群同态的核一定是正规子群. 反之, 给定 G 的正规子群 H, 则自然同态 $\pi: G \to G/H$ 是群同态, 且 $\mathrm{Ker}\, \pi = H$. 由此我们得到如下推论.

推论1.4.14 群 G 的子群 H 是正规子群当且仅当 H 是 G 到某个群的一个同态的核.

这个推论指出，寻找正规子群可以通过构造群同态的方法来实现. 我们首先来看一些例子.

例1.4.15 设 G 是一个群, $a \in G$. 因为 $a^m a^n = a^{m+n}$, 所以映射

$$f : \mathbb{Z} \to G, \quad f(n) = a^n \tag{1.4}$$

为群同态, 其像集即为由 a 生成的 G 的子群 $\langle a \rangle = \{a^n | n \in \mathbb{Z}\}$, 其核 $\operatorname{Ker} f$ 为 $\mathbb{Z}$ 的子群必形如 $m\mathbb{Z}, m \in \mathbb{N}$. 若 $m = 0$, 则该映射为单射, 这时 a 的阶为无穷; 若 $m > 0$, 则 a 的阶为 m. 这样, 我们就从同态的角度给出了群元素的阶的刻画, 类似的想法后面还会使用.

例1.4.16 设 V 是数域 $\mathbb{P}$ 上的 n 维线性空间, 则映射

$$\det : \mathrm{GL}(V) \to \mathbb{P}^*, \quad \mathcal{A} \mapsto \det(\mathcal{A})$$

是满同态, 同态核为 $\operatorname{Ker} \det = \mathrm{SL}(V)$.

例1.4.17 设 V 是数域 $\mathbb{P}$ 上的 n 维线性空间, $\varepsilon_1, \varepsilon_2, \cdots, \varepsilon_n$ 为其一组基. 对任意 $\sigma \in S_n$, 定义 V 上线性变换 π_σ 满足

$$\pi_\sigma(\varepsilon_i) = \varepsilon_{\sigma(i)}.$$

线性变换理论告诉我们这样的 π_σ 是存在唯一的. 这样我们得到一个映射

$$\pi : S_n \to \mathrm{GL}(V), \quad \sigma \mapsto \pi_\sigma.$$

容易验证这是一个单同态. 将本例与上例中的映射合成得到群同态

$$\det \circ \pi : S_n \to \mathbb{P}^*.$$

这一同态的像集为 $\{1, -1\}$ (当 $n > 1$ 时). 该同态的核记为 A_n. 我们将在后面详细研究群 S_n 和 A_n.

例1.4.18 设 G 为群, $g \in G$, 则 Ad_g 为 G 的内自同构. 定义映射 $\mathrm{Ad} : G \to \mathrm{Inn}(G)$ 为

$$\mathrm{Ad}(a) = \mathrm{Ad}_a, \quad \forall a \in G.$$

由 (1.3) 可得 $\mathrm{Ad}(ab) = \mathrm{Ad}(a)\mathrm{Ad}(b)$, 从而 Ad 是满同态.

此时, 对任意 $a \in \operatorname{Ker} \mathrm{Ad}$, 因 $\mathrm{Ad}(a) = \mathrm{Ad}_a = \mathrm{id}$, 即对任意 $g \in G$, $aga^{-1} = g$, 所以

$$\operatorname{Ker} \mathrm{Ad} = \{a \in G | ag = ga, \forall g \in G\}.$$

我们称 $\operatorname{Ker} \mathrm{Ad}$ 为 G 的**中心**, 通常记为 $C(G)$. 自然地, $C(G)$ 是 G 的正规子群.

现在我们可以来证明联系了不同群的子群、正规子群和商群的群的同态基本定理.

定理1.4.19 (群的同态基本定理) 设 $f: G \to G'$ 是群的满同态, 则 $G/\mathrm{Ker}\, f \simeq G'$.

证 记 $N = \mathrm{Ker}\, f$. 若 g, h 属于 N 的同一个陪集, 则 $g^{-1}h \in N$. 于是 $e' = f(g^{-1}h) = f(g^{-1})f(h)$. 因此 $f(g) = f(h)$. 因此我们可以定义映射 $\bar{f}: G/N \to G'$ 为

$$\bar{f}(gN) = f(g).$$

自然 $\bar{f}$ 是满射. 进一步, 若 $\bar{f}(gN) = \bar{f}(hN)$, 则 $f(g) = f(h)$. 于是 $g^{-1}h \in N$, 故 $gN = hN$. 因此 $\bar{f}$ 也是单射, 从而 $\bar{f}$ 是双射.

设 $gN, hN \in G/N$, 由 f 是同态, 有

$$\bar{f}(gN \cdot hN) = \bar{f}(ghN) = f(gh) = f(g)f(h) = \bar{f}(gN) \cdot \bar{f}(hN).$$

所以 $\bar{f}$ 还是群同态, 于是 $\bar{f}$ 是群同构, 故 $G/N \simeq G'$. □

如果 $f: G \to G'$ 不是满射, 我们可以自然地将 f 看成 G 到 $f(G)$ 的满同态. 于是我们有如下推论.

推论1.4.20 设 $f: G \to G'$ 是群同态, 则 $f(G)$ 同构于 G 的商群 $G/\mathrm{Ker}\, f$; 反之, G 的任一商群都可看作 G 的同态像.

由此我们也看到, 两个群之间的任一个满同态都可以看作一个群到某一个商群上的自然同态; 要找出一个群 G 的所有同态像, 就相当于找出 G 的所有的商群, 也就相当于找出 G 的所有的正规子群.

定理1.4.21 设 f 是群 G 到群 G' 的满同态, $N = \mathrm{Ker}\, f$, 则

(1) f 建立了 G 中包含 N 的子群与 G' 中子群间的双射;

(2) f 把正规子群对应到正规子群;

(3) 若 $H \lhd G$, $N \subseteq H$, 则 $G/H \simeq G'/f(H)$.

证 (1) 首先, 对任何 G 中包含 N 的子群 K, $f(K)$ 是 G' 的子群, 因此 f 建立了 G 中包含 N 的子群的集合到 G' 中子群的集合的一个映射 $K \mapsto f(K)$. 仍记为 f. 下面我们证明这是双射. 对任何 G' 的子群 H', 考虑 H' 的**完全原像**

$$f^{-1}(H') = \{g \in G | f(g) \in H'\},$$

则容易验证 $f^{-1}(H')$ 是 G 的包含 N 的子群, 而且 $f(f^{-1}(H')) = H'$. 因此上面的映射是满射. 此外, 如果 H_1, H_2 是 G 中两个包含 N 的子群, 且 $f(H_1) = f(H_2)$, 则对任何 $h_1 \in H_1$, $f(h_1) \in f(H_2)$, 因此存在 $h_2 \in H_2$ 使得 $f(h_1) = f(h_2)$, 于是 $h_2^{-1}h_1 \in N \subseteq H_2$, 因此 $h_1 \in H_2$, 故 $H_1 \subseteq H_2$. 同理 $H_2 \subseteq H_1$. 因此 $H_1 = H_2$. 这说明上述映射是单射, 因此是双射.

(2) 设 H 为 G 中包含 N 的正规子群, $H'=f(H)$, $h'\in H'$, 且 $h'=f(h)$, $h\in H$. 对任何 $g'\in G'$, 取 $g\in G$ 使得 $f(g)=g'$, 于是 $g'h'(g')^{-1}=f(g)f(h)f(g)^{-1}=f(ghg^{-1})$. 因为 H 是正规子群, 故 $ghg^{-1}\in H$, 因此 $g'h'(g')^{-1}\in H'$. 故 $f(H)$ 为正规子群.

反之, 如果 $f(H)$ 是 G' 的正规子群, 则对任意 $f(g)\in G'$, $f(g)f(H)f(g)^{-1}=f(H)$. 于是, $f(gHg^{-1})=f(H)$. 因 $N\subseteq H$, $N\subseteq gHg^{-1}$, 由 (1) 知 $gHg^{-1}=H$. 故 H 是 G 的正规子群.

(3) 由 (2) 知 $f(H)$ 是 G' 的正规子群. 设 π' 为 G' 到 $G'/f(H)$ 的自然同态, 考虑 G 到 $G'/f(H)$ 的映射 $\pi'\circ f$, 则显然 $\pi'\circ f$ 是满同态. 又

$$\mathrm{Ker}\,(\pi'\circ f)=f^{-1}(\pi^{-1}(e'f(H)))=f^{-1}(f(H)),$$

因 $N\subseteq H$, 由 (1) 建立的双射知 $\mathrm{Ker}\,(\pi'\circ f)=H$. 故由同态基本定理得 $G/H\simeq G'/f(H)$. □

将上述定理应用到自然同态上, 我们得到如下推论.

推论1.4.22 设 G 是群, $N\lhd G$, π 是 G 到 G/N 的自然同态, 则 π 建立了 G 中包含 N 的子群与 G/N 的子群间的双射, 而且把正规子群对应到正规子群. 又若 $H\lhd G$, $N\subseteq H$, 则 $G/H\simeq(G/N)/(H/N)$.

从推论 1.4.20 我们知道, 一个群的同态像总与该群的某一商群同构, 故在讨论满同态时, 我们可以只考虑群到它的商群上的自然同态而不失一般性. 所以, 下面的定理我们就用这样的语言来叙述, 请读者自己把它改写为更一般的语言.

定理1.4.23 设 G 是群, $N\lhd G$, π 是 G 到 G/N 的自然同态, $H<G$, 则

(1) HN 是 G 中包含 N 的子群, 且

$$HN=\pi^{-1}(\pi(H)),$$

即 HN 是 H 在映射 π 下的像集合 $\pi(H)$ 的完全原像 $\pi^{-1}(\pi(H))$;

(2) $\mathrm{Ker}\,(\pi|_H)=H\cap N$, 从而 $(H\cap N)\lhd H$;

(3) $HN/N\simeq H/(H\cap N)$.

证 (1) 首先, 对任何 $h_1,h_2\in H$, $n_1,n_2\in N$, 有

$$h_1n_1(h_2n_2)^{-1}=h_1n_1n_2^{-1}h_2^{-1}=h_1h_2^{-1}h_2n_1n_2^{-1}h_2^{-1}.$$

因 $N\lhd G$, 故 $h_2n_1n_2^{-1}h_2^{-1}\in N$. 又因 $H<G$, 有 $h_1h_2^{-1}\in H$, 于是 $h_1n_1(h_2n_2)^{-1}\in HN$, 据定理 1.2.2 知 $HN<G$. 此外, 显然有 $N\subseteq HN$, 又

$$\pi(HN)=\{hnN|h\in H,n\in N\}=\{hN|h\in H\}=\pi(H),$$

即 G 中包含同态核 N 的子群 HN 在 π 映射下的像集是 G/N 中的子群 $\pi(H)$. 于是定理 1.4.21 (1) 中 π 建立的双射就把 HN 对应到 $\pi(H)$, 从而 $HN=\pi^{-1}(\pi(H))$.

(2) 考虑群同态 $\pi|_H : H \to G/N$, 有

$$\operatorname{Ker}(\pi|_H)=\{h\in H|\pi|_H(h)=\pi(N)\}=H\cap N.$$

(3) 由 (1) 知 $\pi(H)=\pi(HN)=HN/N$, 所以 π 是 H 到 HN/N 的满同态映射. 由同态基本定理有

$$H/(\operatorname{Ker}(\pi|_H))\simeq HN/N.$$

而由 (2), $\operatorname{Ker}(\pi|_H)=H\cap N$, 故 $HN/N\simeq H/(H\cap N)$. □

习 题 1.4

1. 证明: 6 阶群必与 $\mathbb{Z}_6$ 或 S_3 同构.

2. 设 exp 为 $\{\mathbb{R};+\}$ 到 $\{\mathbb{R}^+;\cdot\}$ 的映射 $\exp(x)=\mathrm{e}^x$, $\forall x\in\mathbb{R}$, 等号右端的 e 为自然对数的底. 证明: exp 是群同构.

3. 设 G 是一个群, 定义 $R:G\to S_G$ 为 $R(a)=R_a$, 其中 R_a 为右平移变换. 证明: R 是 G 的**反同构**, 即满足 $R(ab)=R(b)R(a)$.

4. 求 K_4 的自同构群 $\operatorname{Aut}K_4$.

5. 设 G 是有限 Abel 群, 证明 $\varphi_k(g)=g^k$ 是 G 的自同态, 且 φ_k 是 G 的自同构当且仅当 k 和 $|G|$ 互素.

6. 设 $\phi:\{\mathbb{R}^*;\cdot\}\to\{\mathbb{R}^+;\cdot\}$, $\phi(x)=|x|$, $\forall x\in\mathbb{R}$, 问 ϕ 是否为群的满同态. 若是, 求 $\operatorname{Ker}\phi$, 并判断 ϕ 是否为同构映射.

7. 证明 $f(x)=\cos x+\sqrt{-1}\sin x$ 是 $\{\mathbb{R};+\}$ 到 $\{\mathbb{C}^*;\cdot\}$ 的一个群同态, 并求 $\operatorname{Ker}f$.

8. 设 G 和 H 为群, $\varphi:G\to\operatorname{Aut}(H)$ 为群同态. 在集合 $\{(g,h)|g\in G,h\in H\}$ 中定义乘法为

$$(g_1,h_1)(g_2,h_2)=(g_1g_2,\varphi(g_2^{-1})(h_1)h_2),$$

证明: 该集合是群, 称为 G 与 H 的**半直积**, 记为 $G\ltimes H$. 进一步, $G_1=\{(g,e_H)|g\in G\}$ 为 $G\ltimes H$ 的子群, $H_1=\{(e_G,h)|h\in H\}$ 为 $G\ltimes H$ 的正规子群. 其中 e_G,e_H 分别为 G,H 的幺元.

9. 设 f 和 g 都是群 G 到群 H 的同态, $D=\{x\in G|f(x)=g(x)\}$, 证明: $D<G$.

10. 设 f 是群 G 到 G' 的映射, $a\in G$. 若 f 是群同构, 证明 a 的阶等于 $f(a)$ 的阶. 若 f 是群同态, 上述结论是否成立? 为什么?

11. 令 G 是实数对 (a,b), $a\neq 0$ 带有乘法 $(a,b)(c,d)=(ac,ad+b)$ 的群. 试证: $K=\{(1,b)|b\in\mathbb{R}\}$ 是 G 的正规子群且 $G/K\simeq\mathbb{R}^*$, 这里 $\mathbb{R}^*$ 是非零实数的乘法群.

12. 设 $\mathrm{Aff}\,(n,\mathbb{R})$ 为仿射变换群 (见 1.1 节习题 16). 记 $H=\{T_{(I_n,\beta)}|\beta\in\mathbb{R}^n\}$ (称 $T_{(I_n,\beta)}$ 为由 β 决定的**平移变换**). 证明:

(1) $H\lhd \mathrm{Aff}\,(n,\mathbb{R})$ 且 $\mathrm{Aff}\,(n,\mathbb{R})/H\simeq \mathrm{GL}(n,\mathbb{R})$;

(2) 证明 $\mathrm{Aff}\,(1,\mathbb{R})$ 与 1.1 节习题 15 中的群 G 同构.

13. 举例说明下面的命题不正确: 设 G,G' 是群, $N\lhd G$, $N'\lhd G'$, 且有 $G\simeq G'$, $N\simeq N'$, 则必有 $G/N\simeq G'/N'$.

14. 设 σ 是群 G 的自同构, 满足 $\sigma(g)=g\ \Rightarrow\ g=e$. 证明:

(1) $f:g\to\sigma(g)g^{-1}$ 是单射;

(2) 若 G 是有限群, 则 G 的每个元素均可以写成 $\sigma(g)g^{-1}$ 的形式;

(3) 若 G 是有限群, 且 $\sigma^2=\mathrm{id}_G$, 则 G 为奇数阶 Abel 群.

15. 试给出幺半群同构的定义. 在 $\mathbb{Z}$ 中定义:

$$a*b=a+b-ab,\quad \forall a,b\in\mathbb{Z}.$$

证明: $\{\mathbb{Z};*\}$ 是一个幺半群, 并且 $\{\mathbb{Z};*\}$ 与幺半群 $\{\mathbb{Z};\cdot\}$ 同构.

16. 求 $\{\mathbb{C}^*;\cdot\}$ 的子群 N, 使 $\{\mathbb{C}^*;\cdot\}/N\simeq\{\mathbb{R}^+;\cdot\}$.

17. 设 G 是 n 阶交换群, $m\in\mathbb{N}$, 定义 f_m 为: $f_m(a)=a^m$, $\forall a\in G$. 证明: f_m 是 G 的自同态, 且 $f_m\in\mathrm{Aut}\,(G)$ 当且仅当 $(m,n)=1$.

18. (**Legendre 记号**) 设 p 是一个奇素数. 对任意 $a\in\mathbb{Z}_p^*$, 定义

$$\left(\frac{a}{p}\right)=\begin{cases}1, & \text{存在 } b\in\mathbb{Z}_p^* \text{ 使得 } a\equiv b^2\ (\mathrm{mod}\,p),\\ -1, & \text{不存在 } b\in\mathbb{Z}_p^* \text{ 使得 } a\equiv b^2\ (\mathrm{mod}\,p).\end{cases}$$

(1) 证明: $\varphi(a)=\left(\dfrac{a}{p}\right)$ 是 $\mathbb{Z}_p^*$ 到 $\{1,-1\}$ 的满同态;

(2) 由上题, f_2 是 $\mathbb{Z}_p^*$ 的自同态. 证明: $\mathbb{Z}_p^*/\mathrm{Im}\,f_2\cong\{1,-1\}$, 记同构映射为 ψ. 进一步, $\varphi=\psi\circ\pi$, 其中, π 是 $\mathbb{Z}_p^*$ 到 $\mathbb{Z}_p^*/\mathrm{Im}\,f_2$ 的自然同态.

训练与提高题

19. 试证明所有同态 $\chi:\mathrm{SL}(2,\mathbb{Z})\to\mathbb{C}^*$ 的像都在 12 次单位根中. 试求所有这样的同态.

20. 设 $V=\left\{\begin{pmatrix}\alpha & \beta\\ -\bar{\beta} & \bar{\alpha}\end{pmatrix}\middle|\,\alpha,\beta\in\mathbb{C}\right\}$. 对任意 $A,B\in V$, 容易验证 $(A,B)=\dfrac{1}{2}\mathrm{tr}\,(A\bar{B}')$ 定义了 V 上的一个内积, 从而 V 是一个 4 维欧几里得空间. 其一组标准正交基为

$$1=\begin{pmatrix}1&0\\0&1\end{pmatrix},\quad i=\begin{pmatrix}\sqrt{-1}&0\\0&-\sqrt{-1}\end{pmatrix},\quad j=\begin{pmatrix}0&1\\-1&0\end{pmatrix},\quad k=\begin{pmatrix}0&\sqrt{-1}\\\sqrt{-1}&0\end{pmatrix}.$$

对任意 $q\in\mathrm{SU}(2)$ 定义 V 上线性变换为 $\varphi_q(A)=qAq^{-1}$.

(1) 证明: φ_q 是正交变换, 且 $W=L(i,j,k)$ 是其不变子空间;

(2) 设 $\varphi_q|_W$ 在 i,j,k 下的矩阵为 $\Phi(q)$, 证明: $\Phi(q)\in\mathrm{SO}(3)$ 且 $\Phi:\mathrm{SU}(2)\to\mathrm{SO}(3)$ 是满同态.

21. 设 $\mathbb{P}$ 为数域. 试求 $\mathrm{GL}(n,\mathbb{P})$ 的所有自同态及其自同构群.

22. 称群 G 的自同构 φ 没有不动点, 如果对任意 $g \in G, g \neq e$, 有 $\varphi(g) \neq g$. 如果有限群 G 有一个没有不动点的自同构 φ 且 $\varphi^2 = \mathrm{id}$, 则 G 一定是奇数阶 Abel 群.

23. 对任意 $A = (a_{ij}) \in \mathrm{SL}(n,\mathbb{Z})$, 定义 $\varphi(A) = \bar{A} \in \mathrm{SL}(n,\mathbb{Z}_m)$, 其中 $\bar{A} = (\bar{a}_{ij})$ 满足 $a_{ij} \equiv \bar{a}_{ij} \pmod m$. 证明: $\varphi : \mathrm{SL}(n,\mathbb{Z}) \to \mathrm{SL}(n,\mathbb{Z}_m)$ 为满群同态.

1.5 循 环 群

在前面, 我们引入了群的生成组的概念. 本节考虑一个特殊情形, $G = \langle a \rangle$, 即群 G 可以由一个元素 a 生成, 这时称 G 为**循环群**, 称 a 为这个循环群的**生成元**. 由于循环群中的任一元素都可表为生成元的方幂, 所以循环群都是 Abel 群.

例1.5.1 除了上面提到的群 $\{\mathbb{Z};+\}$ 外, $\{\mathbb{Z}_n;+\}$ $(n \in \mathbb{N}, n \neq 1)$ 都是循环群, 生成元是 1 或 $\bar{1}$. 注意 $\mathbb{Z}_1$ 是平凡群.

例1.5.2 n 次单位根的全体 $U_n = \{z \in \mathbb{C} | z^n = 1\}$ 对于复数的乘法运算构成一个循环群, n 次本原单位根是这个循环群的生成元. 特别地, $U_2 = \{1,-1\}$, -1 是生成元; $U_3 = \{1,\omega,\omega^2\}$, ω 与 ω^2 都是生成元; $U_4 = \{1,\sqrt{-1},-1,-\sqrt{-1}\}$, $\pm\sqrt{-1}$ 都是生成元.

例1.5.3 设 E_{ij} 为第 i 行 j 列元素为 1, 其余元素全是 0 的 n 阶方阵. 令 $J = E_{12} + E_{23} + \cdots + E_{n-1,n} + E_{n1}$, 则 $J^n = I_n$, 且 $\langle J \rangle = \{I_n, J, J^2, \cdots, J^{n-1}\}$ 是一个 n 阶循环群. 在矩阵和线性变换理论中, 这些矩阵时常扮演重要角色. 例如, 对任意 $a_0, a_1, \cdots, a_{n-1} \in \mathbb{P}$, $a_0 I_n + a_1 J + \cdots + a_{n-1} J^{n-1}$ 是循环矩阵.

例1.5.4 设 G 为素数阶群, 则对任意 $a \in G$, $a \neq e$, $\langle a \rangle$ 是 G 的子群. 由 Lagrange 定理, $\langle a \rangle$ 的阶是 $|G|$ 的因子, 因此 $G = \langle a \rangle$, 故 G 是循环群.

从以上例子可以看出, 循环群是大量存在的, 并且形式上很不一样. 群论的一个基本问题是群在同构意义下的分类. 对于循环群, 这个问题相对容易得多. 当 $G = \langle a \rangle$ 为循环群时, (1.4) 所定义的映射 f 是一个满射. 利用同态基本定理, 我们得到 $G \cong \mathbb{Z}/\mathrm{Ker}\, f$. 于是我们有如下定理.

定理1.5.5 设 G 是循环群. 若 G 是无限群, 则 G 与 $\{\mathbb{Z};+\}$ 同构; 若 G 是 n 阶群, 则 G 与 $\{\mathbb{Z}_n;+\}$ 同构. 从而, 两个循环群同构当且仅当它们有相同的阶.

这个定理的表述和证明都很简单, 却有深刻的意义. 首先, 定理本身给出了循环群在同构意义下的分类: 无限阶循环群的代表是 $\{\mathbb{Z};+\}$; 有限阶循环群的代表是 $\{\mathbb{Z}_n;+\}$, $n \in \mathbb{N}^*$. 于是, 上面提到的 $\{\mathbb{Z}_n;+\}$, U_n 以及 $\langle J \rangle$ 作为群并没有本质区别, 或者说它们是同一个抽象的群的不同的表现形式. 这样, 我们解决了循环群在同构意义下的完全分类问题, 这是抽象代数研究方式的一个缩影. 其次, 这是同态基本定理的牛刀小试, 后面我们会经常使用群同态和同态基本定理来研究群的结构, 对它们的熟练使用和深刻理解有助于本课程的深入学习.

下面我们来讨论循环群的子群的特点. 因为循环群是交换的, 其任何子群都是正规子群. Lagrange 定理 (定理 1.2.22) 告诉我们, 对有限群 G 而言, 子群的阶一定是 G 的阶 $|G|$ 的因子. 那么自然会问, 对于 $|G|$ 的任一个因子 k, 是否一定存在 G 的子群 H, 使 $|H|=k$? 答案是否定的.

思考题1.5.6　*试举例说明, 存在有限群 G 及 $|G|$ 的因子 m, 使得 G 中不存在 m 阶的子群.*

但是对于循环群, 相应的命题是正确的. 我们首先考察一下循环群的子群结构.

引理1.5.7　*循环群 $G=\langle a\rangle$ 的任一子群都形如 $\langle a^l\rangle$, $l\in\mathbb{N}$, 从而也是循环群.*

证　设 H 是 G 的非平凡子群. 令 $l=\min\{m\in\mathbb{N}^*|a^m\in H\}$, 则 $a^l\in H$, 从而 $\langle a^l\rangle\subseteq H$.

反之, 若 $a^m\in H$, 则作带余除法 $m=ql+r$, 其中 $0\leqslant r<l$. 于是 $a^r=a^{m-ql}=a^m\cdot(a^l)^{-q}\in H$. 由 l 的取法知 $r=0$, 即 $m=lq$. 因此 $H\subseteq\langle a^l\rangle$. 故 $H=\langle a^l\rangle$ 为循环群. 注意到 $l=0$ 和 1 恰好对应于平凡子群, 因此任何子群都形如 $\langle a^l\rangle$, $l\in\mathbb{N}$. □

如果 G 是 n 阶循环群, 注意到 $\langle a^0\rangle=\langle a^n\rangle$, 从证明过程可以看出 G 的子群的生成元可以选择为 a^l, 其中 $l|n$. 而子群 $\langle a^l\rangle$ 的阶为 n/l. 因此我们有如下结论.

定理1.5.8　*设 G 是 n 阶循环群, $k|n$, 则存在 G 的唯一的 k 阶子群.*

事实上, 上述定理的逆命题也是成立的, 并且可以推广, 见本节习题 15 和 16.

由循环群及其子群结构的特点, 我们可以得到第一类单群.

定理1.5.9　*设 G 为 Abel 群, 则 G 为单群当且仅当 G 为素数阶 (循环) 群.*

证　由于 G 是 Abel 群, 则对任意 $a\in G$, $a\neq e$, $\langle a\rangle$ 是 G 的正规子群. 如果 G 是单群, 则 $G=\langle a\rangle$ 是循环群. 若 G 是无限群, 容易看出 $\langle a^2\rangle$ 是 G 的非平凡正规子群; 若 $|G|=n$ 不是素数, 设 k 是其非平凡因子, 则 $\langle a^k\rangle$ 是 G 的非平凡正规子群. 因此, Abel 单群只能是素数阶 (循环) 群. 反之, 如果 G 的阶是素数 p, 则 a 的阶是 p 的因子, 从而也是 p. 于是 $\langle a\rangle=G$. 因此 G 的子群只有 G 和 $\{e\}$, 故 G 是单群. □

习　题　1.5

1. 证明 4 阶群只有两种结构: 4 阶循环群和 Klein 四元群 K_4.
2. 试求循环群的群行列式 (参见 1.1 节习题 19).
3. 设 $(m,n)=1$. 证明: $\mathbb{Z}_m\times\mathbb{Z}_n\simeq\mathbb{Z}_{mn}$.
4. 试求循环群的自同态半群和自同构群.
5. 如果群 G 的任何真子群都是循环群, 那么 G 是否一定是循环群?

6. 设循环群 G 的生成元为 a, f 是 G 到群 K 的同态. 证明 $f(G)$ 也是循环群, 且 $f(a)$ 是 $f(G)$ 的生成元.

7. 设 $G=\langle a\rangle$ 是无限阶循环群, $H=\langle b\rangle$ 是 m 阶循环群. 试求 G,H 的所有生成元.

8. 设 G,H 分别是 m 阶和 n 阶循环群. 证明: H 是 G 的同态像当且仅当 $n|m$.

9. 设 G 是 n 阶交换群. 记 $K=\{k\in\mathbb{N}|a^k=e,\forall a\in G\}$. 证明: G 为循环群 $\Leftrightarrow n=\min K$.

10. 证明: $\{\mathbb{Q};+\}$ 的任一有限生成子群必是循环群.

11. 设 $\mathbb{P}$ 是一个数域. 证明: $\mathbb{P}^*$ 的任何有限子群都是循环群.

12. 证明: 群 G 只有有限个子群当且仅当 G 为有限群.

13. 在 n 阶循环群 G 中, 对 n 的每个正因子 m, 阶为 m 的元恰好有 $\varphi(m)$ 个, 其中 $\varphi(m)$ 是与 m 互素且不超过 m 的正整数的个数. 由此证明等式 $\sum\limits_{m|n}\varphi(m)=n$.

训练与提高题

14. 设群 G 中存在单同态 σ 满足 $\sigma(x)=x^3$. 证明: G 是 Abel 群.

15. 证明定理 1.5.8 的逆命题, 即: 设 G 是 n 阶群, 且对 n 的每个因子 m 都存在 G 的唯一的 m 阶子群, 则 G 是循环群.

16. 设有限群 G 的不同子群有不同的阶. 证明: G 是循环群.

17. (1) 设 G 为 Abel 群, 其阶为 $p_1^{l_1}p_2^{l_2}\cdots p_k^{l_k}$, 其中 $p_1,p_2,\cdots,p_k$ 为不同素数, $l_1,l_2,\cdots,l_k\in\mathbb{N}$. 对任意 $i=1,2,\cdots,k$, $G_i=\{x\in G|x^{p_i^{l_i}}=e\}$ 为 G 的子群满足 $|G_i|=p_i^{l_i}$, 且对任意 $x\in G$, 存在唯一 $x_i\in G_i$ 使得 $x=x_1x_2\cdots x_k$.

(2) 设 G 为 p^n 阶 Abel 群, 其中 p 为素数, $n\in\mathbb{N}$. 证明: 存在 G 的循环子群 G_i, $i=1,2,\cdots,s$, 使得对任意 $x\in G$, 存在唯一 $x_i\in G_i$ 使得 $x=x_1x_2\cdots x_s$. 进一步, 设 $|G_i|=p^{n_i}$, 不妨设 $n_1\leqslant n_2\leqslant\cdots\leqslant n_s$, 则 $n_1,n_2,\cdots,n_s$ 为 n 的一个分划. 证明: 该划分由 G 唯一确定.

1.6 对称群与交错群

1.5 节中我们研究了最简单的一类群——循环群, 本节将研究一类在群论中占重要地位的群——n 阶对称群 S_n 及其子群 A_n. 根据 Cayley 定理, 每个群都同构于某个对称群的子群, 因此对称群在群论中占有重要地位, n 阶对称群自然对有限群的研究很重要. 实际上, 历史上对群的研究正是起源于对 S_n 的研究.

对称群 S_n 中的一个 n 元置换 σ 是 $\{1,2,\cdots,n\}$ 到自身的双射. 设 $\sigma(k)=i_k$, 通常表示为

$$\sigma=\begin{pmatrix}1&2&\cdots&n\\ i_1&i_2&\cdots&i_n\end{pmatrix}.$$

自然地, $i_1, i_2, \cdots, i_n$ 是 $1, 2, \cdots, n$ 的一个排列; 不同的排列对应的置换 σ 也不同. 因此, n 元置换的个数, 就是 $1, 2, \cdots, n$ 的所有排列的个数. 由此可得 S_n 的阶为 $n!$.

当 $j_1, j_2, \cdots, j_n$ 是 $1, 2, \cdots, n$ 的一个排列时, 也可将一个置换记为

$$\sigma = \begin{pmatrix} j_1 & j_2 & \cdots & j_n \\ \sigma(j_1) & \sigma(j_2) & \cdots & \sigma(j_n) \end{pmatrix}.$$

从而, 一个 n 元置换可以有 $n!$ 种记法.

对于 n 元置换 σ, 给定 $i_1 \in \{1, 2, \cdots, n\}$, 记 $i_2 = \sigma(i_1), i_3 = \sigma(i_2) = \sigma^2(i_1), \cdots$, 这个序列必然会重复, 设 i_k 是第一个重复出现的数且 $i_k = i_j$. 于是 $\sigma^{k-1}(i_1) = \sigma^{j-1}(i_1)$, 故 $\sigma^{k-j}(i_1) = i_1$. 因此 $i_{k-j+1} = i_1$. 由 k 的选取可得 $j = 1$. 为了更好地描述置换, 首先引入如下概念.

定义1.6.1 设 $\{i_1, i_2, \cdots, i_r\} \subseteq \{1, 2, \cdots, n\}$. 若 $\sigma \in S_n$ 满足

$$\sigma(i_1) = i_2,\ \sigma(i_2) = i_3,\ \cdots,\ \sigma(i_{r-1}) = i_r,\ \sigma(i_r) = i_1,$$
$$\sigma(k) = k, \quad \forall k \notin \{i_1, i_2, \cdots, i_r\},$$

则称 σ 为 S_n 中的一个 r-**轮换**, 记为 $\sigma = (i_1 i_2 \cdots i_r)$. 称 $i_1, i_2, \cdots, i_r$ 为轮换 σ 中的文字, r 称为轮换 σ 的**长**. 特别地, 2-轮换 (ij) 称为**对换**, 1-轮换实际上就是恒等置换.

容易看出, S_n 中的 r-轮换的阶为 r. 任一个 r-轮换都可以有 r 种表示法:

$$\sigma = (i_1 i_2 \cdots i_r) = (i_2 i_3 \cdots i_r i_1) = \cdots = (i_r i_1 \cdots i_{r-1}).$$

定义1.6.2 在 S_n 中, 如果若干个轮换间没有共同文字, 则称它们是**不相交的轮换**.

用定义不难证明如下命题.

命题1.6.3 S_n 中的两个不相交的轮换是可交换的.

现在我们证明本节的中心定理.

定理1.6.4 S_n 中的任何元素 σ 都可表为 S_n 中一些不相交轮换之积. 如果不计次序, 则表法是唯一的.

证 取 $a \in \{1, 2, \cdots, n\}$, 作序列

$$a = \sigma^0(a), \sigma(a), \sigma^2(a), \cdots,$$

其中, σ^0 是恒等置换 id. 这个序列一定包含重复的文字, 记 $\sigma^m(a)$ 是第一个与前面相重复的文字, 并设它与 $\sigma^k(a)$ $(0 \leqslant k < m)$ 重复. 若 $k > 0$, 则 $\sigma^{k-1}(a) = \sigma^{m-1}(a)$,

与 m 的选择矛盾. 因此 $k=0$, 即 $\sigma^m(a)=a$. 作轮换

$$\sigma_1=(a\ \sigma(a)\ \cdots\ \sigma^{m-1}(a)),$$

则 σ 与 σ_1 在文字 $a,\sigma(a),\cdots,\sigma^{m-1}(a)$ 上的作用相同.

若 $m=n$, 则 $\sigma=\sigma_1$, σ 已表为一个轮换. 若 $m<n$, 则取 $b\notin\{a,\sigma(a),\cdots,\sigma^{m-1}(a)\}$, 仿照上面的方法再作一个轮换

$$\sigma_2=(b,\sigma(b),\cdots,\sigma^{l-1}(b)).$$

则 σ 与 σ_2 在文字 $b,\sigma(b),\cdots,\sigma^{l-1}(b)$ 上的作用相同. 而且因 σ 是单射, 知 σ_1 与 σ_2 不相交.

这样继续下去, 直到 $1,2,\cdots,n$ 用完为止, 得到有限个不相交的轮换 $\sigma_1,\sigma_2,\cdots,\sigma_s$ 使

$$\sigma=\sigma_1\sigma_2\cdots\sigma_s.$$

注意到, 由于对 a,b 等的选择可以不同, 选择的先后也可以不同, 所以上述各轮换 $\sigma_1,\sigma_2,\cdots,\sigma_s$ 的次序可以不同. 但任一文字 c 所在的轮换是唯一的, 即 $(c,\sigma(c),\sigma^2(c),\cdots)$, 虽然形式上未必是以 c 开始. 因此, 任一 n 元置换表为不相交轮换的乘积时, 如果不计次序, 表法是唯一的. □

例1.6.5 $\begin{pmatrix}1&2&3&4&5&6&7\\1&7&5&2&3&6&4\end{pmatrix}=(1)(274)(35)(6)=(274)(35)=(35)(274).$

注意到 1-轮换实际上就是恒等变换, 因此在分解中我们会将其省略. 该置换的阶为 $[2,3]=6$.

思考题1.6.6 若 p 为素数, 试问 S_p 中有多少个 p 阶元?

进一步, 我们可以将 r-轮换继续分解, 直接验证可得如下引理.

引理1.6.7 任一个 r-轮换都可写成 $r-1$ 个对换的乘积. 具体可表达为: $(i_1i_2\cdots i_r)=(i_1i_r)(i_1i_{r-1})\cdots(i_1i_3)(i_1i_2)$. 其中 1-轮换可看作 0 个对换的乘积.

于是利用定理 1.6.4 便有如下命题.

命题1.6.8 任一 n 元置换都可以表为一些对换的乘积.

一般说来, 一个置换表为对换之乘积的表法是不唯一的. 但是利用例 1.4.17 中的映射 $\det\circ\pi$ 可知任何对换的像为 -1, 因此一个 n 元置换分解为对换乘积时, 其中对换个数的奇偶性不变. 当一个置换能表为奇 (偶) 数个对换的乘积时, 称为**奇置换**(**偶置换**). 进一步容易看出, 两个偶置换之积是偶置换, 两个奇置换之积是偶置换, 偶置换与奇置换之积是奇置换. 置换的逆的奇偶性不变. 同样由例 1.4.17 可知 n 元偶置换的全体 A_n 是 S_n 的正规子群, 称为 n 元**交错群**, 且 $n\geqslant 2$ 时, $|A_n|=\dfrac{n!}{2}$. 容易看出, A_1,A_2 为平凡群, A_3 是 3 阶循环群. 而 A_4 是 12 阶群, 可以

验证 $\{(1),(12)(34),(13)(24),(14)(23)\}$ (记作 K_4, 因其同构于 Klein 群) 是 A_4 的正规子群, 实际上也是唯一的非平凡正规子群. 当 $n \geqslant 5$, A_n 都是单群, 这是由法国数学家 Galois 于 1831 年证明的, 从而得到了第一类非 Abel 有限单群, 揭开了有限单群分类的序幕.

证明一个群 G 是单群的常规办法通常是: 寻找 G 的生成元组 A 使得 A 中任何两个元素在 G 中共轭, 如果 G 任何非平凡正规子群 N 都包含 A 中一个元素, 则必包含 A 的所有元素, 因此就是 G 本身. 下面我们就按照这个思路来证明如下定理.

定理1.6.9 当 $n \geqslant 5$ 时, A_n 是单群.

证 首先, 我们证明当 $n \geqslant 3$ 时, A_n 由所有 3-轮换生成. 对于互不相同的 i,j,k,l, 有 $(ij)(ik) = (jik)$, $(ij)(kl) = (ij)(jk)(jk)(kl) = (ijk)(jkl)$, 因此两个不同的对换的乘积一定是 3-轮换乘积. 而 A_n 中任何元素都可以写成偶数个对换的乘积, 因此 A_n 由 3-轮换生成.

其次, 我们证明当 $n \geqslant 5$ 时, A_n 中所有 3-轮换是一个共轭类. 对于任意 3-轮换 (ijk), 存在 $\sigma \in S_n$ 使得 $\sigma(i)=1, \sigma(j)=2, \sigma(k)=3$, 因此 $\sigma(ijk)\sigma^{-1}=(123)$. 如果 σ 不是偶置换, 则 $(45)\sigma \in A_n$, 且 $(45)\sigma(ijk)\sigma^{-1}(45)=(123)$. 因此, 所有 3-轮换都与 (123) 共轭.

最后, 我们来证明 A_n 没有非平凡正规子群. 只需证明若 $N \lhd A_n$, $N \neq \{e\}$, 则 N 含有一个 3-轮换. 任取 $\sigma \in N$, $\sigma \neq (1)$, 将 σ 分解成不相交的轮换的乘积. 我们分情况讨论.

(1) 若 σ 的分解中含有 r-轮换, $r \geqslant 4$, 不妨设 $\sigma = (12\cdots r)\tau$, $\tau \in S_{r+1,\cdots,n}$ (为什么可以这么设?). 由于 N 是正规子群, 故 $(123)\sigma(123)^{-1} \in N$, 因此 $(123)\sigma(123)^{-1}\sigma^{-1} \in N$. 另一方面, $(123)\sigma(123)^{-1}\sigma^{-1} = (123)(\sigma(1)\sigma(3)\sigma(2)) = (123)(324) = (124)$. 于是 $(124) \in N$, 即 N 中包含一个 3-轮换.

(2) 若 σ 的分解不含长度大于 3 的轮换, 若分解中的 3-轮换至少有两个, 不妨设 $\sigma = (123)(456)\tau$, 则 $(124)\sigma(124)^{-1}(\sigma)^{-1} = (124)(253) = (12534)$. 再利用 (1) 可知 N 中含 3-轮换.

(3) 若 σ 的分解中只有一个 3-轮换, 不妨设 $\sigma = (123)\tau$, 其中 τ 与 (123) 可交换且 $\tau^2 = (1)$, 则 $\sigma^2 = (132) \in N$.

(4) 若 σ 的分解中不含长度大于 2 的轮换, 即 σ 是不相交对换的乘积, 不妨设为 $\sigma = (12)(34)\tau$, 则 $(123)\sigma(123)^{-1}\sigma^{-1} = (123)(241) = (13)(24) \in N$. 进一步, 有

$$(135)(13)(24)(153)(13)(24) = (135)(351) = (153) \in N.$$

因此, N 中必含有 3-轮换. 故 $N = A_n$. □

在上述证明中, 我们屡次用到若 $\sigma \in N$, 则对任意 $\delta \in S_n$, $\delta\sigma\delta^{-1}\sigma^{-1} \in N$. 在 1.8 节中我们还会深入讨论.

习 题 1.6

1. 证明: $S_3 \simeq \mathrm{Aut}\, S_3 = \mathrm{Inn}\, S_3$.

2. 列出 S_3 的群表, 求群行列式, 并验证群行列式可以分解成两个 一次因式和一个二次不可约因式的平方的乘积.

3. 试求 S_5 的共轭类元素个数, 并证明 S_5 的非平凡正规子群只有 A_5.

4. 证明: 对任意 $\sigma \in S_n$, 有 $\sigma(i_1 i_2 \cdots i_r)\sigma^{-1} = (\sigma(i_1)\sigma(i_2)\cdots\sigma(i_r))$. 由此证明 S_n 中任何两个轮换共轭当且仅当它们的长度一样.

5. 证明: $S_n = \langle\{(12),(13),\cdots,(1n)\}\rangle = \langle\{(12),(12\cdots n)\}\rangle$, $A_n = \langle\{(123),(124),\cdots,(12n)\}\rangle$.

6. 证明: S_n 的非平凡正规子群为 A_n 或 K_4 (当 $n=4$ 时).

7. 证明: 当 $n \geqslant 5$ 时, A_n 由所有 $\{(ab)(cd) | a,b,c,d$ 互不相等$\}$ 生成.

8. 证明: S_n 的共轭类与 n 的分划、幂零矩阵相似等价类之间存在一一对应.

9. 证明: 当 $n \geqslant 3$ 时, S_n 的中心 $C(S_n) = \{(1)\}$.

10. 证明: 置换群 G 中若有奇置换, 则 G 中一定有指数为 2 的正规子群.

11. 设 $|G| = 2n$, 其中 n 为奇数. 证明: G 有指数为 2 的正规子群.

训练与提高题

12. 设 S_∞ 为 $\mathbb{N}$ 的对称群, 试求 S_∞ 的所有非平凡正规子群.

13. 试确定所有正多边形和正多面体的对称群的结构.

14. 证明: 当 $n \neq 2, 6$ 时, $\mathrm{Aut}\,(S_n) \cong S_n$. 并求 $\mathrm{Aut}\,(S_2)$ 与 $\mathrm{Aut}\,(S_6)$.

1.7 群的扩张与 Jordan-Hölder 定理

上两节我们研究了两类具体的群. 本节开始将进行群的结构的一般理论的研究. 给定一个群同态 $\mu: G \to B$, 不妨假定这是个满同态 (否则, 把 B 换成 μ 的像集即可), 则映射的核 $N = \mathrm{Ker}\,\mu$ 为 G 的正规子群. 于是我们有如下的群与同态序列

$$N \xrightarrow{\lambda} G \xrightarrow{\mu} B,$$

其中, λ 为 N 到 G 的自然嵌入. 该序列有个特别的性质: $\mathrm{Ker}\,\mu = \mathrm{Im}\,\lambda$. 于是引入如下定义.

定义1.7.1　设 G, A, B 是群, 群同态的序列

$$A \xrightarrow{\lambda} G \xrightarrow{\mu} B. \tag{1.5}$$

如果满足 $\mathrm{Im}\,\lambda = \mathrm{Ker}\,\mu$, 则我们称序列 (1.5) 在 G 处**正合**. 进一步, 若 λ 为单射且 μ 为满射, 或序列

$$1 \longrightarrow A \xrightarrow{\lambda} G \xrightarrow{\mu} B \longrightarrow 1 \tag{1.6}$$

在 A, G, B 处都正合, 称 (1.6) 为**短正合序列**, 也称 G 是 B 过 A 的**扩张**. 其中, 1 表示平凡群. 此时, $N = \mathrm{Im}\,\lambda = \mathrm{Ker}\,\mu$ 为 G 的正规子群, 满足 $N \cong A$, $G/N \cong B$, 称 N 为**扩张核**.

下表给出了若干群的扩张的例子.

群 G	正规子群 N	A	商群 G/N	B
数域 $\mathbb{P}$ 上线性空间 V	子空间 W	W	商空间 V/W	V/W
$G = \{e, a, a^2, a^3\}$ 为 4 阶循环群	$\{e, a^2\}$	$\mathbb{Z}/2\mathbb{Z}$	$\{\bar{1}, \bar{a}\}$	$\mathbb{Z}/2\mathbb{Z}$
$\{e, a, b, c \mid a^2 = b^2 = c^2 = abc = e\}$	$\{e, a\}$	$\mathbb{Z}/2\mathbb{Z}$	$\{\bar{1}, \bar{b}\}$	$\mathbb{Z}/2\mathbb{Z}$
S_3	A_3	$\mathbb{Z}/3\mathbb{Z}$	S_3/A_3	$\mathbb{Z}/2\mathbb{Z}$
$\mathbb{Z}$	$2\mathbb{Z}$	$\mathbb{Z}$	$\mathbb{Z}/2\mathbb{Z}$	$\mathbb{Z}/2\mathbb{Z}$
$\mathrm{O}(n)$	$\mathrm{SO}(n)$	$\mathrm{SO}(n)$	$\mathrm{O}(n)/\mathrm{SO}(n)$	$\mathbb{Z}/2\mathbb{Z}$

第一个例子说明, 给定任何线性空间 V 的子空间 W, 则作为加法群, V 是商空间 V/W 作为加法群过子空间 W 的扩张. 第二个例子和第三个例子中, 循环群 $\mathbb{Z}_4$ 和 Klein 群 K_4 都是群 $\mathbb{Z}_2$ 过 $\mathbb{Z}_2$ 的扩张, 这说明同样的两个群因扩张方式的不同可能得到不同的群结构. 第四个例子中 S_3 是 $\mathbb{Z}_2$ 过 $\mathbb{Z}_3$ 的扩张, 注意到 S_3 是非 Abel 群, 这说明非常简单的群通过扩张可能得到结构较复杂的群. 第五个例子说明, 整数加群 $\mathbb{Z}$ 可以看成 $\mathbb{Z}_2$ 过自己的扩张, 因此有时扩张并不一定改变群的结构. 最后一个例子说明, $\mathrm{O}(n)$ 是 $\mathbb{Z}_2$ 过 $\mathrm{SO}(n)$ 的扩张, 这时 $\mathrm{O}(n)$ 却与 $\mathrm{SO}(n)$ 不同构 (为什么?).

我们知道, 在线性空间的研究中子空间和商空间起到关键作用. 事实上群的研究中由正规子群及对应的商群确定的扩张的概念也十分重要. 群 G 是 B 过 A 的扩张, 从某种意义上说, 实际上是把群 G 分解了, 或者说 G 是由 A 和 B 以某种方式 "拼" 出来的. 从上表中的例子可以看出, B 过 A 的扩张不是唯一的. 研究群的扩张的一个自然的问题是: B 过 A 的扩张有多少种? 其中哪些是本质上一样的? 在深入讨论这一思想之前, 我们先研究扩张的一般性质.

定理1.7.2　设 A, B, G, G' 是群.

(1) 若 G 是 B 过 A 的扩张, $G \cong G'$, 则 G' 也是 B 过 A 的扩张.

(2) 若 G, G' 都是 B 过 A 的扩张, 且有群同态 $f: G \to G'$ 使得下图为交换图 (即 $\lambda' = f \circ \lambda$, $\mu' \circ f = \mu$), 则 f 是群同构. 此时, 称 G 与 G' 是 B 过 A 的**等价扩张**.

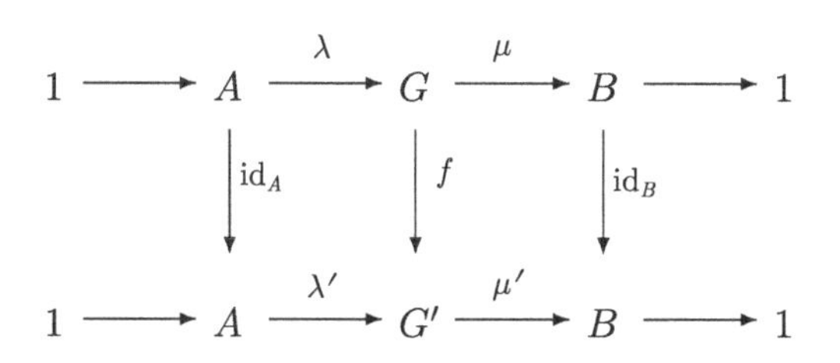

证 (1) 由扩张 $1 \longrightarrow A \xrightarrow{\lambda} G \xrightarrow{\mu} B \longrightarrow 1$ 及同构 $f: G \to G'$, 定义 $\lambda' = f\lambda$, $\mu' = \mu f^{-1}$. 显然 λ' 是单同态, μ' 是满同态. 进一步, $\operatorname{Ker}\mu' = \operatorname{Ker}(\mu f^{-1}) = f(\operatorname{Ker}\mu) = f(\lambda(A)) = \lambda'(A)$. 故 $1 \longrightarrow A \xrightarrow{\lambda'} G' \xrightarrow{\mu'} B \longrightarrow 1$ 是短正合列, 即 G' 是 B 过 A 的扩张.

(2) 需要证明 f 是双射. 若 $f(x) = e$, 则 $\mu(x) = \mu' f(x) = e$. 因此 $x \in \operatorname{Ker}\mu = \operatorname{Im}\lambda$. 故存在 $y \in A$ 使得 $x = \lambda(y)$. 于是 $\lambda'(y) = f\lambda(y) = f(x) = e$. 因 λ' 是单射, 故 $y = e$, 从而 $x = e$, 即 f 是单射. 又对任意 $z \in G'$, 由 μ 是满同态知存在 x 使得 $\mu'(z) = \mu(x) = \mu' f(x)$. 于是 $z^{-1}f(x) \in \operatorname{Ker}\mu' = \operatorname{Im}\lambda'$, 则存在 $y \in A$ 使得 $z^{-1}f(x) = \lambda'(y) = f(\lambda(y))$. 因此 $z = f(x\lambda(y)^{-1}) \in \operatorname{Im} f$. 故 f 是满射. □

我们知道对于 (有限维) 线性空间 V 的子空间 W, 一定存在 V 的子空间 U 使得 $V = W \oplus U$. 此时, U 与 V/W 作为线性空间是同构的. 自然, 对于群扩张, 我们也需要考虑类似问题. 于是有如下定理.

定理1.7.3 设 G 是 B 过 A 的扩张, N 是扩张核, 对应的短正合序列为 (1.6).

(1) 若存在 $H < G$ 满足 $G = HN$, $H \cap N = \{e\}$, 则 $\mu|_H$ 是 H 到 B 上的同构, 此时 $\nu = (\mu|_H)^{-1}$ 是 B 到 G 的同态且 $\mu\nu = \operatorname{id}_B$.

(2) 若存在 B 到 G 的同态 ν 使得 $\mu\nu = \operatorname{id}_B$, 则 $H = \nu(B) < G$ 且 $G = HN$, $H \cap N = \{e\}$.

证 (1) $\mu|_H$ 自然是 H 到 B 的同态, 因此只需证明它是双射. 若 $h \in H$ 且 $\mu(h) = e$, 则 $h \in H \cap N = \{e\}$, 因此 $h = e$, 故 $\mu|_H$ 是单射. 此外, 对于任何 $b \in B$, 存在 $g \in G$ 使得 $\mu(g) = b$. 因 $G = HN$, 故存在 $h \in H, n \in H$ 使得 $g = hn$, 于是 $b = \mu(g) = \mu(hn) = \mu(h)\mu(n) = \mu(h)$, 因此 $\mu|_H$ 是满射.

(2) H 自然是 G 的子群且 ν 是 B 到 H 的同构. 若 $g \in H \cap N$, 则存在 $b \in B$ 使得 $g = \nu(b)$. 又因 $\mu\nu = \operatorname{id}_B$, 有 $b = \mu\nu(b) = \mu(g) = e$, 故 $H \cap N = \{e\}$. 现设 $g \in G$, 则存在 $h \in H$ 使得 $\mu(g) = \mu(h)$. 因此, $\mu(h^{-1}g) = e$, 故 $n = h^{-1}g \in N$, 于是 $g = hn$. 从而 $G = HN$. □

定义1.7.4 设 G 是 B 过 A 的扩张, N 是扩张核, 对应的短正合序列为 (1.6).

若有 $H < G$ 满足 $G = HN$, $H \cap N = \{e\}$, 则称此扩张为**非本质扩张**, 此时, $G = H \ltimes N$ 为 H 与 N 的**半直积**.

进一步, 如果 $H \lhd G$, 则称此扩张为**平凡扩张**, 此时, $G = H \times N$ 为 H 与 N 的**直积**.

如果 $N \subseteq C(G)$, 则称此扩张为**中心扩张**.

例1.7.5 (1) $\mathbb{Z}$ 是 $\mathbb{Z}/2\mathbb{Z}$ 过 $\mathbb{Z}$ 的扩张, 但不是非本质扩张;

(2) $n \geqslant 3$ 时, S_n 是 $\mathbb{Z}/2\mathbb{Z}$ 过 A_n 的非本质扩张;

(3) $\mathrm{O}(n)$ 是 $\mathbb{Z}/2\mathbb{Z}$ 过 $\mathrm{SO}(n)$ 的非本质扩张;

(4) 15 阶循环群是 $\mathbb{Z}/3\mathbb{Z}$ 过 $\mathbb{Z}/5\mathbb{Z}$ 的平凡扩张.

下面的引理类似于线性空间的直和分解.

引理1.7.6 设 A, B 是 G 的子群, $G = AB$, 则下列条件等价.

(1) $A \cap B = \{e\}$;

(2) 任意 $g \in G$, g 的分解 $g = ab(a \in A, b \in B)$ 唯一;

(3) 幺元的分解唯一.

在正规子群的情形, 我们有如下结论.

引理1.7.7 设 A, B 是 G 的子群, $G = AB$, $A \cap B = \{e\}$, 则 A, B 都是 G 的正规子群当且仅当对任意 $a \in A, b \in B$, $ab = ba$.

证 若 A, B 都是 G 的正规子群, 则对任意 $a \in A, b \in B$, $a^{-1}b^{-1}ab = a^{-1}(b^{-1}ab) \in A$, 且 $a^{-1}b^{-1}ab = (a^{-1}b^{-1}a)b \in B$, 因此 $a^{-1}b^{-1}ab = e$, 故 $ab = ba$. 反之, 对任意 $g \in G$, 存在 $a \in A, b \in B$ 使得 $g = ab$. 对任意 $x \in A$, 由于 $xb = bx$, 有 $gxg^{-1} = abxb^{-1}a^{-1} = axa^{-1} \in A$, 因此 $A \lhd G$. 同样 $B \lhd G$. □

定理1.7.8 设 A, B 为群, 则 B 过 A 的平凡扩张 G 在同构意义下是存在唯一的.

证 存在性. 令 $G = \{(a, b) | a \in A, b \in B\}$, 在 G 中定义乘法为

$$(a_1, b_1) \circ (a_2, b_2) = (a_1a_2, b_1b_2), \quad a_1, a_2 \in A, \quad b_1, b_2 \in B,$$

则容易验证 G 是群. 此外, 不难得到 $A_1 = \{(a, e_B) | a \in A\}$, $B_1 = \{(e_A, b) | b \in B\}$ 都是 G 的正规子群且 $G = A_1 \otimes B_1$.

唯一性. 设 G' 也是 A 过 B 的平凡扩张, 则 $G' = A' \otimes B'$, 这里 A' 和 B' 分别是 G' 的同构于 A 和 B 的正规子群. 记 λ 为 A 到 A' 的同构, μ 是 B 到 B' 的同构, 则容易验证 $f: G \to G'$, $f(a, b) = \lambda(a)\mu(b)$ 为 G 到 G' 的群同构. □

本节余下的部分我们将用扩张的思想深入研究群的结构. 设 A_1 是 G 的正规子群, $B = G/A_1$, 则有短正合序列

$$1 \longrightarrow A_1 \xrightarrow{\lambda} G \xrightarrow{\mu} B \longrightarrow 1.$$

如果 B 也有非平凡正规子群 B_1, 令 $B_2 = B/B_1$, 于是又有短正合序列

$$1 \longrightarrow B_1 \xrightarrow{\lambda_1} B \xrightarrow{\mu_1} B_2 \longrightarrow 1.$$

这样做下去, 可以得到一系列的群. 表面上, 这样得到的群似乎与群 G 关系不大. 我们换一个角度来看, 考虑映射的合成

$$G \xrightarrow{\mu} B \xrightarrow{\mu_1} B_2.$$

这样我们得到满同态 $\mu_1 \circ \mu : G \to B_2$, 其核 $A_0 = (\mu_1 \circ \mu)^{-1}(1) = \mu^{-1}(B_1)$ 为 G 的包含 A_1 的正规子群, 且 $A_0/A_1 \cong B_1$, $G/A_0 \cong B_2$. 对 A_1 进行类似操作, 又可找到 A_1 的正规子群 A_2. 于是我们得到一个序列

$$G \supset A_0 \supset A_1 \supset A_2 \supset \cdots.$$

为了方便, 我们引入如下定义.

定义1.7.9 群 G 中的子群序列

$$G = G_1 \supset G_2 \supset \cdots \supset G_t \supset G_{t+1} = \{e\} \tag{1.7}$$

若满足 $G_{i+1} \lhd G_i$ $(i = 1, \cdots, t)$, 则称之为**次正规序列**, 称 t 为此序列的**长度**, G_i/G_{i+1} 为此序列的**因子**. 群 G 中的次正规序列

$$G = G_1' \supset G_2' \supset \cdots \supset G_s' \supset G_{s+1}' = \{e\} \tag{1.8}$$

称为序列 (1.7) 的**加细**, 如果序列 (1.7) 中的每个子群 G_i 都在序列 (1.8) 中出现. 若在上述序列中 $G_i \lhd G$, 则称此序列为**正规序列**. 如果 G 的次正规序列的因子 G_i/G_{i+1} 都是单群, 则称该次正规序列为 G 的**合成序列**, 称 G_i/G_{i+1} 为 G 的**合成因子**. 进一步, 如果合成序列还是正规序列, 则称为**主序列**.

如果 (1.7) 是 G 的合成序列, 则 G_{t-1} 是由单群 G_{t-1}/G_t 过单群 G_t 扩张得到的, G_{t-2} 是由单群 G_{t-2}/G_{t-1} 过 G_{t-1} 扩张得到的, 依此类推, G 是由单群 G/G_2 过 G_2 扩张得到的. 也就是说, G 是由一系列单群——也就是 G 的合成因子——作扩张得到的. 特别地, 有限群都是由单群合成的. 我们先来看几个合成序列或主序列的例子.

例1.7.10 (1) 当 $n = 3$ 或 $n \geqslant 5$ 时, $S_n \supset A_n \supset \{e\}$ 是 S_n 的主序列.

(2) $S_4 \supset A_4 \supset K_4 \supset \langle(12)(34)\rangle \supset \{e\}$ 是 S_4 的合成序列不是主序列.

(3) $G = Z_{15} \supset Z_3 \supset \{e\}$ 与 $G = Z_{15} \supset Z_5 \supset \{e\}$ 为 G 的两个不同的主序列.

思考题1.7.11 *试证明群 $\mathbb{Z}$ 没有合成序列.*

一个群的合成序列并不一定存在, 但对于有限群, 很容易证明合成序列总是存在的. 上例中关于 $\mathbb{Z}_{15}$ 的主序列告诉我们, 合成序列不是唯一的. 进一步分析可以发现, Z_{15} 的两个不同的主序列的合成因子在同构意义下是一样的. 这一点并不是偶然的. 首先引入一个定义.

定义1.7.12 *群 G 的两个次正规序列*

$$G = G_1 \supset G_2 \supset \cdots \supset G_t = \{e\},$$
$$G = H_1 \supset H_2 \supset \cdots \supset H_s = \{e\}$$

*称为**同构**的, 如果这两个序列的因子集之间有一一对应, 且对应的因子同构.*

自然, 两个同构的次正规序列长度相同. 值得注意的是, 定义中并不要求 $G_i/G_{i+1} \cong H_i/H_{i+1}$, 例如, $\mathbb{Z}_{15}$ 的两个主序列. 下面的定理告诉我们群的合成序列如果存在, 则在同构意义下是唯一的.

定理1.7.13 (Jordan-Hölder 定理) *设群 G 存在合成序列, 则 G 的任意两个合成序列同构. 特别地, G 的任意两个主序列也同构.*

证 假设 G 有两个次正规序列

$$G = G_1 \supset G_2 \supset G_3 \supset \cdots \supset G_t = \{e\},$$
$$G = H_1 \supset H_2 \supset H_3 \supset \cdots \supset H_s = \{e\}.$$

考虑

$$H_i = H_i \cap G_1 \supseteq H_i \cap G_2 \supseteq \cdots \supseteq H_i \cap G_t = \{e\}.$$

去掉其中相同的项就得到 H_i 的次正规序列. 为了使得到的序列中的其每一项都包含 H_{i+1}, 我们考虑

$$H_i = (H_i \cap G_1)H_{i+1} \supseteq (H_i \cap G_2)H_{i+1} \supseteq \cdots \supseteq (H_i \cap G_t)H_{i+1} = H_{i+1}.$$

由于 H_i/H_{i+1} 为单群, 故存在唯一的 i' 使得 $H_i = (H_i \cap G_{i'})H_{i+1}$, 且 $(H_i \cap G_{i'+1})H_{i+1} = H_{i+1}$. 于是有

$$\begin{aligned} H_i/H_{i+1} &\cong (H_i \cap G_{i'})H_{i+1}/(H_i \cap G_{i'+1})H_{i+1} \\ &\cong H_i \cap G_{i'}/(H_i \cap G_{i'} \cap (H_i \cap G_{i'+1})H_{i+1}) \\ &= H_i \cap G_{i'}/(G_{i'} \cap (H_i \cap G_{i'+1})H_{i+1}) \\ &= H_i \cap G_{i'}/(G_{i'} \cap H_{i+1})(H_i \cap G_{i'+1}). \end{aligned}$$

同样, 对于 $G_{i'} \subset G_{i'+1}$ 进行类似的处理, 可以得到

$$G_{i'}/G_{i'+1} \cong H_i \cap G_{i'}/(G_{i'} \cap H_{i+1})(H_i \cap G_{i'+1}) \cong H_i/H_{i+1}.$$

这样指标集 $\{i\}$ 与 $\{i'\}$ 存在一一对应, 从而 $G_{i'}/G_{i'+1}$ 与 H_i/H_{i+1} 之间的对应是一一的, 因此这两个合成序列在同构意义下是唯一的. □

注记1.7.14 我们知道一个有机分子通常是由若干个碳、氢、氧原子所构成的, 而且存在两个不同的有机分子, 其中的碳、氢、氧原子的个数分别相同, 但其原子间结合的方式不同. 我们考虑的群就如同一个有机分子, 单群就类似于原子. Jordan-Hölder 定理告诉我们, 一个具有合成因子的群的合成因子包括其个数是确定的. 当然合成因子通过何种方式扩张成原来的群并不能确定, 还需要进一步的研究分析.

习 题 1.7

1. 证明: 15 阶群是 $\mathbb{Z}/3\mathbb{Z}$ 过 $\mathbb{Z}/5\mathbb{Z}$ 的平凡扩张.

2. 给出加群 $\mathbb{Z}$ 的两个正规序列 $\mathbb{Z} \supset 20\mathbb{Z} \supset 60\mathbb{Z} \supset \{0\}$ 和 $\mathbb{Z} \supset 49\mathbb{Z} \supset 245\mathbb{Z} \supset \{0\}$ 的同构加细.

3. 求 $\mathbb{Z}_{60}$ 的所有合成序列, 并验证它们都是同构的.

4. 设 p 是群 G 的阶的最小素因子, A 是 G 的 p 阶正规子群. 证明: $A \subseteq C(G)$.

5. 设 A, B 分别为 m, n 阶循环群, 试问 A 过 B 的不等价扩张有多少个 (一个群若是循环群过循环群的扩张, 则称为**亚循环群**)?

6. 若群 G 的中心 $C(G) = \{e\}$ 且 $\operatorname{Aut} G = \operatorname{Inn} G$, 则称 G 为**完备群**. 试证任何群过完备群的扩张一定是平凡扩张.

7. 设 A, B 为 G 的正规子群且 $G = AB$. 证明 $G/(A\cap B) = A/(A\cap B) \times B/(A\cap B)$.

8. 设 A, B 为 G 的正规子群且 $A \cap B = \{e\}$, 证明 G 与 $(G/A) \times (G/B)$ 的一个子群同构.

9. 设 Y 是集合 X 上的一个子集, 令 G, A, B 分别为 $P(X), P(Y), P(X \setminus Y)$ 对于对称差所成的群 (参见 1.1 节习题 9). 证明 G 与 $A \times B$ 同构.

10. 设群 G 有合成序列, 证明 G 的任何正规子群及其商群都具有合成序列.

训练与提高题

11. 设 $G = G_1 \supset G_2 \supset G_3 \supset \cdots \supset G_t = \{e\}$ 和 $G = H_1 \supset H_2 \supset H_3 \supset \cdots \supset H_s = \{e\}$ 是 G 的两个合成序列, 且 $G_2 \neq H_2$. 令 $K_3 = G_2 \cap H_2 \lhd G$. 任取 K_3 的合成序列 $K_3 \supset K_4 \supset \cdots \supset K_r = \{e\}$. 证明:

(1) $G = G_1 \supset G_2 \supset K_3 \supset \cdots \supset K_r = \{e\}$ 和 $G = H_1 \supset H_2 \supset K_3 \supset \cdots \supset K_r = \{e\}$ 也是 G 的合成序列;

(2) 上述 G 的四个合成序列彼此同构.

1.8 可解群和幂零群

Jordan-Hölder 定理告诉我们, 一个群的合成序列如果存在, 那么在同构意义下是唯一的, 而有限群的合成序列必然是存在的. 一个自然的问题是如何构造合成序列. 通常这个问题并不容易. 本节我们研究一类特殊的群, 即其合成因子都是素数阶 (循环) 群. 这类群在后面研究方程可解性的 Galois 理论中起到关键作用. 如果群 G 的合成序列

$$G = G_1 \supset G_2 \supset \cdots \supset G_t = \{e\}$$

的合成因子都是素数阶 (循环) 群, 那么在构造这个序列的过程中首先要找到 G_2 使得 G/G_2 是素数阶 (循环) 群. 考虑自然同态

$$\pi : G \to G/G_2,$$

则对任何 $g, h \in G$, $\pi(g), \pi(h)$ 可换, 即 $\pi(g)\pi(h) = \pi(h)\pi(g)$. 因此, $\pi(g^{-1})\pi(h^{-1})\cdot\pi(g)\pi(h) = \pi(e)$. 从而

$$g^{-1}h^{-1}gh \in \operatorname{Ker} \pi.$$

这引导我们引入如下定义.

定义1.8.1 设 $g, h \in G$, 称 $g^{-1}h^{-1}gh$ 为 g, h 的**换位子**, 记为 $[g, h]$.

若 H, K 都是 G 的子群, 称

$$[H, K] = \langle \{[h, k] | h \in H, k \in K\} \rangle$$

为 H, K 的**换位子群**. 特别地, $[G, G]$ 称为 G 的**换位子群**.

思考题1.8.2 试计算 S_3 的换位子群.

值得注意的是, 所有换位子构成的集合并不一定是子群, 因为换位子的乘积不一定是换位子, 参见本节习题 11. Ore 于 1952 年证明了 A_n $(n \geqslant 5)$ 的所有元素都是换位子, 并猜想每个非交换有限单群中的元素都是换位子, 这一猜想已于 2010 年被证明.

利用定义直接验证可知换位子有如下性质.

引理1.8.3 (1) $[g, h]^{-1} = [h, g]$, 且 $[g, h] = 1$ 当且仅当 $gh = hg$.

(2) 设 $\varphi : G \to H$ 为群同态, $g, h \in G$, 则 $\varphi([g, h]) = [\varphi(g), \varphi(h)]$. 特别地, 若 $\varphi \in \operatorname{Aut}(G)$, 则 $\varphi([g, h]) = [\varphi(g), \varphi(h)]$.

类似地, 换位子群也有一些简单性质.

引理1.8.4 设 H, K 是 G 的正规子群, 则 $[H, K] \lhd G$ 且 $[H, K] \subseteq H \cap K$. 特别地, $[H, H] \lhd G$, $[G, G] \lhd G$.

证 在引理 1.8.3 (2) 中, 取 $\varphi = \mathrm{Ad}_g$, $g \in G$, 则对任意 $h \in H, k \in K$, $\mathrm{Ad}_g([h,k]) = [\mathrm{Ad}_g(h), \mathrm{Ad}_g(k)]$. 由于 H, K 是 G 的正规子群, $\mathrm{Ad}_g(h) \in H$, $\mathrm{Ad}_g(k) \in K$, 因此 $\mathrm{Ad}_g([h,k]) \in [H,K]$, 从而 $[H,K]$ 是 G 的正规子群. 进一步, 由于 $h^{-1}k^{-1}h \in K$, $k^{-1}hk \in H$, 故 $[h,k] = h^{-1}k^{-1}hk \in H \cap K$, 因此 $[H,K] \subseteq H \cap K$. □

引理1.8.5 *设 $N \lhd G$, 则 G/N 是 Abel 群当且仅当 $[G,G] \subseteq N$. 特别地, $G/[G,G]$ 为 Abel 群.*

证 设 $\pi: G \to G/N$ 是自然同态, 则 G/N 是 Abel 群当且仅当对任意 $x, y \in G$, $\pi(x)\pi(y) = \pi(y)\pi(x)$, 当且仅当 $\pi(x^{-1}y^{-1}xy) = \bar{e}$ (这里 $\bar{e}$ 是 G/N 的幺元), 当且仅当 $[x,y] \in \mathrm{Ker}\,\pi = N$, 当且仅当 $[G,G] \subseteq N$. 因此第一个结论成立, 第二个结论是第一个结论的特殊情况. □

上述引理说明, 群 G 的换位子群实际上是 G 的最小的使得 G 对它的商群是 Abel 群的正规子群. 本节开始时所要求的 G_2 自然满足 $G_2 \supseteq [G,G]$.

群及其正规子群的换位子群给我们提供了寻找群的正规子群的一个好的工具, 由此可以得到一系列的正规子群.

定义1.8.6 *在群 G 中归纳定义子群序列如下:*

$$\begin{aligned} G^{(0)} &= G, \quad G^{(k+1)} = [G^{(k)}, G^{(k)}], \quad k \geqslant 0, \\ G^1 &= G, \quad G^{k+1} = [G, G^k], \quad k \geqslant 1. \end{aligned}$$

由此得到的两个正规子群序列

$$\begin{aligned} G = G^{(0)} \supset G^{(1)} \supset G^{(2)} \supset \cdots, \\ G = G^1 \supset G^2 \supset G^3 \supset \cdots \end{aligned}$$

*分别称为 G 的***导出列***和***降中心列***.*

容易看出, 对于导出列如果 $G^{(k)} = G^{(k+1)}$, 则对任意 $n \geqslant k$, $G^{(n)} = G^{(k)}$. 对降中心列也有同样结论. 很多情况下有 $G = G^{(1)} = G^2$, 从而整个序列中的子群都是 G. 因此导出列和降中心列并不总能给出非平凡正规子群. 然而, 当存在 t 使得 $G^{(t)} = \{e\}$ 或者 $G^t = \{e\}$ 时, 我们可以得到一系列的非平凡正规子群, 也得到了 G 的一个正规序列, 并且其因子都是 Abel 群. 于是我们引入如下定义.

定义1.8.7 *称群 G 是***可解群***, 如果存在 t, 使得 $G^{(t)} = \{e\}$. 称 G 是***幂零群***, 如果存在 t, 使得 $G^t = \{e\}$.*

1902 年, 英国的群论学家 William Burnside 通过长期的探索发现了一个惊人的结果: 4 万阶以下的奇数阶群都是可解的, 于是他猜想任何奇数阶群都是可解的, 这就是在群论发展史上起到重大作用的 **Burnside 猜想**. 这一猜想后来被 Feit 和 Thompson 合作证明. 他们的证明长达 255 页, 开启了群论学家写长文章的先河. 在域论一章中的 Galois 理论中我们将发现可解群与高次方程是否可用根式解紧密相连, 这也是 "可解" 一词的由来. 一个有趣的问题是: Burnside 经过了怎样艰苦的研究才做出那样的猜想? 与之相媲美的是, Gauss 计算了 3000000 以下的素数个数, 从而在前人工作的基础上猜想出素数分布规律. 这两件事有异曲同工之妙.

引理1.8.8 可解群的子群、商群都是可解群. 反之, 设 N 是 G 的正规子群, 且 N 和 G/N 可解, 则 G 可解.

证 若 H 是 G 的子群, 那么 $H^{(k)} \subseteq G^{(k)}$. 如果 N 是正规子群, 考虑自然同态 $\pi: G \to G/N$, 则对任意 $g, h \in G$, 我们有 $\pi([g,h]) = \pi(g^{-1}h^{-1}gh) = [\pi(g), \pi(h)]$. 因此 $\pi(G^{(k)}) = (\pi(G))^{(k)} = (G/N)^{(k)}$. 这说明若 G 可解, 则 H 和 G/N 都可解.

再证第二个结论. 若 G/N 可解, 则存在 $k \in \mathbb{N}$ 使得 $(G/N)^{(k)} = \{\bar{e}\}$. 于是 $\pi(G^{(k)}) = (\pi(G))^{(k)} = (G/N)^{(k)} = \{\bar{e}\}$. 因此 $G^{(k)} \subseteq \operatorname{Ker}\pi = N$. 而 N 可解, 故其子群 $G^{(k)}$ 也可解, 从而存在 $l \in \mathbb{N}$ 使得 $(G^{(k)})^{(l)} = \{e\}$, 于是 $G^{(k+l)} = (G^{(k)})^{(l)} = \{e\}$, 故 G 可解. □

由上述引理, 我们得到如下推论.

推论1.8.9 设群 G 是 B 过 A 的扩张, 则 G 可解当且仅当 A, B 都可解.

下面我们来研究如何判断一个有限群是否可解.

定理1.8.10 设 G 是有限群, 则下列条件等价.

(1) G 是可解群;

(2) 存在 G 的正规序列 $G = G_1 \supset G_2 \supset \cdots \supset G_t = \{e\}$ 使得 G_i/G_{i+1} 为 Abel 群, 其中 $i = 1, 2, \cdots, t-1$;

(3) 存在 G 的次正规序列 $G = G'_1 \supset G'_2 \supset \cdots \supset G'_s = \{e\}$ 使得 G'_i/G'_{i+1} 为 Abel 群, 其中 $i = 1, 2, \cdots, s-1$;

(4) 存在 G 的次正规序列 $G = G''_1 \supset G''_2 \supset \cdots \supset G''_r = \{e\}$ 使得 G''_i/G''_{i+1} 为素数阶群, 其中 $i = 1, 2, \cdots, r-1$.

证 (1) $\Rightarrow$ (2) 由 G 可解, 则 G 的导出列就是一个正规序列, 其因子都是 Abel 群.

(2) $\Rightarrow$ (3) 是自然的.

(3) $\Rightarrow$ (4) 将 (3) 的次正规序列加细为合成序列, 其合成因子自然是 Abel 单群, 因此是素数阶群.

(4) $\Rightarrow$ (1) 因为 G''_r 和 G''_{r-1}/G''_r 都是素数阶群, 自然是可解群, 由引理 1.8.8 可得 G''_{r-1} 是可解群. 利用归纳法, 如果 G''_i 可解, 因 G''_{i-1}/G''_i 为素数阶群, 于是 G''_{i-1} 也是可解群, 因此 $G = G_1$ 也是可解群. □

利用定义可以看出 $G^{(k)} \subseteq G^{k+1}$. 因此幂零群一定是可解的. Abel 群自然是幂零群, 也是可解群.

思考题1.8.11 试证明阶数小于 8 的幂零群都是 Abel 群, 并构造一个 8 阶的非 Abel 的幂零群.

类似于可解群的引理 1.8.8, 我们有如下引理.

引理1.8.12 幂零群的子群、商群都是幂零群.

需要注意的是, 由 G 的正规子群 N 和商群 G/N 都是幂零群并不能得到 G 是幂零群; 换句话说, 幂零群过幂零群的扩张不一定是幂零群. 例如, S_3 是 $\mathbb{Z}_2$ 过 $\mathbb{Z}_3$ 的扩张, 但 S_3 不是幂零的. 但是我们有如下引理.

引理1.8.13 幂零群过幂零群的中心扩张是幂零群, 即如果 $N \subset C(G)$, N 与 G/N 都是幂零群, 则 G 也是幂零群.

证 设 $\pi: G \to G/N$ 为自然同态. 由 G/N 是幂零群, 存在 k 使得 $(G/N)^k = \{\pi(e)\}$. 由于 $\pi(G^k) = (\pi(G))^k$, 故 $G^k \subset \operatorname{Ker}\pi = N \subset C(G)$. 因此, $G^{k+1} = \{e\}$, 即 G 幂零. □

从这个引理可以看出, 中心在幂零群的结构的研究中起到重要作用. 实际上, 任何非平凡幂零群必然有非平凡中心 (为什么?). 由定义, 设幂零群的降中心列满足 $G^k = \{e\}$, $G^{k-1} \neq \{e\}$, 则自然有 $G^{k-1} \subset C(G)$. 而 $G/C(G)$ 也是幂零群, 如果 G 不是 Abel 群, 则 $C(G/C(G))$ 也是非平凡的. 若 $\pi: G \to G/C(G)$ 是自然同态, 则 $\pi^{-1}(C(G/C(G)))$ 是 G 的包含 $C(G)$ 的正规子群. 我们引入如下序列.

定义1.8.14 设 G 是一个群, 记 $C_0(G) = \{e\}$, $C_{k+1}(G) = \pi_k^{-1}(C(G/C_k(G)))$, $k \geqslant 0$, 其中 $\pi_k: G \to G/C_k(G)$ 为自然同态. 称序列

$$C_0(G) \subseteq C_1(G) \subseteq C_2(G) \subseteq \cdots$$

为 G 的**升中心序列**.

现在我们可以证明一个与定理 1.8.10 类似但稍有区别的结论.

定理1.8.15 设 G 是群, 则下列条件等价.

(1) G 是幂零群;

(2) 存在 G 的正规序列 $G = G_1 \supset G_2 \supset \cdots \supset G_t = \{e\}$ 使得 $[G, G_i] \subseteq G_{i+1}$, 其中 $i = 1, 2, \cdots, t-1$;

(3) 存在 G 的正规序列 $G = G'_1 \supset G'_2 \supset \cdots \supset G'_s = \{e\}$ 使得 $G'_i/G'_{i+1} \subseteq C(G/G'_{i+1})$, 其中 $i = 1, 2, \cdots, s-1$;

(4) 存在 r, 使得 $C_r(G) = G$.

证 (1) $\Rightarrow$ (2) 若 G 是幂零群, 则 G 的降中心列满足 (2) 的要求.

(2) $\Rightarrow$ (3) 设 $\pi: G \to G/G_{i+1}$ 为自然同态, 则由 $[G, G_i] \subseteq G_{i+1}$ 可得 $\pi[G, G_i] = \{1\}$. 因此我们有 $[\pi(G), \pi(G_i)] = \{1\}$. 由此我们得到 $[G/G_{i+1}, G_i/G_{i+1}] = \{1\}$. 故 $G_i/G_{i+1} \subseteq C(G/G_{i+1})$. 取 $G'_i = G_i$ 即可.

(3) $\Rightarrow$ (4)　容易验证 $G'_s = \{e\} = C_0(G)$, $G'_{s-1} \subseteq C_1(G)$. 我们用归纳法来证明. 设 $G'_{t-k} \subseteq C_k(G)$, 只需证明 $G'_{t-k-1} \subseteq C_{k+1}(G)$. 考虑如下由自然同态构成的交换图

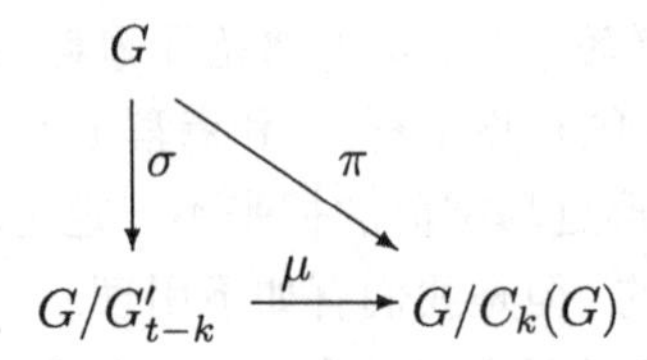

由条件 $G'_{t-k-1}/G'_{t-k} \subseteq C(G/G'_{t-k})$, 而由 μ 是满射可得

$$C(G/G'_{t-k}) \subseteq \mu^{-1}(C(G/C_k(G))).$$

于是

$$G'_{t-k-1} \subseteq \sigma^{-1}(C(G/G'_{t-k})) \subseteq \sigma^{-1}\mu^{-1}(C(G/C_k(G))) \subseteq \pi^{-1}(C(G/C_k(G))) = C_{k+1}(G).$$

因此, $C_{s-1}(G) \supseteq G'_1 = G$, 即 $C_{s-1}(G) = G$.

(4) $\Rightarrow$ (1)　由条件 $G = C_r(G)$ 知 $G/C_{r-1}(G) = C_r(G)/C_{r-1}(G)$ 是 Abel 群, 自然是幂零群. 设 $G/C_{k+1}(G)$ 是幂零群, 则由 $C_k(G)$ 的定义可知: $C_{k+1}(G)/C_k(G) \subseteq C(G/C_k(G))$. 由短正合序列

$$\{1\} \to C_{k+1}/C_k(G) \to G/C_k(G) \to G/C_{k+1}(G)$$

可知 $G/C_k(G)$ 是幂零群 $G/C_{k+1}(G)$ 的中心扩张, 因此 $G/C_k(G)$ 也是幂零的, 从而 $G = G/C_0(G)$ 是幂零群. □

习　题　1.8

1. 设 H, K 是 G 的子群, 证明

(1) $[H, K] = \{e\}$ 当且仅当 $H \subseteq C_G(K)$ 当且仅当 $K \subseteq C_G(H)$;

(2) $[H, K] \subseteq K$ 当且仅当 $H \subseteq N_G(K)$;

(3) $H_1 < H$, $K_1 < K$, 则 $[H_1, K_1] \subseteq [H, K]$.

2. 证明可解群 G 有合成序列当且仅当 G 是有限群.

3. (1) 设 H, K 都是群 G 的可解正规子群, 试证 HK 也是 G 的可解正规子群;

(2) 设 R 是群 G 的极大可解正规子群, H 是 G 的任一可解正规子群, 证明 $H \subseteq R$ 且 G/R 无非平凡的可解正规子群.

4. 设 H 是 G 的极大可解子群, 证明 $N_G(H) = H$.

5. 设 G 是有限幂零群, H 是 G 的真子群, 证明 $N_G(H) \neq H$.

6. 证明有限群 G 为幂零群当且仅当对任意 $H \lhd G$, $H \neq G$, $C(G/H)$ 非平凡.

7. 设 $I^{(1)}(G) = \mathrm{Inn}\,(G)$, $I^{(n)}(G) = \mathrm{Inn}\,(I^{(n-1)}(G))$. 试证: G 是幂零群当且仅当存在 $n \geqslant 1$ 使得 $I^{(n)}(G) = \{\mathrm{id}\}$.

8. 设 G 是有限幂零群, 试证:

(1) 如果 $\{e\} \neq N \lhd G$, 则 $N \cap C(G) \neq \{e\}$;

(2) 设 G 是非 Abel 群, A 是 G 的正规子群集合中的极大元, 且 A 是 Abel 群, 则 $C_G(A) = A$.

9. 设 a, b 是群 G 的任意两个元. 如果 a, b 和它们的换位子 $[a, b]$ 可交换, 则对任意整数 m 和 n, $[a^m, b^n] = [a, b]^{mn}$.

10. 设 A 是群 G 的循环的正规子群. 试证对任意 $a \in A$, $x \in G^{(1)}$, $ax = xa$.

训练与提高题

11. 证明 $\mathrm{SL}(2, \mathbb{R})$ 的换位子群是其本身, 而 $-I_2$ 不是 $\mathrm{SL}(2, \mathbb{R})$ 的换位子.

12. 设 G 为 n 阶可解群, B 为可逆的复上三角矩阵的全体. G 是否同构于 B 的某个子群? 如果 G 为 n 阶幂零群, N 为对角线元全为 1 的复上三角矩阵的全体, G 是否同构于 N 的某个子群?

1.9 群在集合上的作用

在前面的探索中, 我们知道子群尤其是正规子群是研究群的结构的重要工具. 然而寻找群的子群和正规子群并不容易. 一个好的方法是寻找所要了解的群与一个具体的群之间的同态. 这个具体的群的最自然的选择是某个集合 X 上的置换群 S_X, 所以需要建立 G 到 S_X 的群同态. 单同态可以把 G 同构于 S_X 的一个子群; 非单同态则可以帮助我们找到群 G 的正规子群, 这对深入研究 G 的结构很有帮助. 建立群同态首先要有映射 $\pi : G \to S_X$, 然后需要验证 π 是群同态, 即对任意 $g_1, g_2 \in G$, $\pi(g_1 g_2) = \pi(g_1)\pi(g_2)$. 而要验证这个等式, 只需将等式两边的变换作用在 X 中的任何元素 x 上使得

$$\pi(g_1 g_2)(x) = (\pi(g_1)\pi(g_2))(x) = \pi(g_1)(\pi(g_2)(x)). \tag{1.9}$$

这引导我们提出如下定义.

定义1.9.1 设 G 是一个群, X 是一个非空集合. 若映射

$$f : G \times X \to X, \quad (g, x) \to f(g, x)$$

满足对任何 $x \in X, g_1, g_2 \in G$ 都有

$$f(e,x)=x, \tag{1.10}$$

$$f(g_1g_2,x)=f(g_1,f(g_2,x)), \tag{1.11}$$

则称 f 决定了 G 在 X 上的一个**作用**. 通常, 我们将 $f(g,x)$ 简记为 $g(x)$ 或 gx.

需要指出的是, 给定一个群同态 $\pi: G \to S_X$, 定义 $f(g,x)=\pi(g)(x)$, 则 f 给出了 G 在 X 上的一个作用. 反之, 给定 G 在 X 上的作用 f, 对任意 $g \in G$ 定义 X 上的一个变换 $\pi(g)$ 使得 $\pi(g)(x)=f(g,x)$, 则利用 (1.11) 可得

$$\pi(g_1g_2)=\pi(g_1)\pi(g_2).$$

再结合 (1.10) 可得

$$\pi(g)\pi(g^{-1})=\pi(gg^{-1})=\pi(e)=\mathrm{id}.$$

因此, $\pi(g)$ 是可逆的, 且其逆就是 $\pi(g^{-1})$. 于是我们得到如下定理.

定理1.9.2 群 G 在非空集合 X 上的作用的全体与 G 到 S_X 的同态的全体存在一一对应.

本质上说, 群作用是一种特殊的群同态的另外一种表述. 那为什么要引入这个新的概念呢? 一方面, 群同态是一个代数的表述, 而群作用更为几何化. 事实上, 历史上非常著名的 Erlangen 纲领就是利用群作用来研究几何的典范. 这是 1872 年由德国 Erlangen 大学的数学家 F. Klein 提出的, 将各种几何与相应的变换群对应起来, 例如, 欧几里得几何是刚体运动群的作用下不变的几何, 仿射几何是在仿射变换群作用下不变的几何等. 此后所有的几何学家都向往利用群论来了解几何的可能途径, 其中最为著名的例子就是法国数学家 E. Cartan 利用李群来研究微分几何. 从这里看出群作用的几何意义是非常强的. 另一方面, 我们很快可以看到, 在处理很多问题时, 群作用的语言使用起来更为方便. 我们先来看一些例子.

例1.9.3 设 G 是一个群, 令 $X=G$. 由定理 1.4.10、命题 1.4.7 我们可以得到 G 到 S_G 的至少三种同态. 其相应的作用 $f: G \times G \to G$ 为

(1) 左平移作用: $f(g,x)=L_g(x)=gx$.

(2) 右平移作用: $f(g,x)=R_{g^{-1}}(x)=xg^{-1}$.

(3) 伴随作用: $f(g,x)=\mathrm{Ad}_g(x)=gxg^{-1}$.

群 G 在自身上的左平移作用可以推广到左陪集空间上.

例1.9.4 设 H 是 G 的一个子群, 定义映射 $f: G \times G/H \to G/H$ 为

$$f(g,xH)=(gx)H, \quad \forall g,x \in G,$$

则容易验证 f 是一个作用. 这一作用也称为 G 在 G/H 上的左平移作用.

在矩阵理论中存在大量群作用的例子.

例1.9.5 $\mathrm{GL}(n,\mathbb{R})$ 及其子群, 如 $\mathrm{SL}(n,\mathbb{R})$, $\mathrm{O}(n)$ 等作为 $\mathbb{R}^n$ 的变换群的子群自然地作用在 $\mathbb{R}^n$ 上. 进一步, $\mathbb{R}^n$ 自然是一个欧几里得空间, 其中的单位长度向量的全体是 $\mathbb{R}^n$ 中的单位球面, 记为 S^{n-1}. 正交变换把一个单位向量映到另一个单位向量, 很容易验证这定义了 $\mathrm{O}(n)$ 及其子群 $\mathrm{SO}(n)$ 在 S^{n-1} 上的一个作用.

例1.9.6 矩阵论中的众多概念, 如行变换、列变换、相似、合同以及相抵等, 都可以用群作用的观点来看待. 设 $\mathbb{P}$ 是一个数域. 类似于群的左、右平移和伴随作用, 我们可以定义 $\mathrm{GL}(n,\mathbb{P})$ 在 $\mathbb{P}^{n\times n}$ 的左乘、右乘和相似作用. 同样可以定义合同作用 $f:\mathrm{GL}(n,\mathbb{P})\times\mathbb{P}^{n\times n}\to\mathbb{P}^{n\times n}$ 为

$$f(T,A)=TAT',\quad \forall T\in\mathrm{GL}(n,\mathbb{P}), A\in\mathbb{P}^{n\times n}.$$

这里 T' 为 T 的转置. 我们知道合同保持矩阵的对称性和反对称性, 设 S 为 n 阶对称矩阵的全体, V 为反对称矩阵的全体, 则容易验证上式也定义了 $\mathrm{GL}(n,\mathbb{P})$ 在 S 和 V 上的作用.

仔细分析上述作用各自的特点, 我们可以提炼出其中的共性, 从而引入如下定义.

定义1.9.7 设群 G 作用在集合 X 上. 若对任意 $x,y\in X$, 存在 $g\in G$ 使得 $gx=y$, 则称 G 在 X 上的作用**可递**, 这时称 X 为 G 的**齐性空间**. 若对 $g\in G$, 由 $gx=x$, $\forall x\in X$, 可以推出 $g=e$, 则称 G 在 X 上的作用**有效**. 若对任意 $g\in G$, $x\in X$ 都有 $gx=x$, 则称 G 在 X 上的作用**平凡**,

思考题1.9.8 试分析上面的例子中的群作用, 哪些是可递的, 哪些是有效的.

容易看出, G 在 X 上的作用是有效的当且仅当对应的群同态是单射; G 在 X 上的作用平凡当且仅当其对应的群同态是平凡的.

正如我们利用不变子空间来研究线性变换, 为了更好地研究群作用, 我们可以考虑类似的概念. 一个自然的问题是子集 $X_1\subseteq X$ 满足什么条件时, G 在 X 上的作用可以限制为 G 在 X_1 上的作用? 最小的这样的子集是什么样的? 为此, 我们引入如下概念.

定义1.9.9 设群 G 作用在集合 X 上, $x\in X$. 称 X 的子集 $O_x=\{gx|g\in G\}$ 为 x 的**轨道**.

容易验证, 对任意 $g\in G$, 有 $gO_x=O_x$. 因此 G 在 X 上的作用可以自然地限制在 O_x 上. 如果 $|O_x|=1$, 则称 x 是 G 的**不动点**. 下面我们给出轨道的若干基本性质.

命题1.9.10 (1) 设 $x,y\in X$, 则 $O_x\cap O_y=\varnothing$ 或者 $O_x=O_y$.

(2) G 在 O_x 上的作用可递. G 在 X 的作用可递当且仅当 X 中只有一个轨道.

证 (1) 设 $z \in O_x$, 则 $O_z \subseteq O_x$, 且存在 $g \in G$ 使得 $z = gx$. 因此 $x = g^{-1}z \in O_z$. 故 $O_x \subseteq O_z$. 由此我们得到 $O_x = O_z$. 因此若 $z \in O_x \cap O_y$, 则 $O_x = O_z = O_y$.

(2) 对于任意 $y, z \in O_x$, 存在 $g, h \in G$ 使得 $y = gx$, $z = hx$. 因此 $z = hx = hg^{-1}y$. 故 G 在 O_x 的作用可递. 后一个结论是明显的. □

由此看出, 若群 G 在 X 上有一个作用, 则 X 是所有不相同的轨道的不交并, 或者说所有不相同的轨道构成 X 的一个分划. 研究 G 在 X 上的作用只需考虑 G 在 X 的各个轨道上的作用. 固定 $x \in X$, 考虑 G 在 O_x 上的作用, 有如下映射

$$\varphi_x : G \to O_x, \quad \varphi_x(g) = gx.$$

显然, 映射 φ_x 是满射. 考虑 O_x 中元素的原像, 记 F_x 为 x 的原像, 即

$$F_x = \{g \in G | gx = x\}.$$

易验证这个集合是 G 的子群, 称为 x 的**迷向子群**. 对于 O_x 中其他元素 $y = gx$,

$$F_y = \{h \in G | hy = y\} = \{h \in G | hgx = gx\} = \{h \in G | g^{-1}hgx = x\}.$$

于是我们有如下结论.

引理1.9.11 设 $y = gx \in O_x$, 则 $F_y = gF_xg^{-1}$.

现在我们来看一些例子.

例1.9.12 (1) 地球表面可以看作 $\mathbb{R}^3$ 中的单位球面 $S^2 = \{x \in \mathbb{R}^3 | |x| = 1\}$. 地球绕南北极的自转可以看作 $\mathrm{SO}(2)$ 在 S^2 上的作用, 其轨道就是纬线. 在非南北极点的迷向子群是 $\{e\}$; 在南北极的迷向子群是 $\mathrm{SO}(2)$.

(2) $\mathrm{GL}(n, \mathbb{R})$ 在 $\mathbb{R}^n$ 上的自然作用的轨道有两个: $\{0\}$ 和 $\mathbb{R}^n \setminus \{0\}$. 在 0 点的迷向子群是 $\mathrm{GL}(n, \mathbb{R})$, 在点 $(1, 0, \cdots, 0)'$ 的迷向子群是

$$\left\{ \begin{pmatrix} 1 & \alpha \\ 0 & A \end{pmatrix} \in \mathrm{GL}(n, \mathbb{R}) \middle| A \in \mathrm{GL}(n-1, \mathbb{R}), \alpha \in \mathbb{R}^{n-1} \right\}.$$

(3) $\mathrm{SO}(n)$ 在 $\mathbb{R}^n$ 上的作用的轨道是 $S_{n-1}(r) = \{x \in \mathbb{R}^n | |x| = r\}$, $r \geqslant 0$. 当 $r > 0$ 时, 在点 $(r, 0, \cdots, 0)'$ 的迷向子群是 $\mathrm{diag}\,(1, A)$, $A \in \mathrm{SO}(n-1)$.

(4) S_{n-1} 可以自然看作 S_n 的子群. S_n 作用在 $\{1, 2, \cdots, n\}$ 上的作用可递, 其在 n 的迷向子群是 S_{n-1}.

(5) $\mathrm{GL}(n, \mathbb{C})$ 在 $\mathbb{C}^{n \times n}$ 上的相似作用的轨道是 $O_J = \{TJT^{-1} | T \in \mathrm{GL}(n, \mathbb{C})\}$, 这里 J 是某个 Jordan 标准形. 而 $F_J = \{A \in \mathrm{GL}(n, \mathbb{C}) | AJ = JA\}$.

(6) 考虑 $\mathrm{GL}(n, \mathbb{R})$ 在全体实对称矩阵上的合同作用, 两个矩阵 A, B 在同一个轨道中当且仅当其正负惯性指数对应相等. 轨道 $O_{p,q}$ $(p, q \geqslant 0,\ p + q \leqslant n)$ 的代表元是 $\mathrm{diag}\,(I_p, -I_q, 0)$. 矩阵 $\mathrm{diag}\,(I_p, -I_{n-p})$ 的迷向子群记为 $O(p, q)$; 特别地, $q = 0$ 时轨道 $O_{n,0}$ 是正定矩阵的全体, 代表元为 I_n, 迷向子群为正交矩阵的全体 $O(n)$.

进一步考虑映射 φ_x, 我们有 $\varphi_x^{-1}(gx) = \{h \in G|hx = gx\} = \{h \in G|g^{-1}hx = x\}$. 因此 $\varphi_x^{-1}(gx) = gF_x$, 即 gx 的原像是 F_x 的左陪集 gF_x. 这样, 我们得到一个双射 $\varphi : G/F_x \to O_x$, 即这两个集合存在一一对应. 两者上都有 G 的作用, 且对任何 $s, g \in G$ 有

$$\varphi(s(gF_x)) = \varphi((sg)F_x) = (sg)x = s(gx) = s\varphi(gF_x).$$

于是有如下的交换图

$$\begin{array}{ccc} G/F_x & \xrightarrow{\varphi} & O_x \\ \downarrow{\scriptstyle s} & & \downarrow{\scriptstyle s} \\ G/F_x & \xrightarrow{\varphi} & O_x \end{array}$$

由此我们抽象出如下定义.

定义1.9.13 设群 G 作用在集合 X 与 X' 上, 若有 X 到 X' 的一一对应 φ 使得

$$g(\varphi(x)) = \varphi(g(x)), \quad \forall g \in G, \quad x \in X,$$

则称 G 在 X 与 X' 上的作用**等价**.

这个定义是自然的, 正如线性空间同构不仅是集合之间的一一对应, 还需要保持加法和数乘, 作用之间的等价也需要保持集合上的结构——群作用. 这样, 前面对群在 X 的轨道 O_x 上的作用的讨论实际上证明了如下定理.

定理1.9.14 设群 G 在 X 上的作用可递, $x \in X$, 则 G 在 X 上的作用与 G 在 G/F_x 上的左平移作用等价.

推论1.9.15 $|O_x| = |G/F_x| = [G : F_x]$. 从而 $|O_x|\,|\,|G|$.

利用命题 1.9.10、定理 1.9.14, 我们知道 G 在集合 X 上的作用都是不相交轨道的并, 而 G 在每个轨道上的作用等价于 G 在某个陪集空间上的左平移作用. 因此, G 在 X 上的作用可以看作是一些左平移作用的并. 由此也可以看出对齐性空间的研究是非常重要的, 实际上在李群与现代微分几何等领域, 齐性空间是一类性质很好的研究对象, 很多几何上的重要空间都是某个群的齐性空间 (见本节习题 4 和 5), 其中的群作用显示了齐性空间具有很强的对称性.

例1.9.16 设 G 是一个群, 考虑 G 在 G 上的伴随作用, 其对应的群同态为

$$\mathrm{Ad} : G \to S_G, \quad \mathrm{Ad}_x(g) = xgx^{-1}.$$

对 $g \in G$, 在伴随作用下 g 的轨道就是以 g 为代表的**共轭类**, 记作 C_g. g 的迷向子群称为 g 在 G 中的**中心化子**, 记作 $C_G(g)$ 或 $C(g)$. 称 $\mathrm{Ker\,Ad}$ 为 G 的**中心**, 记作 $C(G)$.

思考题1.9.17 试求 S_n 的所有共轭类.

思考题1.9.18 试举例说明一个群中的一个共轭类一般不能成为一个子群. 试问在什么条件下, 群中的一个共轭类成为一个子群?

例1.9.19 设 $\sigma \in S_n$, 考虑 S_n 在 $\{1,2,\cdots,n\}$ 上的作用限制在子群 $\langle\sigma\rangle$ 上, 则 $\{1,2,\cdots,n\}$ 可以分解为不相交的轨道的并, 且每一个轨道都形如

$$O_m = \{\sigma^k(m) | k \geqslant 0\}.$$

自然 O_m 只有有限个元素, 故存在最小的正整数 r 使得 $\sigma^r(m) = m$. 由此不难看出 σ 可以分解为不相交的轮换的乘积且每个轮换中的文字构成 $\langle\sigma\rangle$ 的一个轨道. 这也可以帮助我们重新理解 σ 可以分解为不相交轮换的乘积这一结论.

习 题 1.9

1. 试求由 3 个 1、4 个 2 和 2 个 3 组成的九位数的个数.

2. 证明 A_5 没有指数为 2, 3, 4 的子群.

3. 试利用群作用给出 1.2 节习题 16(1) 的另一个证明.

4. (1) 记 $\mathbb{R}^n$ 的所有 1 维子空间的全体为 $P^{n-1}(\mathbb{R})$, 称为**实射影空间**. 对任意 $\varphi \in \mathrm{GL}(n,\mathbb{R})$, $W \in P^{n-1}(\mathbb{R})$, $\varphi(W)$ 也是一个 1 维子空间. 试验证这是 $\mathrm{GL}(n,\mathbb{R})$ 在 $P^{n-1}(\mathbb{R})$ 上的可递作用, 并求迷向子群.

(2) 记 $\mathbb{R}^n$ 的所有 k 维子空间的全体为 $\mathrm{Gr}(k,n)$, 称为 **Grassmann 流形**. 对任意 $\varphi \in \mathrm{GL}(n,\mathbb{R})$, $W \in \mathrm{Gr}(k,n)$, $\varphi(W)$ 也是一个 k 维子空间. 试验证这是 $\mathrm{GL}(n,\mathbb{R})$ 在 $\mathrm{Gr}(k,n)$ 上的可递作用, 并求迷向子群.

(3) 考虑 $\mathrm{SL}(n,\mathbb{R})$, $\mathrm{O}(n)$, $\mathrm{SO}(n)$ 在上述集合上的作用并判断其可递性.

5. 记 $V_k(\mathbb{R}^n)$ 为 $\mathbb{R}^n$ 中所有 k 元标准正交向量组的全体, 称为 **Stiefel 流形**. 对任意 $\varphi \in O(n)$, $(\alpha_1,\cdots,\alpha_k) \in V_k(\mathbb{R}^n)$, 定义

$$\varphi(\alpha_1,\cdots,\alpha_k) = (\varphi(\alpha_1),\cdots,\varphi(\alpha_k)).$$

试验证这是 $\mathrm{O}(n)$ 在 $V_k(\mathbb{R}^n)$ 上的可递作用, 并求迷向子群.

6. 将 4, 5 两题中的作用推广到复空间情形.

7. 设 E 为数域, E 可以看作 $\mathbb{Q}$ 上的线性空间, 设 $\dim E$ 有限. 令

$$\mathrm{Aut}\,(E) = \{\varphi \in \mathrm{GL}(E) | \varphi(xy) = \varphi(x)\varphi(y), \forall x, y \in E\}.$$

证明 $\mathrm{Aut}\,(E)$ 是群. 如果 $f(x) \in \mathbb{Q}[x]$ 的所有复根都在 E 中, 记 X 为 $f(x)$ 的所有根的全体, 则 $\mathrm{Aut}\,(E)$ 在 X 上有一个自然的作用. 证明: 如果 $\mathrm{Aut}\,(E)$ 在 X 上的作用可递, 则 $f(x)$ 不可约.

8. 设 $\mathbb{H}=\{z=x+y\mathrm{i}\in\mathbb{C}|y>0\}$, 称为 **Poincaré 上半平面**. 对任意 $g=\begin{pmatrix} a & b \\ c & d \end{pmatrix}\in$ $\mathrm{SL}(2,\mathbb{R})$, $z\in\mathbb{H}$, 定义 $g\circ z=\dfrac{az+b}{cz+d}$. 试验证这定义了 $\mathrm{SL}(2,\mathbb{R})$ 在 $\mathbb{H}$ 上的一个作用 (称为 **Möbius 变换或分式线性变换**), 判断其可递性和有效性, 并求 $\sqrt{-1}$ 的迷向子群.

9. 设 G 是单群, $H<G$ 满足 $[G:H]\leqslant 4$, 则 $|G|\leqslant 3$.

10. 设群 G 的子群 H 的指数为 n. 证明 H 中包含 G 的一个正规子群 N 且 $[G:N]|n!$.

11. 设 p 是有限群 G 的阶的最小素因子, 又 $H<G$ 且 $[G:H]=p$, 试证 $H\lhd G$.

12. 设 $H<G$, 试证: H 的共轭子群的个数为 $[G:N_G(H)]$.

13. 设 H 是有限群 G 的真子群. 试证: $G\neq\bigcup\limits_{g\in G}gHg^{-1}$.

14. 设 H 是群 G 的指数有限的子群. 证明: $G\to S_{G/H}$ 的同态核是 H 的所有共轭子群之交.

15. 设 B 为可逆上三角复矩阵的全体, $G=\{\mathrm{diag}\,(g,h)|g,h\in B\}$, $X=\mathrm{GL}(n,\mathbb{C})$, 定义映射

$$\pi:G\times X\to X,\quad (\mathrm{diag}\,(g,h),x)\mapsto gxh^{-1}.$$

证明 π 为群作用, 试求其所有轨道. 由此将 $\mathrm{GL}(n,\mathbb{C})$ 分解成不相交轨道的并, 即 $\mathrm{GL}(n,\mathbb{C})$ 关于 B 的双陪集分解.

16. 用群作用的观点来解释矩阵相抵, 并确定所有轨道.

17. 设 G 是一个群, X 是 G 上的所有复值函数 $f:G\to\mathbb{C}$ 的全体. 定义映射

$$G\times X\to X,\quad (g,f)\mapsto g\cdot f,$$

其中 $(g\cdot f)(x)=f(gx)$. 试判断该映射是否为群作用.

18. 证明: 群 G 在自身上的左平移作用和右平移作用等价.

训练与提高题

19. (Fermat 两平方和定理)设 $p=4k+1$ 为素数, $X=\{(x,y,z)\in\mathbb{N}^3|x^2+4yz=p\}$. 设

$$\varphi_1:(x,y,z)\mapsto(x,z,y),$$

$$\varphi_2:(x,y,z)\mapsto\begin{cases}(x+2z,z,y-x-z), & x<y-z,\\ (2y-x,y,x-y+z), & y-z<x<2y,\\ (x-2y,x-y+z,y), & x>2y.\end{cases}$$

证明: 上述两个映射分别定义了 $\mathbb{Z}_2$ 在 X 上的两个作用. 试求两个作用的不动点的个数, 从而证明当 $p=4k+1$ 时, $x^2+y^2=p$ 有正整数解.

20. (Burnside 引理) 设群 G 作用在集合 X 上, 令 t 表示 X 在 G 作用下的轨道的个数, 对任意 $g\in G$, $F(g)$ 表示 X 在 g 作用下不动点的个数, 即 $F(g)=|\{x\in X|gx=x\}|$. 试证

$$\sum_{g\in G}F(g)=t|G|.$$

21. 试求 SO(3) 的所有有限子群的共轭类, 并与正多边形与正多面体的对称群 (见 1.1 节习题 18) 作比较.

1.10 Sylow 定理

从前面的研究我们知道, 研究群的结构时, 正规子群扮演着重要的角色, 因此寻找一个群的正规子群就成了一个重要的问题. 然而, 一般来说, 要找出正规子群是比较困难的, 因此我们退而求其次, 先找出一些子群, 再来判断这些子群中是否有正规子群. 由 Lagrange 定理, 如果 $H < G$, 则 $|H|$ 是 $|G|$ 的因子. 反之, 对于 $|G|$ 的因子 k, 一般并不是总存在子群 H 使得 $|H| = k$. 然而, Cauchy 证明了如下定理, 为寻找群的子群打开了一扇门.

定理1.10.1 (Cauchy 定理) *设素数 p 是 $|G|$ 的因子, 则 G 中存在 p 阶元.*

证 考虑集合 $X = \{(a_1, \cdots, a_p) | a_i \in G, a_1 \cdots a_p = e\}$, 并设 $\sigma = (12 \cdots p) \in S_p$. 容易看出 $|X| = |G|^{p-1}$, 因此 $p||X|$. 考虑 p 阶循环群 $\langle\sigma\rangle$ 在 X 上的作用:

$$\sigma \cdot (a_1, \cdots, a_p) = (a_{\sigma(1)}, \cdots, a_{\sigma(p)}).$$

由于 p 是素数, 每个 $\langle\sigma\rangle$ 的轨道的元素个数只能是 1 或 p. 记不动点的全体为 X_0. 因每个非不动点所在轨道都有 p 个元素, 而 $p||X|$, 因此, $p||X_0|$. 显然, X_0 中的元素都形如 $(a, \cdots, a)$, 其中 $a^p = e$. 又 $(e, \cdots, e) \in X_0$, 故 X_0 非空, 所以 X_0 中存在元素 $(a, \cdots, a)$ 使得 $a \neq e$. 于是 a 为 p 阶元. □

由 Cauchy 定理, G 有 p 阶子群. 更一般地, 如果 $|G| = p^l m$, 其中 $(p, m) = 1$, 那么对于 $1 \leqslant k \leqslant l$, 是否存在 G 的子群 H, 其阶为 p^k? 为了回答这一问题, 我们需要一些准备工作.

定义1.10.2 *设 p 是一个素数. 若群 G 的阶 $|G| = p^k$, $k > 0$, 则称 G 是一个 p-群.*

由于 p-群的阶很特别, 其自身结构及其在集合上的作用也非常有特点.

命题1.10.3 *设 p-群 G 作用在集合 X 上, $|X| = n$. 记 G 的作用的不动点集为 X_0, $t = |X_0|$, 则 $t \equiv n \pmod p$; 特别地, 当 $(n, p) = 1$ 时, $t \geqslant 1$, 即 G 在 X 上的作用存在不动点.*

证 设 X 在 G 作用下的轨道分解为

$$X = X_0 \cup O_1 \cup \cdots \cup O_k.$$

其中, $|O_i| > 1$ $(i = 1, \cdots, k)$. 于是 $p||O_i|$. 从而 $p|(|X| - |X_0|)$, 即 $t \equiv n \pmod p$. 当 $(n, p) = 1$ 时, $(t, p) = 1$, 则 $t \neq 0$. 因此 G 在 X 上的作用存在不动点. □

推论1.10.4 设 G 是一个 p-群, 则 G 的中心也是一个 p-群. 进一步, G 是幂零群.

证 考虑 G 在自身上的伴随作用, 其不动点集就是 G 的中心 $C(G)$. 由命题 1.10.3 可得 $p||C(G)|$, 因此作为一个子群, $|C(G)|=p^l$, $l>0$. 从而 $C(G)$ 是 p-群. 利用归纳法不难得出 G 是幂零群的中心扩张, 从而 G 也是幂零群. □

19 世纪挪威出现了三位杰出的数学家: Abel, Sylow 和 Lie. 他们都在群论研究中做出了突出贡献. Sylow 对有限群的阶数为 p 的幂次的子群的存在性进行了研究, 他得到的结论被称为 Sylow 定理.

定理1.10.5 (Sylow 第一定理) 设 $|G|=p^l m$, 其中 p 为素数, $l\geqslant 1$, $(p,m)=1$, 则对任意 $k\leqslant l$, G 中存在 p^k 阶子群.

证 因 $p||G|$, 由 Cauchy 定理, G 中存在 p 阶子群. 下设 $l>1$ 且 G 中存在 p^n $(0<n<l)$ 阶群 H. 考虑 H 在 $X=G/H$ 上的左平移作用, 并记其不动点集为 X_0. 若 $gH\in X_0$, 则对任意 $h\in H$, $h(gH)=gH$. 因此, $g^{-1}hg\in H$, 即 $g\in N_G(H)$, 这里 $N_G(H)$ 是 H 在 G 中的正规化子. 反之, 若 $g\in N_G(H)$, 则显然有 $gH\in X_0$, 因此 $X_0=N_G(H)/H$. 又 $|G/H|=p^{l-n}m$, $n<l$, 因此 $p\mid |G/H|$. 利用命题 1.10.3 可知 $p\mid |X_0|$. 于是 $p\mid |N_G(H)/H|$. 注意到 $H\lhd N_G(H)$, 因此 $N_G(H)/H$ 是一个群. 由 Cauchy 定理, $N_G(H)/H$ 中含有 p 阶子群. 利用同态基本定理建立的子群之间的对应, $N_G(H)$ 中有包含 H 的 p^{n+1} 阶子群. 于是对任何 $1\leqslant k\leqslant l$, G 中存在 p^k 阶子群. □

定义1.10.6 设 $|G|=p^l m$, p 为素数, $(p,m)=1$, 称 G 的 p^l 阶子群为 G 的 **Sylow p-子群**.

思考题1.10.7 试求 S_4 的 Sylow 2-子群.

Sylow 第一定理证明了 Sylow p-子群的存在性, 那么这样的子群唯一吗? 如果不唯一, 那又有多少个 Sylow p-子群? 不同的 Sylow p-子群又有何关系? 下面我们来回答这些问题. 我们先看看 Sylow 子群之间的关系.

定理1.10.8 (Sylow 第二定理) 设 P 是 G 的一个 Sylow$p$-子群, H 是 G 的一个 p^k 阶子群, $k\leqslant l$, 则存在 $g\in G$ 使得 $H\subseteq gPg^{-1}$. 特别地, G 的 Sylow p-子群是相互共轭的.

证 考虑 H 在 G/P 上的左平移作用. 由于 $p\nmid |G/P|$, 由命题 1.10.3 可得 H 有不动点, 设为 gP, 则对任意 $h\in H$ 有 $h(gP)=gP$. 因此 $h\in gPg^{-1}$. 由此我们得到 $H\subseteq gPg^{-1}$. 如果 H 也是 Sylow p-子群, 则 $|H|=|P|$, 因此 $H=gPg^{-1}$. □

记 X_p 为 G 的 Sylow p-子群的全体, 且 $n_p=|X_p|$. 由上述定理可知, G 在 X_p 上存在自然的共轭作用, 且该作用可递. 任取 $P\in X$, 则其迷向子群 $F_P=\{g\in G|gPg^{-1}=P\}=N_G(P)$. 于是我们有如下结论.

引理1.10.9 设 P 是群 G 的一个 Sylow p-子群, 则 $n_p=[G:N_G(P)]$.

定理1.10.10 (Sylow 第三定理)　设 G 的 Sylow p-子群的个数为 n_p, 则有

(1) G 的 Sylow p-子群 $P \lhd G$ 当且仅当 $n_p = 1$.

(2) $n_p|m$, $n_p \equiv 1(\bmod p)$.

证　(1) 显然, 一个 Sylow p-子群 P 是 G 的正规子群当且仅当 $G = N_G(P)$, 因此由引理 1.10.9, $P \lhd G$ 当且仅当 $n_p = [G : N_G(P)] = 1$.

(2) 再次利用引理 1.10.9, 有 $n_p = |G|/|N_G(P)|$. 因此 $n_p \cdot |N_G(P)|/|P| = |G|/|P| = m$. 因 $P \lhd N_G(P)$, 故 $|N_G(P)|/|P|$ 是正整数, 从而 $n_p|m$. 再考虑 P 在 X_p 上的共轭作用. 自然, P 作为 X_p 中元素是该作用的不动点. 设 $P_1 \in X_p$ 也是一个不动点, 故对任意 $p \in P$, $pP_1p^{-1} = P_1$. 因此 $P < N_G(P_1)$. 于是 P, P_1 都是 $N_G(P_1)$ 的 Sylow p-子群且 P_1 是 $N_G(P_1)$ 的正规子群. 故由 (1) 知 $N_G(P_1)$ 有唯一的 Sylow p-子群, 从而 $P = P_1$. 这说明 P 在 X 上的作用的不动点只有 1 个. 于是由命题 1.10.3 得 $n_p \equiv 1 \ (\bmod p)$. □

上述各个 Sylow 定理的证明中使用了各种不同的群作用, 体现了群作用的极大威力. Sylow 定理本身更是为我们寻找群的子群的工作开辟了道路, 甚至在某些情况下可以帮助我们找到群的正规子群, 从而可以排除某些群的单性. 下面我们举例说明如何来利用 Sylow 定理解决问题.

例1.10.11　证明 12 阶群至少有一个 Sylow 子群是正规的.

证　设 G 的 Sylow 3-子群不是正规子群, 则由 Sylow 第三定理知 $n_3 = 4$. 由于任何两个不同的 Sylow 3-子群的交只有幺元, 故 G 有 8 个 3 阶元. 而 Sylow 2-子群是 4 阶的, 因此除了 3 阶元以外的其他 4 个元素恰好构成 1 个 Sylow 2-子群. 因此 Sylow 2-子群只有 1 个, 从而是正规子群. □

例1.10.12　证明 224 阶群不是单群.

证　因 $224 = 2^5 \cdot 7$, 故 $n_2 = 1$ 或 7. 若 $n_2 = 1$, 则 G 的 Sylow 2-子群唯一, 从而是正规子群. 若 $n_2 = 7$, 设 $X = \{P_1, \cdots, P_7\}$ 为 G 的 Sylow 2-子群的集合, 则 G 在 X 上的共轭作用可递, 故得到同态 $\pi : G \to S_7$. 因为该作用可递, 故 $\mathrm{Ker}\,\pi \neq G$; 又由 $|S_7| = 2^4 \cdot 3^2 \cdot 5 \cdot 7$ 不能被 $2^5 \cdot 7$ 整除, 可得 $\mathrm{Ker}\,\pi \neq \{e\}$. 故 $\mathrm{Ker}\,\pi$ 为 G 的非平凡正规子群. 因此, G 不是单群. □

思考题1.10.13　利用上述例子的思路证明: 对于任何素数 p 和正整数 m, $(p, m) = 1$, 一定存在 $k \in \mathbb{N}$, 使得对任何 $l > k$, $p^l m$ 阶群都不是单群.

习　题　1.10

1. 设群 G 的阶为 $p^l m$, 其中 p 为素数, $(p, m) = 1$. 记 $X = \{A \subseteq G \mid |A| = p^k\}$, 则 G 在自身上的左平移作用自然诱导了一个 G 在 X 上的作用. 对任意 $A \in X$, F_A 为其迷向子群.

(1) 证明: A 是 F_A 的一些右陪集的并, 从而 $|F_A| \mid p^k$.

(2) 证明: 存在 $A \in X$ 使得 $|F_A| = p^k$.

2. 证明: p^2 阶群都是 Abel 群, 并求其同构类.

3. 确定 S_4 的 Sylow 子群的个数.

4. 设 p 为素数, 试求 S_p 的 Sylow p-子群的个数, 并由此证明 **Wilson 定理**: $(p-1)! \equiv 1 \pmod p$.

5. 证明: p-群的非正规子群的个数是 p 的倍数.

6. 设 G 是一个 p-群, $N \lhd G$, $|N| = p$. 证明 $N \subseteq C(G)$.

7. 设 $|G| = p^l m$, p 为素数, $l \geqslant 1$, $(p, m) = 1$. 证明: G 的任意 p^k 阶子群 P $(k < l)$ 是其正规化子 $N_G(P)$ 的真子群.

8. 证明: 56 阶、72 阶群不是单群.

9. 设 $|G| = p^l m$, p 为素数, $l \geqslant 1$, $p > m > 1$. 证明: G 不是单群.

10. 设 $|G| = p^2 q$, 其中 p, q 为不同的素数, 证明: G 为可解群.

11. 设 p 是有限群 G 的阶的最小素因子, 又 $H < G$ 且 $[G : H] = p$. 试证 $H \lhd G$.

12. (Frattini) 设 $N \lhd G$, P 为 N 的 Sylow 子群, 则 $G = N_G(P)N$.

13. 设 P 为群 G 的一个 Sylow 子群, 证明 $N_G(N_G(P)) = N_G(P)$.

14. 设 P 是群 G 的 Sylow p-子群, G 的子群 $H \supseteq N_G(P)$. 证明 $N_G(H) = H$.

15. 设 p, q 都是素数, $p < q$, $p \nmid (q-1)$, 证明 pq 阶群一定是循环群.

16. 设 H 是有限群 G 的正规子群, p 是 $|G|$ 的素因子且 $p \nmid [G : H]$, 试证 H 包含 G 的所有 Sylow p-子群.

17. 设群 G 的阶为 $p^l m$, p 为素数, $(p, m) = 1$ 且 $m < 2p$. 证明 G 中有正规的 Sylow p-子群或正规的 p^{l-1} 阶子群.

训练与提高题

18. 证明: 阶数小于 60 的群都不是非 Abel 有限单群.

19. 证明: 60 阶非 Abel 有限单群必同构于 A_5.

20. (Burnside 定理) 设 p, q 为素数, $a, b \in \mathbb{N}$, $|G| = p^a q^b$. 证明: G 是可解群.

1.11 本章小结

本章讲述的是群的基本理论. 作为一个全新的数学对象, 我们需要系统的工具来研究其结构. 利用群 G 的非平凡正规子群 N 可以得到商群 G/N, 换句话说, G 可以由 N 和 G/N 作扩张得到. 同样 N 和 G/N 如果有非平凡正规子群, 它们也由更小的群做扩张得到. 对于有限群而言, 上述的过程在有限步后会终止于一系列没有非平凡正规子群的群, 即有限单群. 如同分子是由原子构成的一样, 有限群是由一系列有限单群 (即其合成因子) 作扩张得到的. 进一步, Jordan-Hölder 定理告诉我们, 一个有限群的合成因子是唯一确定的. 因此, 有限群的分类就归结为单群之间的扩张方式和有限单群的分类. 判断一个群是否是单群需要求其正规子群. 为此, 群同态尤其是群作用为寻找正规子群起到关键作用. 基于此, Sylow 得到了三个定理并为正规子群的寻找提供了方便. 群论的进一步发展是其表示理论, 即群到一般线性群的群同态.

第2章　环

本章我们介绍环的概念并研究其基本性质. 从代数体系的结构来看, 群只有一种代数运算, 而环有两种运算, 而且这两种运算通过分配律相互联系. 我们经常碰到的数学研究对象常常带有两种运算, 例如, 数的集合、高等代数中学习过的矩阵的集合, 以及多项式的集合等都是如此, 因此对环进行研究是重要的. 历史上第一个使用 "环" 这一术语的是著名数学家 Hilbert, 虽然在此之前已有多位数学家对于环进行了大量的研究. 此后, Krull 和著名女数学家 Noether 等在环的研究中做出了重要贡献. 环的研究在 Artin, Jacobson 等的工作中得到了进一步发展. 现在使用的很多术语, 例如, 因子链条件、极大条件、极小条件等都是他们首先提出并研究的, 而环论中非常重要的很多研究对象更是以他 (她) 们的名字来命名的 (如 Noether 环、Artin 环等). 环的理论是交换代数、代数数论和代数几何的基础, 因此学好本章的内容对于大家今后代数类课程的学习是至关重要的.

2.1　环的定义与基本性质

前面我们说过, 环是一种具有两种代数运算的代数体系, 而且这两种运算体系通过分配律相互联系. 我们先给出环的精确定义.

定义2.1.1　设 R 是一个非空集合, 如果在 R 中有两种二元运算, 且满足下面的条件

(1) R 对于其中一种运算 (用加法表示) 成为一个交换群, 即 $\{R;+\}$ 满足下列条件:

① R 对运算 "+" 封闭; ② 对任何 $a,b,c\in R$, $(a+b)+c=a+(b+c)$, $a+b=b+a$; ③ R 中存在对 "+" 的单位元, 写成零元 0, 使得 $a+0=a$, $\forall a\in R$; ④ 对任何 $a\in R$, 存在 a' 使得 $a+a'=0$. 将 a' 记为 $-a$, 称为 a 的负元.

(2) R 对于另外一种运算 (用乘法表示) 成为半群, 即对任何 $a,b,c\in R$, 有

$(ab)c = a(bc)$.

(3) R 对于上述两种运算满足下列两条分配律:

$$a(b+c) = ab + ac, \quad (a+b)c = ac + bc, \quad \forall a, b, c \in R,$$

则称 R 为一个**环**. 有时为了更加清楚, 也说 $\{R; +, \cdot\}$ 为一个环, 其中 "$\cdot$" 为乘法.

我们注意到, 环的定义中要求对于加法成为交换群, 而对另外一种运算只要求成为半群. 如果一个环对于乘法也有幺元, 则称该环为**幺环**. 如果一个环对于乘法交换, 则称该环为**交换环**. 我们在后面还会对环的乘法加上别的各种条件, 从而得到几类特殊的环. 这里我们提出一个关于乘法的思考题.

思考题2.1.2 如果一个环对于乘法也成为群, 你能得到什么结论?

环是一个范围非常广的概念, 我们先给出一些常见的例子.

例2.1.3 我们经常遇到的很多数的集合, 在数的普通加法和乘法下都构成环. 例如, 任何数域都是环. 除此之外, 很多本身不是域的数的集合也构成环. 例如, 全体整数的集合 $\mathbb{Z}$ 在加法和乘法下也构成环. 现设 $m \in \mathbb{Z}$, 令

$$\mathbb{Z}[\sqrt{m}] = \{a + b\sqrt{m} \mid a, b \in \mathbb{Z}\}.$$

则 $\mathbb{Z}[\sqrt{m}]$ 也构成环 (请读者自己证明). 特别地, 当 $m = -1$ 时有

$$\mathbb{Z}[\sqrt{-1}] = \{a + b\sqrt{-1} \mid a, b \in \mathbb{Z}\}.$$

这是历史上非常著名的环的例子, 称为 **Gauss 整数环**.

例2.1.4 我们在高等代数里学过的两类重要的研究对象, 多项式的集合和 n 阶方阵的集合都构成环. 具体来说, 设 $\mathbb{P}$ 为一个数域, 令 $\mathbb{P}[x]$ 为 $\mathbb{P}$ 上全体以 x 为文字的一元多项式的集合, 则 $\mathbb{P}[x]$ 在多项式的加法和乘法下构成环, 称为数域 $\mathbb{P}$ 上的**一元多项式环**, 或简称为 $\mathbb{P}$ 上的多项式环. 类似地, 记 $\mathbb{P}^{n\times n}$ 为 $\mathbb{P}$ 上全体矩阵构成的集合, 则 $\mathbb{P}^{n\times n}$ 在矩阵的加法和乘法下构成环, 称为 $\mathbb{P}$ 上的 n 阶**方阵环**. 这些结论都是高等代数学过的知识的直接推论, 因此我们略去其证明.

例2.1.5 我们在数学分析中遇到的很多函数的集合也构成环. 记实数 $\mathbb{R}$ 上全体连续函数构成的集合为 $C(\mathbb{R})$, 定义加法与乘法为

$$\begin{aligned}
&(f+g)(x) = f(x) + g(x), \\
&(fg)(x) = f(x)g(x), \quad x \in \mathbb{R},\ f,\ g \in C(\mathbb{R}),
\end{aligned}$$

则容易验证 $C(\mathbb{R})$ 构成环. 同样地, 记 $\mathbb{R}$ 上全体光滑函数 (即具有任何阶的连续导数) 的集合为 $C^\infty(\mathbb{R})$, 则在上述两种运算下 $C^\infty(\mathbb{R})$ 构成环.

上述环有多种形式的推广. 例如, 对任何闭区间 $[a,b] \subset \mathbb{R}$, 设 $C([a,b])$ 为 $[a,b]$ 上全体连续函数构成的集合, 则 $C([a,b])$ 在上述两种运算下构成环. 如果考虑多元

函数, 则欧几里得空间 $\mathbb{R}^n$ 上全体光滑函数的集合 $C^\infty(\mathbb{R}^n)$ 在上述加法和乘法下构成环. 对 $C^\infty(\mathbb{R}^n)$ 的研究在微分几何中具有重要意义.

现在我们开始研究环的基本性质. 由于环对于加法是交换群, 因此对任何 $n \in \mathbb{Z}$ 和 $a \in R$, na 是有意义的. 此外, 由环的乘法满足结合律, 对任何 $k \in \mathbb{N}$ 及 $a \in R$, a^k 也是有意义的. 从环的定义可以直接得到环的下述性质.

(1) $(m+n)a = ma + na$, $m(-a) = -(ma)$, $(mn)a = m(na)$, $m(a+b) = ma + mb$, $\forall a, b \in R, m, n \in \mathbb{Z}$.

(2) $a^m a^n = a^{m+n}$, $(a^m)^n = a^{mn}$, $\forall m, n \in \mathbb{N}, a \in R$.

(3) $\left(\sum\limits_{i=1}^{n} a_i\right)\left(\sum\limits_{j=1}^{m} b_j\right) = \sum\limits_{i=1}^{n}\sum\limits_{j=1}^{m} a_i b_j$.

(4) $\forall a, b \in R$, 有 $a0 = 0a = 0$, 这里 0 为 R 的零元; 此外, $(-a)b = a(-b) = -(ab)$, $(-a)(-b) = ab$.

我们只证明性质 (4), 其余几条读者可以自己证明. 因 0 为加法的零元, 故 $0 + 0 = 0$. 于是由分配律有

$$0a = (0+0)a = 0a + 0a; \quad a0 = a(0+0) = a0 + a0.$$

这说明 $0a, a0$ 是加法的单位元, 即 $0a = a0 = 0$. 另一方面, 因 $(-a)b + ab = (-a+a)b = 0a = 0$, 故 $(-a)b = -(ab)$. 类似地, $a(-b) = -(ab)$, $(-a)(-b) = ab$.

现在让我们对前面几个环的例子进行分析. 在例 2.1.3 中, 因为任何两个非零数相乘不为零, 所以对于由数构成的环, 有 $a \neq 0, b \neq 0 \Rightarrow ab \neq 0$. 同样的性质对于例 2.1.4 中的多项式环也成立. 但是高等代数中我们学过, 两个非零的方阵相乘可能等于零. 另一方面, 在例 2.1.5 中考虑 $C([0,1])$, 定义两个函数

$$f(x) = \begin{cases} 0, & x \in \left[0, \dfrac{1}{2}\right], \\ 2x - 1, & x \in \left(\dfrac{1}{2}, 1\right], \end{cases}$$

$$g(x) = \begin{cases} 1 - 2x, & x \in \left[0, \dfrac{1}{2}\right], \\ 0, & x \in \left(\dfrac{1}{2}, 1\right], \end{cases}$$

则 f, g 都是 $C([0,1])$ 中的非零元素, 但是 $fg = 0$. 一个环中如果出现这种现象, 则消去律不再成立. 我们给出一个定义.

定义2.1.6 设 R 为一个环, $a, b \in R$, 且 $a \neq 0, b \neq 0$, 若 $ab = 0$, 则称 a 为 R 中的一个**左零因子**, b 为 R 中的一个**右零因子**, 都简称为**零因子**. 如果在环 R 中,

由 $ax = ay$, $a \neq 0$, 可以推出 $x = y$, 则称 R 满足**左消去律**; 如果由 $xa = ya$, $a \neq 0$, 可以推出 $x = y$, 则称 R 满足**右消去律**.

命题2.1.7 一个环 R 没有零因子的充分必要条件是 R 满足左右消去律.

证 "必要性" 设 R 没有零因子. 若 $ax = ay$ 且 $a \neq 0$, 则 $a(x-y) = 0$. 如果 $x \neq y$, 则 $x - y \neq 0$, 与 R 没有零因子矛盾, 故 $x = y$. 因此 R 满足左消去律. 类似可证 R 满足右消去律.

"充分性" 设 R 满足左右消去律. 若 $ax = 0$, 且 $a \neq 0$, 则 $ax = a0$, 由左消去律, 有 $x = 0$. 这说明 R 没有右零因子. 类似可证 R 也没有左零因子. □

现在我们给出一个重要的概念.

定义2.1.8 如果环 R 不是零环且没有零因子, 则称 R 为**无零因子环**.

我们注意, 按照定义, 一个无零因子环本身不能是零环 (即只包含零元一个元素的环). 事实上, 零环过于简单, 因此没有研究的价值. 顺便提一下, 思考题 2.1.2 的答案就是这时该环一定是零环 (请读者说明其理由), 这也是为什么我们不能要求在环的定义中要求对于乘法也成为群. 现在我们给出无零因子环的一个重要性质.

命题2.1.9 设 R 为无零因子环, 令 $R^* = R - \{0\}$, 则 R^* 中的元素对于 R 的加法具有相同的阶, 且当这一共同的阶有限时, 必为素数.

证 分三步来证明命题.

(1) 若 R^* 中所有元素对于加法的阶都是无穷, 则结论成立.

(2) 设存在 $a \in R^*$ 的阶为有限的. 假定 a 的阶为 n, 则对任何 $b \in R^*$, 有

$$(na)b = a(nb) = 0.$$

因为 R 为无零因子环, 且 $a \neq 0$, 故 $nb = 0$. 这说明 b 的阶整除 n. 特别地, b 的阶也是有限的. 设 b 的阶为 m, 则上面的证明说明 $m|n$, 类似地也有 $n|m$. 于是 $m = n$. 故 R^* 中所有元素对于加法的阶都等于 n, 亦即 R 中所有的非零元素具有相同的阶.

(3) 设 R^* 中所有的元素的阶都是正整数 n, 我们证明 n 必是素数. 若 n 不是素数, 则存在正整数 n_1, n_2, $n_1 < n, n_2 < n$, 使得 $n = n_1 n_2$. 因为 a 的阶为 n, 故 $n_1 a \neq 0, n_2 a \neq 0$. 另一方面, 我们有

$$(n_1 a)(n_2 a) = na^2 = (na)a = 0.$$

这与 R 无零因子矛盾. 因此 n 必为素数.

至此命题得证. □

上述命题中, 表面上 R 为无零因子环这一条件是关于乘法来说的, 而我们得到的结论是所有非零元对于加法有相同的阶, 这是对于加法的性质. 因此这一性质也

是环的定义中分配律对于环的性质有重要影响的具体表现. 现在我们可以给出下述定义.

定义2.1.10 设 R 为无零因子环. 如果 R 中所有的非零元都是无穷阶的, 则称 R 的**特征**为 0; 如果 R 中所有的非零元都是 p 阶的 (这时 p 必为素数), 则称 R 的**特征**为 p. 我们将环 R 的特征记为 $\mathrm{Ch}\,R$.

现在我们证明特征为 p 的无零因子交换环的一个重要公式. 作为思考题, 请读者先证明下面的结论.

思考题2.1.11 证明对任何素数 p 及整数 k, $1 \leqslant k \leqslant p-1$, 有 $p|\mathrm{C}_p^k$.

命题2.1.12 设 R 为无零因子的交换环, 其特征为 p, p 为素数, 则对任何 $a, b \in R$, 有

$$(a+b)^p = a^p + b^p, \quad (a-b)^p = a^p - b^p.$$

证 因 R 为交换环, 由归纳法易证:

$$(a+b)^p = a^p + \mathrm{C}_p^1 a^{p-1} b + \cdots + \mathrm{C}_p^{p-1} a b^{p-1} + b^p.$$

因 $p|\mathrm{C}_p^k, k=1,2,\cdots,p-1$, 故由 R 的特征为 p 得 $\mathrm{C}_p^k a^{p-k} b^k = 0, k=1,2,\cdots,p-1$. 故 $(a+b)^p = a^p + b^p$. 于是 $(a-b)^p = (a+(-b))^p = a^p + (-b)^p = a^p + (-1)^p b^p$. 又当 $p \neq 2$ 时, p 为奇数, 而当 $p=2$ 时, 由 $2b^p = 0$ 推出 $b^p = -b^p$. 故 $(a-b)^p = a^p - b^p$.

推论2.1.13 设 R 为无零因子的交换环, 其特征为 p, p 为素数, 则对任何 $a, b \in R$ 及自然数 n, 有

$$(a+b)^{p^n} = a^{p^n} + b^{p^n}, \quad (a-b)^{p^n} = a^{p^n} - b^{p^n}.$$

习 题 2.1

1. 判断下列集合在指定的加法和乘法运算下是否构成环:

(1) $R = \{a + b\sqrt{m} | a, b \in \mathbb{Q}\}$, 其中 m 为整数, 运算为数的普通加法与乘法;

(2) $R = \mathbb{Z}$, 加法为

$$a \oplus b = a + b - 1, \quad a, b \in R,$$

乘法为

$$a \otimes b = a + b - ab, \quad a, b \in R;$$

(3) $R = \mathbb{Z} \times \mathbb{Z}$, 加法与乘法定义为

$$(a,b) + (c,d) = (a+c, b+d),$$
$$(a,b)(c,d) = (ac, bd), \quad \forall (a,b), (c,d) \in \mathbb{Z} \times \mathbb{Z};$$

(4) $\{R;+\}$ 为交换群, 乘法定义为 $ab=0, \forall a,b\in R$;

(5) $\mathbb{P}$ 为数域, $R=\{A\in\mathbb{P}^{n\times n}|A=-A'\}$, 运算为矩阵的普通加法与乘法;

(6) $R=\left\{\begin{pmatrix} a & b \\ 0 & 0 \end{pmatrix}\middle| a,b\in\mathbb{R}\right\}$, 运算为矩阵的普通加法与乘法.

2. 设 R 为环, 且 $|R|$ 为素数, 证明 R 是交换环.

3. 设集合 $R=\{a,b,c\}$, 在 R 上定义加法和乘法, 若加法 "+" 和乘法 "·" 的运算表分别为

+	a	b	c
a	a	b	c
b	b	c	a
c	c	a	b

·	a	b	c
a	a	a	a
b	a	a	a
c	a	b	a

问 R 是否构成环?

4. 试举例说明, 存在幺环 R 及元素 $a\in R$ 使得 a 有无穷多个右逆元.

5. 设 R 为幺环, e 为幺元, $a\in R$. 若 $\exists m\in\mathbb{N}$ 使得 $a^m=0$, 则称 a 为幂零元. 证明: 若 a 为幂零元, 则 $e+a$ 为可逆元.

6. 设 R 为幺环, $a,b\in R$, a 为幂零元且满足 $a+b=ab$. 证明: $ab=ba$.

7. 设 R 为环, $a\in R$, 若 $a\neq 0$ 且 $a^2=a$, 则称 a 为幂等元. 证明:

(1) 若环 R 的所有非零元素都是幂等元, 则 R 必为交换环;

(2) 若 R 为无零因子环, 且存在幂等元, 则 R 只有唯一的幂等元, 且 R 为幺环.

8. 设环 R 中存在唯一的左幺元, 试证明 R 为幺环.

9. 设 R 是无零因子环, e 是 R 的关于乘法的左 (右) 幺元, 证明: e 必是 R 的幺元.

10. 设 R 为幺环, e 为幺元, $u,v\in R$ 满足 $uvu=u, vu^2v=e$, 证明: u,v 为可逆元, 且 $v=u^{-1}$.

11. 设 R 为幺环, e 为幺元, $u,v\in R$ 满足 $uvu=u$, 且 v 是唯一的满足上述条件的元素, 证明 u,v 为可逆元, 且 $v=u^{-1}$.

12. 设 R_1,R_2 为两个环, 在直积集合 $R_1\times R_2$ 中定义加法和乘法为

$$(a_1,b_1)+(a_2,b_2)=(a_1+a_2,b_1+b_2);$$
$$(a_1,b_1)(a_2,b_2)=(a_1a_2,b_1b_2).$$

试证明在上述运算下 $R_1\times R_2$ 成为一个环, 称为环 R_1,R_2 的外直和, 记为 R_1+R_2. 证明: 如果 R_1,R_2 都是幺环, 则 R_1+R_2 也是幺环; 如果 R_1,R_2 是交换环, 则 R_1+R_2 也是交换环. 若 R_1,R_2 都是无零因子环, 那么 R_1+R_2 是否一定是无零因子环?

训练与提高题

13. 设 R 为幺环, e 为幺元, $u,v\in R$ 满足 $u^kvu^l=u^{k+l-1}$, 其中 k,l 为正整数, 且 v 是唯一的满足上述条件的元素, 证明 u,v 为可逆元, 且 $v=u^{-1}$.

14. 设 R 为非空集合, 且在 R 上定义了加法和乘法两种运算, 满足环的定义中除了加法交换性以外的所有条件, 而且乘法没有零因子. 试证明 R 成为环 (亦即加法满足交换性).

15. (华罗庚) 设 R 为幺环, e 为幺元, $a \in R$. 若元素 c 满足 $ca = e$ $(ac = e)$, 则称 c 为 a 的一个右逆元 (左逆元). 若 c 既是 a 的左逆元, 又是 a 的右逆元, 则称 c 为 a 的逆元, 这时称 a 可逆. 证明: 对任何 $a, b \in R$, $e - ab$ 可逆当且仅当 $e - ba$ 可逆.

16. (华罗庚) 设 R 为幺环, e 为幺元, $a, b \in R$. 证明: 若 $a, b, ab - e$ 都可逆, 则 $a - b^{-1}$, $(a - b^{-1})^{-1} - a^{-1}$ 也可逆, 且 $((a - b^{-1})^{-1} - a^{-1})^{-1} = aba - a$.

17. (Kaplansky) 设 R 为幺环. 证明: 若一个元素 a 存在右逆元但不唯一, 则 a 必有无穷多个右逆元.

2.2 理想与商环

本节我们研究环的子体系与商体系. 抽象代数中研究子体系和商体系是一种常用的方法. 一方面, 很多时候我们可以通过子体系与商体系的性质来研究代数体系本身的性质. 另一方面, 子体系与商体系为我们提供了丰富的实例, 可以加深我们对于代数体系的理解. 先给出子环的定义.

定义2.2.1 设 R 为环, R_1 为 R 的非空子集. 若 R_1 对于 R 的加法与乘法也构成环, 则称 R_1 为 R 的**子环**.

注意定义 2.2.1 中, 子环的代数运算就是环 R 本身的运算. 如果一个环 R 的非空子集 S 另外定义两种运算, 与原来的运算不一致, 那么即使 S 称为环, 也不能称为 R 的子环. 读者可以自己举例说明, 这种情形是可能出现的. 显然, 如果 $\mathbb{P}_1, \mathbb{P}_2$ 是两个数域, 且 $\mathbb{P}_1 \subset \mathbb{P}_2$, 则 $\mathbb{P}_1$ 是 $\mathbb{P}_2$ 的子环. 我们给出几个子环的例子.

例2.2.2 容易看出, 对任何自然数 m, 整数环 $\mathbb{Z}$ 的子集 $m\mathbb{Z} = \{mn \mid n \in \mathbb{Z}\}$ 是 $\mathbb{Z}$ 的子环. 读者可以证明, 整数环的任何非零子环一定形如 $m\mathbb{Z}$.

例2.2.3 设 $\mathbb{P}$ 为数域, 考虑方阵环 $\mathbb{P}^{n \times n}$ 中所有元素为整数的矩阵组成的集合 $\mathbb{Z}^{n \times n}$, 则容易验证 $\mathbb{Z}^{n \times n}$ 是 $\mathbb{P}^{n \times n}$ 的一个子环. 以后我们将对任何环 R 定义其矩阵环 $R^{n \times n}$, 这个例子只是一个特例.

例2.2.4 在例 2.1.5 中, $C^{\infty}(\mathbb{R}^n)$ 是 $C(\mathbb{R}^n)$ 的子环.

下面的命题给出了判断一个环的子集为子环的条件.

命题2.2.5 设 R 为环, R_1 为 R 的非空子集, 则 R_1 为 R 的子环的充分必要条件是对任何 $a, b \in R_1$, 有 $a - b \in R_1, ab \in R_1$.

证 "必要性" 设 R_1 是 R 的子环, 且 $a, b \in R_1$, 则因 R_1 对于 R 的加法成为加法群 R 的子群, 故 $a - b \in R_1$. 又 R_1 对于 R 的乘法成为半群, 特别对于 R 的乘法封闭, 故 $ab \in R_1$.

"充分性" 若 $a - b \in R_1$, $\forall a, b \in R_1$, 则 R_1 是 R 作为加法群的子群, 因而是

加法群. 又 $ab \in R_1$, $\forall a, b \in R_1$, 故 R_1 对于 R 的乘法封闭. 由于 R 对于乘法满足结合律, 故 R_1 对于乘法也满足结合律, 从而 R_1 对于乘法构成半群. 注意到 R 满足乘法对于加法的分配律, 于是 R_1 也满足乘法对于加法的分配律. 故 R_1 在 R 的加法和乘法下构成环, 从而是 R 的子环.

下面我们来研究商环. 给定环 R 的一个子环 R_1, 因 R 对于加法成为交换群, $\{R_1; +\}$ 是 $\{R; +\}$ 的正规子群, 故 R 对于 R_1 有左商集 R/R_1, 而且 R/R_1 在 R 的加法诱导的运算下成为交换群. 如果要定义 R/R_1 上环的结构, 就要在 R/R_1 上定义乘法. 一个最自然的想法是在 R/R_1 上定义

$$(a + R_1)(b + R_1) = ab + R_1, \quad a, b \in R. \tag{2.1}$$

不过这样的定义未必是合理的.

思考题2.2.6 *举例说明存在一个环 R 及其子环 R_1, 以及 $a, b, a', b' \in R$, 使得在商群上 R/R_1 上 $a + R_1 = a' + R_1$, $b + R_1 = b' + R_1$, 但是 $ab + R_1 \neq a'b' + R_1$.*

我们知道, 造成 (2.1) 定义的运算不合理的原因是子环的条件无法保证左商集对应的等价关系对于 R 的乘法是同余关系. 现在我们分析一下使得该关系是同余关系的条件. 定义左商集 R/R_1 的等价关系是 $a \sim b$ 当且仅当 $a - b \in R_1$. 因此要使 (2.1) 定义合理, 就应该满足条件 "$a_1 \sim a_2$, $b_1 \sim b_2 \Rightarrow a_1b_1 \sim a_2b_2$", 这等价于

$$a_1 - a_2 \in R_1, b_1 - b_2 \in R_1 \Rightarrow a_1b_1 - a_2b_2 \in R_1.$$

注意到

$$a_1b_1 - a_2b_2 = a_1b_1 - a_1b_2 + a_1b_2 - a_2b_2 = a_1(b_1 - b_2) + (a_1 - a_2)b_2.$$

上式中, $a_1 - a_2 \in R_1$, $b_1 - b_2 \in R_1$, 而 a_1 和 b_2 都可以任意, 因此要使 (2.1) 定义合理, R_1 应该满足的条件是 $ax \in R_1, ya \in R_1, \forall\, x, y \in R, a \in R_1$. 由此我们导出下面的定义.

定义2.2.7 *设 R 为环, I 为 R 的子环, 如果 I 满足条件 "$a \in I, x \in R \Rightarrow xa \in I$", 则称 I 为 R 的***左理想***; 如果 I 满足条件 "$a \in I, y \in R \Rightarrow ay \in I$", 则称 I 为 R 的***右理想***. 若一个子环既是左理想, 又是右理想, 则称为***双边理想***.*

一般文献中, 理想一词指的是双边理想, 因此除非特别声明, 本书此后的所有理想都是指双边理想. 此外, 对于任何环 R, $\{0\}$ 和 R 本身一定是 R 的双边理想. 这两个理想称为**平凡理想**.

思考题2.2.8 *试举例说明, 存在环 R 的子环 I, 使 I 是左理想而不是右理想; 同样, 存在环 R 的子环 I, 使 I 是右理想而不是左理想.*

我们给出几个理想的例子.

例2.2.9 前面我们知道, 整数环 $\mathbb{Z}$ 的任一子环必形如 $m\mathbb{Z}, m \geqslant 0$. 容易用理想的定义验证 $m\mathbb{Z}$ 是 $\mathbb{Z}$ 的双边理想, 因此 $m\mathbb{Z}, m \geqslant 0$ 也是 $\mathbb{Z}$ 所有的理想.

例2.2.10 在例 2.2.4 中, 考虑 $C(\mathbb{R})$. 取定 $x_0 \in \mathbb{R}$, 定义

$$Z_{x_0}(\mathbb{R}) = \{f \in C(\mathbb{R}) \mid f(x_0) = 0\},$$

则 $Z_{x_0}(\mathbb{R})$ 是 $C(\mathbb{R})$ 的双边理想.

函数环的另一个理想在微分几何中有重要作用. 设 x 为 $\mathbb{R}^n$ 中的一点, 在 $C^\infty(\mathbb{R}^n)$ 中我们定义

$$O_x = \{f \in C^\infty(\mathbb{R}^n) \mid \text{存在}\, x\, \text{的一个邻域}\, U,\, \text{使得}\, f(y) = 0,\ \forall y \in U\}.$$

则容易验证 O_x 是 $C^\infty(\mathbb{R}^n)$ 的一个理想.

结合命题 2.2.5 与理想的定义容易得到下面的命题.

命题2.2.11 设 R 为环, I 为 R 的非空子集, 则 I 为 R 的理想的充分必要条件是 $a - b \in I,\ ax, ya \in I,\ \forall a, b \in I, x, y \in R$.

思考题2.2.12 由子环的条件容易看出, 一个环的子环的子环还是子环, 那么一个环的理想的理想一定是理想吗? 准确地说, 如果 I_1 是环 R 的理想, I_2 是 I_1 的理想, 那么 I_2 是否一定是 R 的理想?

现在我们介绍一下构造理想的方法. 容易证明一个环的任意多个理想之交仍为理想. 现在设 S 为环 R 的非空子集, 则 R 中所有包含 S 的理想 (这样的理想是存在的, 例如 R 本身就是一个) 之交仍为 R 的理想, 称为由 S **生成的理想**, 记为 $\langle S\rangle$. 我们断言 $\langle S\rangle$ 是 R 中包含集合 S 的最小理想. 事实上, 由上面的定义, $\langle S\rangle$ 是理想, 且包含 S. 另一方面, 因为 $\langle S\rangle$ 是所有包含 S 的理想之交, 因此任何包含 S 的理想一定包含 $\langle S\rangle$, 因此 $\langle S\rangle$ 是最小的.

例2.2.13 设 R 为交换幺环. 我们证明

$$\langle S\rangle = \left\{ \sum_{i=1}^{n} x_i a_i \,\middle|\, n \in \mathbb{N}, x_i \in R, a_i \in S, i = 1, 2, \cdots, n \right\}.$$

事实上, 将上式右边的集合记为 I. 则对任何 $a \in S$, $a = 1 \cdot a \in I$ (1 为 R 的幺元), 故 $S \subseteq I$. 又由命题 2.2.11 容易看出 I 是 R 的理想. 另一方面, 若 I_1 为 R 的一个理想且包含 S, 则对任何 $x_i \in R$, 以及 $a_i \in S, 1 \leqslant i \leqslant n$, 有 $x_i a_i \in I_1$, 故 $\sum x_i a_i \in I_1$. 故 $I \subseteq I_1$, 这说明 I 是包含 S 的最小理想, 因此 $I = \langle S\rangle$.

定义2.2.14 设 I 为环 R 的理想, 如果存在 $a \in I$ 使得 $I = \langle a\rangle$, 则称 I 为**主理想**, 而 a 称为 I 的一个**生成元**.

例2.2.15 若 R 为幺环, 则

$$\langle a\rangle = \left\{ \sum_{i=1}^{m} x_i a y_i \,\middle|\, x_i, y_i \in R, i = 1, 2, \cdots, m,\ m \geqslant 1 \right\};$$

若 R 为交换环, 则

$$\langle a\rangle=\{ra+na|r\in R,n\in\mathbb{Z}\};$$

若 R 为交换幺环, 则

$$\langle a\rangle=\{ra|r\in R\}.$$

现在我们可以定义商环了. 前面我们看到, 要定义商环, 必须在环对于理想的加法商群上来进行.

定理2.2.16　设 R 是一个环, I 是 R 的理想. 考虑加法群 $\{R;+\}$ 对于子群 I 的商群 R/I, 将 $a\in R$ 所在的等价类记为 $a+I$. 在 R/I 上定义乘法如下:

$$(a+I)(b+I)=ab+I. \tag{2.2}$$

则集合 R/I 对于商群的加法以及上述乘法运算构成一个环, 称为 R 对于理想 I 的**商环**.

证　前面我们知道 R/I 对于商群的加法构成一个交换群. 又由定义 2.2.7 前面的分析知道, 如果 I 是理想, 则定义商集合 R/I 的等价关系对于 R 的乘法是同余关系, 因此运算 (2.2) 是合理的. 又由于 R 满足结合律, R/I 的乘法也满足结合律. 最后, 对任何 $a,b,c\in R$ 有

$$\begin{aligned}((a+I)+(b+I))(c+I)&=((a+b)+I)(c+I)=(a+b)c+I\\&=(ac+bc)+I=(ac+I)+(bc+I)\\&=(a+I)(c+I)+(b+I)(c+I).\end{aligned}$$

类似可证

$$(a+I)((b+I)+(c+I))=(a+I)(b+I)+(a+I)(c+I).$$

即分配律成立. 因此 R/I 是环. □

由商环的定义容易看出, 如果 R 是交换环, 则 R/I 也是交换环; 如果 R 是幺环, 且 1 是 R 的单位元, 则 R/I 也是幺环, 且 $1+I$ 是 R/I 的单位元. 下面我们给出几个商环的例子.

例2.2.17　考虑整环 $\mathbb{Z}$. 前面我们已经证明, $\mathbb{Z}$ 的所有理想必形如 $m\mathbb{Z}$, 其中 $m\geqslant 0$. 于是我们可以得到一系列商环 $\mathbb{Z}_m=\mathbb{Z}/m\mathbb{Z}$. 当 $m>0$ 时, 称 $\mathbb{Z}_m$ 为整数环 $\mathbb{Z}$ 模 m 的剩余类环.

例2.2.18　在例 2.2.10 中, $C^\infty(\mathbb{R}^n)$ 对于 O_x 的商环, 记为 $\mathcal{F}_x(\mathbb{R}^n)$. 这一商环 (或者其局部化) 在微分几何中有非常重要的意义. 由定义我们看出两个函数 $f,g\in C^\infty(\mathbb{R}^n)$ 在商环 $\mathcal{F}_x(\mathbb{R}^n)$ 中属于同一等价类当且仅当存在 x 的一个邻域 U

使得 $f(y)=g(y), \forall y\in U$. 函数 f 的等价类 $[f]$ 称为 f 的函数芽. 利用函数芽可以定义微分形式和切向量等概念, 这是微分几何研究的基本概念.

现在我们给出若干特殊环的定义.

定义2.2.19 设 R 为幺环, 将 $R^*=R/\{0\}$ 中可逆元素组成的集合记为 U, 则 U 构成一个群, 称为 R 的**单位群**, U 中的元素称为 R 中的**单位**.

上述定义中, U 构成一个群这一结论的证明留给读者作为练习. 另外请注意单位和单位元这两个概念的区别.

定义2.2.20 无零因子的交换幺环称为**整环**; 若一个幺环 R 满足条件 $R^*=U$, 即 R^* 对于乘法构成群, 则称 R 为**除环**; 交换的除环称为**域**.

显然任何数域都是域. 下面我们给出一个不是数域的域的例子.

例2.2.21 在例 2.2.17 中我们考虑 $m=p$ 是素数的情形. 我们知道

$$\mathbb{Z}_p=\{\bar{0},\bar{1},\bar{2},\cdots,\overline{p-1}\}.$$

现在我们证明 $\mathbb{Z}_p$ 是一个域. 显然 $\mathbb{Z}_p$ 是交换幺环. 由素数的性质, 对任何 $a\in\mathbb{N}, a<p$, 存在整数 u,v 使得 $ua+vp=1$. 这说明在商环中有

$$\overline{ua+vp}=\bar{u}\bar{a}+\bar{v}\bar{p}=\bar{u}\bar{a}+\bar{0}=\bar{u}\bar{a}=\bar{1}.$$

因此 $\bar{u}$ 是 $\bar{a}$ 对于乘法的逆. 故 $\mathbb{Z}_p$ 是一个交换的除环, 即为一个域. 注意 $\mathbb{Z}_p$ 是有限集合, 因此不是数域.

上面我们给出了几个域的例子. 一个自然的问题是, 是否存在不交换的除环? 一般文献中, 将不交换的除环称为**体**. 要构造体的例子, 我们第一个想到的自然是在矩阵的集合中来找这样的例子, 因为一般的矩阵都是不交换的. 下一节我们就要来构造一个体的例子, 即四元数体. 四元数体的发现是数学史上的一件大事. 到现在四元数体在微分几何、李群表示理论中仍然起着重要作用.

习 题 2.2

1. 试判断下面的子集 S 是否构成环 R 的子环或理想:

(1) $R=\mathbb{Q}$, $S=\left\{\dfrac{a}{b}\middle|a,b\in\mathbb{Z},2\nmid b\right\}$;

(2) $R=\mathbb{Q}$, $S=\{2^n\cdot m|m,n\in\mathbb{Z}\}$;

(3) $R=\mathbb{R}^{2\times2}$, $S=\left\{\begin{pmatrix}a & b\\ -b & a\end{pmatrix}\middle|a,b\in\mathbb{R}\right\}$;

(4) $R=\mathbb{R}^{2\times2}$, $S=\left\{\begin{pmatrix}a & b\\ 0 & d\end{pmatrix}\middle|a,b,d\in\mathbb{R}\right\}$;

(5) $R=\left\{\begin{pmatrix} a & b \\ 0 & 0 \end{pmatrix} \middle| a,b\in\mathbb{R}\right\}$, $S=\left\{\begin{pmatrix} a & 0 \\ 0 & 0 \end{pmatrix} \middle| a\in\mathbb{R}\right\}$;

(6) $R=\mathbb{Z}_m$, $S=\left\{a+m\mathbb{Z}\in\mathbb{Z}_m \middle| a=0,\frac{m}{k},2\frac{m}{k},\cdots,(k-1)\frac{m}{k}\right\}$, 其中 $m\in\mathbb{N}$, k 为 m 的一个正整数因子.

2. 设 R 为环, $a\in R$, 证明由 a 生成的主理想等于

$$\left\{\sum_{i=1}^{m} x_i a y_i + ra + as + na \middle| r,s\in R, x_i,y_i\in R, 1\leqslant i\leqslant m, n\in\mathbb{Z}\right\}.$$

3. 设 R 为无零因子环, I 为 R 的理想, 问商环 R/I 是否一定是无零因子环?

4. 设 R 为整环, I,J 为 R 的非零理想, 试证明 $I\cap J\neq\{0\}$.

5. 证明有限整环一定是域.

6. 设 R 为无零因子环, 且只有有限个理想 (包括左理想、右理想和双边理想). 证明 R 是除环.

7. 试决定下列环的单位群:

(1) Gauss 整数环 $\mathbb{Z}[\sqrt{-1}]$; (2) 商环 $\mathbb{Z}_7$;

(3) 商环 $\mathbb{Z}_{24}$; (4) 商环 $\mathbb{Z}_m$, $m\in\mathbb{N}$.

8. 设 $\mathbb{P}$ 为数域. 证明: 环 $\mathbb{P}^{n\times n}$(普通加法与乘法) 没有非平凡理想.

9. 设 R 为无零因子环, 且 $|R|<\infty$. 证明 R 为除环.

10. 设 R 为幺环, e 为幺元, I 为 R 的理想, U 为 R 的单位群. 定义

$$U_I=\{a\in U\,|\,a-e\in I\}.$$

试证明 U_I 为 U 的正规子群.

训练与提高题

11. 设 R 是交换环, I 是 R 的理想, 定义

$$\sqrt{I}=\{a\in R\,|\,\exists n\in\mathbb{N}, a^n\in I\}.$$

试证明 $\sqrt{I}$ 也是 R 的理想, 称为理想 I 的根基. 特别地, R 中所有幂零元组成的集合 (即理想 $\{0\}$ 的根基) 构成 R 的理想, 称为 R 的幂零根基, 记为 $\operatorname{Rad}R$. 证明对任何 R 的理想 I, $\sqrt{\sqrt{I}}=\sqrt{I}$.

12. 设 R 为交换环, $\operatorname{Rad}R$ 为 R 的幂零根基. 证明: 商环 $R/\operatorname{Rad}R$ 的幂零根基为零, 从而 $R/\operatorname{Rad}R$ 中没有非零的幂零元.

13. 设 R 为交换环, 定义 R 上的运算 $\circ$ 为

$$a\circ b=a+b-ab.$$

(1) 证明 $\circ$ 满足结合律, 而且 $0\circ a=a, \forall a\in R$;

(2) 证明 R 为域当且仅当 $\{R-\{e\};\circ\}$ 为交换群, 其中 e 为 R 的幺元.

14. (Kaplansky) 设 R 为环, R 中一个元素 a 称为右拟正则元, 如果存在 $b \in R$ 使得 $a+b-ab=0$. 试证明: 如果环 R 中有一个元素不是右拟正则元, 而其他元素全是右拟正则元, 则 R 是除环.

2.3 四元数体

本节我们构造一个体的例子, 即四元数体. 四元数体是由英国著名数学家 Hamilton 发现的, 这一发现是数学史上的一件划时代的大事. Hamilton 最初的想法是要推广数的概念. 大家知道, 复数的引入使得数学的发展起了革命性的变化, 因此考虑是否存在其他形式的 "数" 就成为一个自然的问题. 如果我们将实数看成 "一元数", 则复数可以看成 "二元数", 因为每个复数都可以表示成一对实数. Hamilton 开始试着去构造 "三元数", 经过多年的努力, 没有获得成功. 最后他于 1843 年成功地定义了四元数的概念. 四元数具有数的除了交换性以外的所有性质. 四元数体在代数学、李群表示理论和微分几何中都是非常重要的.

现在我们就来定义四元数体. 回忆一下, 每个复数 $a+b\sqrt{-1}$ 都可以看成一个实数对 (a,b). 而将复数看成实数对后, 加法和乘法可以表示为

$$(a_1,b_1)+(a_2,b_2)=(a_1+a_2,b_1+b_2);$$
$$(a_1,b_1)(a_2,b_2)=(a_1a_2-b_1b_2,a_1b_2+a_2b_1).$$

按照这个思路, 我们可以将每个四元数可以看成一个实数四元组, 然后再定义合理的加法和乘法. 不过这种做法似乎不够自然. 下面我们将上面关于复数的定义换成矩阵的语言, 就可以更加自然地定义四元数的概念. 首先注意, 如果将复数 $a+b\sqrt{-1}$ 写成一个矩阵

$$\begin{pmatrix} a & b \\ -b & a \end{pmatrix},$$

则所有复数的集合对应于 $\mathbb{R}^{2\times 2}$ 的一个子集

$$\left\{ \begin{pmatrix} a & b \\ -b & a \end{pmatrix} \middle| a,b\in\mathbb{R} \right\},$$

而且复数的加法和乘法恰好对应矩阵的加法和乘法. 按照这个思路, 我们考虑 $\mathbb{C}^{2\times 2}$ 中的子集

$$\mathbb{H}=\left\{ \begin{pmatrix} \alpha & \beta \\ -\bar{\beta} & \bar{\alpha} \end{pmatrix} \middle| \alpha,\beta\in\mathbb{C} \right\}.$$

则 $\mathbb{H}$ 在矩阵的加法 (减法) 和乘法下是封闭的, 因此它构成 $\mathbb{C}^{2\times 2}$ 的一个子环. 现在我们来看看 $\mathbb{H}$ 的性质. 容易看出:

(1) $\mathbb{H}$ 包含了 $\mathbb{C}^{2\times 2}$ 中的幺元 $\begin{pmatrix} 1 & 0 \\ 0 & 1 \end{pmatrix}$, 因此是幺环;

(2) 令

$$\boldsymbol{i} = \begin{pmatrix} \sqrt{-1} & 0 \\ 0 & -\sqrt{-1} \end{pmatrix}, \quad \boldsymbol{j} = \begin{pmatrix} 0 & 1 \\ -1 & 0 \end{pmatrix},$$
$$\boldsymbol{k} = \begin{pmatrix} 0 & \sqrt{-1} \\ \sqrt{-1} & 0 \end{pmatrix},$$

则有 ①

$$\boldsymbol{jk} = \boldsymbol{i}, \quad \boldsymbol{kj} = -\boldsymbol{i}.$$

因此 $\mathbb{H}$ 不是交换环.

(3) 如果

$$A = \begin{pmatrix} \alpha & \beta \\ -\bar{\beta} & \bar{\alpha} \end{pmatrix} \neq 0,$$

则 A 可逆, 而且

$$A^{-1} = \frac{1}{|\alpha|^2 + |\beta|^2} \begin{pmatrix} \bar{\alpha} & -\beta \\ \bar{\beta} & \alpha \end{pmatrix}.$$

总结上面的结论我们可以看出, $\mathbb{H}$ 是非交换的除环, 这就是著名的**四元数体**.

现在让我们回到前面的话题, 即如何将一个四元数写成四元实数组, 并且这些四元实数组如何运算. 利用前面我们定义的特殊元素 $\boldsymbol{i}, \boldsymbol{j}, \boldsymbol{k}$, 容易看出, 对于 $\alpha = a + b\sqrt{-1}$, $\beta = c + d\sqrt{-1}$, 其中 $a, b, c, d \in \mathbb{R}$, 有

$$\begin{pmatrix} \alpha & \beta \\ -\bar{\beta} & \bar{\alpha} \end{pmatrix} = \begin{pmatrix} a + b\sqrt{-1} & c + d\sqrt{-1} \\ -c + d\sqrt{-1} & a - b\sqrt{-1} \end{pmatrix} = a\mathbf{1} + b\boldsymbol{i} + c\boldsymbol{j} + d\boldsymbol{k},$$

其中 $\mathbf{1}$ 是单位矩阵. 这样我们就将四元数看成四元实数组了, 而四元实数组的加法就是对应的分量相加. 对于乘法, $\mathbf{1}$ 是幺元, 而 $\boldsymbol{i}, \boldsymbol{j}, \boldsymbol{k}$ 满足

$$\boldsymbol{i}^2 = \boldsymbol{j}^2 = \boldsymbol{k}^2 = -\mathbf{1},$$

而且

$$\boldsymbol{ij} = -\boldsymbol{ji} = \boldsymbol{k}, \quad \boldsymbol{jk} = -\boldsymbol{kj} = \boldsymbol{i}, \quad \boldsymbol{ki} = -\boldsymbol{ik} = \boldsymbol{j}.$$

将上述公式线性扩充到任何两个四元实数组, 就得到了乘法规则.

类似于复数可以写成实数对, 四元数当然可以写成复数对. 事实上, 对任何实数 a, b, c, d, 有

$$a\mathbf{1} + b\boldsymbol{i} + c\boldsymbol{j} + d\boldsymbol{k} = (a + b\boldsymbol{i}) + (c + d\boldsymbol{i})\boldsymbol{j}.$$

①这里的, i, j, k 虽是矩阵, 但为四元数中的虚根, 用黑体表示, 其余用白斜体表示.

这样, 四元数 $a\mathbf{1}+b\boldsymbol{i}+c\boldsymbol{j}+d\boldsymbol{k}$ 就对应到复数对 $(a+b\sqrt{-1},c+d\sqrt{-1})$. 读者可以自己写出对应的复数对的加法和乘法.

我们注意到, 无论是复数域还是四元数体, 都可以看成实数域上的线性空间. 在这样的线性空间中, 任何两个元素都可以相乘, 且乘法对于每一个因子来说, 都是线性的. 更为重要的是, 乘法满足结合律, 而且每个非零元素都是可逆的. 满足上述这些条件的实线性空间称为实数域上的**可除代数**. 数学中一个著名的结论是, 实数域上的可除代数只有 $\mathbb{R}$, $\mathbb{C}$, $\mathbb{H}$ 三种. 当然, 如果不要求结合律成立, 则还有一个著名的例子: “八元数” 的集合 $\mathbb{O}$. 八元数在例外单李群和微分几何的研究中非常有用, 有兴趣的读者可以参看文献 [8].

习　题　2.3

1. 设 R 为环, 定义 $C(R)=\{a\in R\,|\,ab=ba,\forall b\in R\}$. 证明 $C(R)$ 是 R 的子环, 称为 R 的中心. 试举例说明 $C(R)$ 不一定是 R 的理想.

2. 试证明任何除环的中心都是域, 并求出四元数体 $\mathbb{H}$ 的中心 $C(\mathbb{H})$.

3. 与复数域上有共轭复数的概念类似, 在四元数体中也有共轭的概念. 设 $x=a\mathbf{1}+b\boldsymbol{i}+c\boldsymbol{j}+d\boldsymbol{k}\in\mathbb{H}$, 定义 x 的共轭为 $\bar{x}=a\mathbf{1}-b\boldsymbol{i}-c\boldsymbol{j}-d\boldsymbol{k}$. 证明: 对任何实数 a,b 及 $x,y\in\mathbb{H}$, $\overline{ax+by}=a\bar{x}+b\bar{y}$, $\overline{xy}=\bar{y}\bar{x}$, $\bar{\bar{x}}=x$. 试写出共轭在四元数用矩阵表示时的公式.

4. 在四元数体 $\mathbb{H}$ 中定义一个元素 $x\in\mathbb{H}$ 的范数为 $N(x)=x\bar{x}$. 试证明:

(1) 对任何 $x\in\mathbb{H}$, $N(x)\geqslant 0$, 且 $N(x)=0$ 当且仅当 $x=0$;

(2) 对任何 $x,y\in\mathbb{H}$, $\sqrt{N(x+y)}\leqslant\sqrt{N(x)}+\sqrt{N(y)}$, 且等号成立当且仅当 x,y 实线性相关;

(3) $N(ax)=a^2N(x)$;

(4) $N(\bar{x})=N(x)$;

(5) $N(xy)=N(x)N(y)$.

5. 在四元数体 $\mathbb{H}$ 中定义一个元素 $x=a\mathbf{1}+b\boldsymbol{i}+c\boldsymbol{j}+d\boldsymbol{k}$ 的迹为 $T(x)=2a$, 试证明任何 $x\in\mathbb{H}$ 都满足方程 $x^2-T(x)x+N(x)=0$.

6. 设 S 为 $\mathbb{H}$ 的一个子环, 且 S 为除环 (即 S 为 $\mathbb{H}$ 的子除环). 试证明: 若 S 满足条件 $yxy^{-1}\in S,\forall x\in S,y\in\mathbb{H},y\neq 0$, 则必有 $S=\mathbb{H}$ 或 $S\subset C(\mathbb{H})$.

7. 试证明 $\mathbb{H}$ 中的子集 $\mathrm{Sp}(1)=\{x\in\mathbb{H}\,|\,N(x)=1\}$ 在四元数的乘法下构成一个群 (从而 4 维欧几里得空间的单位球面具有群的结构).

8. 试证明 $\mathrm{Sp}(1)$ 与下面的矩阵群同构:

$$\mathrm{SU}(2)=\{A\in\mathrm{SL}(2,\mathbb{C})\,|\,A\bar{A}'=I_2\},$$

其中 I_2 为 2 阶单位矩阵.

训练与提高题

9. 试证明实数域上不存在 3 维线性空间 V, 在 V 上可以定义乘法, 使得 V 成为可除代数.

10. 设 D 为除环, $C(D)$ 为 D 的中心.

(1) (华罗庚) 若 $a,b\in D$ 且 $ab\neq ba$, 则有

$$a=(b^{-1}-(a-1)^{-1}b^{-1}(a-1))\left(a^{-1}b^{-1}a-(a-1)^{-1}b^{-1}(a-1)\right)^{-1};$$

(2) (华罗庚) 设 $c\in D-C(D)$, 令 $L=\{dcd^{-1}|d\in D,d\neq 0\}$, 且 D_1 为 D 中包含 L 的最小子除环. 证明: 对任何 $a\in D-D_1$, $b\in D_1$ 有 $ab=ba$;

(3) (Cartan-Brauer-华罗庚) 一个 D 的子环 $S\subset D$ 称为正规的, 若 $yxy^{-1}\in S$, $\forall x\in S$, $y\in D, y\neq 0$. 证明: 若 S 是正规子除环, 则 $S=D$ 或 $S\subset C(D)$.

2.4 环的同态

本节我们研究环的同态的性质. 研究环的一个重要目标是将环在同构意义下进行分类. 当然, 如果不加任何限制条件, 这一问题是不可能完全解决的. 因此我们经常要研究一些特殊的环, 如后面要接触的主理想整环和欧几里得环等. 环的同态与群同态的定义类似, 就是两个环之间的保持环的运算的映射.

定义2.4.1 设 R_1, R_2 为两个环, f 为 R_1 到 R_2 的一个映射. 如果对任何 $a,b\in R_1$, $f(a+b)=f(a)+f(b)$, $f(ab)=f(a)f(b)$, 则称 f 为一个**同态**; 若同态 f 是单射, 则称 f 为**单同态**; 若同态 f 是满射, 则称 f 为**满同态**; 若 f 为同态且是双射, 则称 f 为**同构**, 这时也称环 R_1 与 R_2 **同构**, 记为 $R_1\simeq R_2$.

我们注意到, 环同态 f 是加法群 R_1 到 R_2 的群同态, 因此有 $f(0)=0$, $f(-a)=-f(a)$, $\forall a\in R_1$. 下面我们给出几个同态的实例. 首先, 作为一个平凡的例子, 对任何两个环 R_1, R_2, 定义 R_1 到 R_2 的映射 f 使得对任何 $a\in R_1$, $f(a)=0$, 则 f 是一个同态, 称为**零同态**.

例2.4.2 设 V 为数域 $\mathbb{P}$ 上的 n 维线性空间, $\mathrm{End}\,V$ 为 V 上所有线性变换的集合. 容易验证 $\mathrm{End}\,V$ 对于线性变换的加法和乘法构成一个环. 下面我们构造此环到我们熟悉的矩阵环的一个同构. 取定 V 的一组基 $\{\varepsilon_1,\varepsilon_2,\cdots,\varepsilon_n\}$. 定义 $\mathrm{End}\,V$ 到 $\mathbb{P}^{n\times n}$ 的映射:

$$\phi(\mathcal{A})=M(\mathcal{A};\varepsilon_1,\varepsilon_2,\cdots,\varepsilon_n),\quad \mathcal{A}\in\mathrm{End}\,V.$$

其中 $M(\mathcal{A};\varepsilon_1,\varepsilon_2,\cdots,\varepsilon_n)$ 为 $\mathcal{A}$ 在基 $\{\varepsilon_1,\varepsilon_2,\cdots,\varepsilon_n\}$ 下的矩阵. 则由高等代数中学过的知识可知 ϕ 为一个环同构.

例2.4.3 设 I 是环 R 的理想, 则 R 到 R/I 的自然映射

$$\pi : R \to R/I, \quad \pi(a) = a + I$$

为一个满同态, 称为自然同态.

例2.4.4 考虑例 2.1.5 中的环 $C^\infty(\mathbb{R}^n)$. 给定 $\mathbb{R}^n$ 中的一个点 x_0, 定义

$$\varphi : C^\infty(\mathbb{R}^n) \to \mathbb{R}, \quad \varphi(f) = f(x_0).$$

则 φ 是环 $C^\infty(\mathbb{R}^n)$ 到实数域的环同态.

由环同态的定义容易看出, 如果 f 为环 R_1 到 R_2 的同态, g 是环 R_2 到 R_3 的同态, 则 gf 为 R_1 到 R_3 的同态. 若 f,g 都是单同态, 则 gf 是单同态; 若 f,g 都是满同态, 则 gf 是满同态; 若 f,g 都是同构, 则 gf 也是同构. 当 f 为同构时, f^{-1} 为 R_2 到 R_1 的同构. 这些结论的证明留给读者作为练习. 下面我们来研究环同态的基本性质.

首先, 对任何环同态 $f : R_1 \to R_2$, 定义 $\operatorname{Ker} f = f^{-1}(0) = \{a \in R_1 | f(a) = 0\}$, 称为同态 f 的核. 我们断定 $\operatorname{Ker} f$ 为 R_1 的理想. 事实上, 由于 $f(0) = 0$, 故 $\operatorname{Ker} f \neq \varnothing$. 又 $\forall a, b \in \operatorname{Ker} f$, 有 $f(a-b) = f(a) - f(b) = 0 - 0 = 0$, 故 $a - b \in \operatorname{Ker} f$; 最后, $\forall x \in R_1, a \in \operatorname{Ker} f$, 有 $f(ax) = f(a)f(x) = 0$, $f(xa) = f(x)f(a) = 0$, 故 $ax, xa \in \operatorname{Ker} f$. 据命题 2.2.5, $\operatorname{Ker} f$ 是 R_1 的理想.

现在我们来证明**环的同态基本定理**.

定理2.4.5 设 f 是环 R_1 到环 R_2 的满同态, 记 $K = \operatorname{Ker} f$. 则我们有下列结论:

(1) 设 π 为 R_1 到 R_1/K 的自然同态, 则存在商环 R_1/K 到 R_2 的同构 $\bar{f}$, 使得 $f = \bar{f} \circ \pi$, 即有交换图

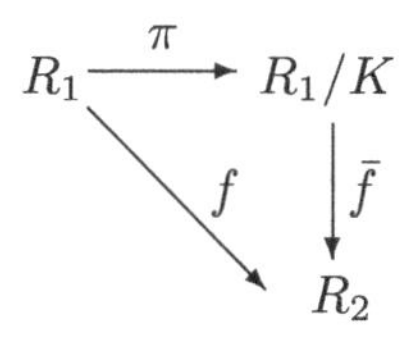

(2) f 建立了 R_1 中包含 K 的子环与 R_2 的子环之间的一一对应, 且将理想对应到理想;

(3) 如果 I 是 R_1 的理想, 且包含 K, 则有 $R_1/I \simeq R_2/f(I)$.

证 (1) 首先, f 作为环同态, 一定是加法群 $\{R_1; +\}$ 到 $\{R_2; +\}$ 的群同态; 而 π 作为环 R_1 到 $R_1/\operatorname{Ker} f$ 的自然同态, 一定是加法群 R_1 到其商群 $R_1/\operatorname{Ker} f$ 的自然同态. 由群的同态基本定理我们知道, 存在由加法群 $R_1/\operatorname{Ker} f$ 到 R_2 的群同

构 $\bar{f}$ 使得 $f = \bar{f} \circ \pi$. 我们证明, $\bar{f}$ 一定为环同构. 为此只需证明 $\bar{f}$ 保持乘法. 对任何 $a, b \in R_1$, 有

$$\begin{aligned}\bar{f}((a+K)(b+K)) &= \bar{f}(\pi(a)\pi(b)) = \bar{f}(\pi(ab)) \\ &= \bar{f} \circ \pi(ab) = f(ab) = f(a)f(b) \\ &= \bar{f}(\pi(a))\bar{f}(\pi(b)) = \bar{f}(a+K)\bar{f}(b+K).\end{aligned}$$

这证明 $\bar{f}$ 保持乘法. 故 $\bar{f}$ 为 $R_1/\mathrm{Ker}\, f$ 到 R_2 的环同构, 因而 $R_1/\mathrm{Ker}\, f \simeq R_2$, 且有上述交换图. □

(2) 由群的同态基本定理, f 建立了 R_1 中包含 K 的加法子群到 R_2 的加法子群之间的一一对应, 记为 $\tilde{f}$. 回忆一下, 这一对应是这样定义的: 如果 H 为 $\{R_1;+\}$ 的包含 K 的加法子群, 则 $\tilde{f}(H) = f(H)$ (即 H 在 f 下的像集) 为 $\{R_2;+\}$ 的子群; 反之, 对任何 $\{R_2;+\}$ 的子群 H', $\tilde{f}^{-1}(H') = f^{-1}(H')$ (即 H' 的完全原像) 一定是 $\{R_1;+\}$ 的包含 K 的子群. 现在我们证明下列结论:

(a) 设 H 为 R_1 的子环, 且 $H \supseteq K$, 则 $f(H)$ 为 R_2 的子环. 为此只需证明 $f(H)$ 对乘法封闭. 对任何 $a', b' \in f(H)$, 存在 $a, b \in H$, 使 $f(a) = a', f(b) = b'$, 故 $a'b' = f(a)f(b) = f(ab) \in f(H)$. 从而 $f(H)$ 是 R_2 的子环.

(b) 若 $H' \subseteq R_2$ 是子环, 则 $f^{-1}(H')$ 是 R_1 的包含 K 的子环. 显然 $f^{-1}(H')$ 包含 K, 因此只需证明其为子环. 同前面一样, 我们只需证明 $f^{-1}(H')$ 对乘法封闭. 对任何 $a, b \in f^{-1}(H')$, 有 $f(ab) = f(a)f(b) \in H'$, 故 $ab \in f^{-1}(H')$, 从而 $f^{-1}(H')$ 是 R_1 的子环.

(c) 若 $I \supset K$ 为 R_1 的理想, 则 $f(I)$ 为 R_2 的理想. 由 (a), $f(I)$ 为 R_2 的子环. 又对任何 $a' = f(a) \in f(I)$ 及 $x' \in R_2$, 由 f 为满射, 可取 $x \in R_1$ 使 $f(x) = x'$, 故由 I 为理想得 $a'x' = f(a)f(x) = f(ax) \in f(I), x'a' = f(x)f(a) = f(xa) \in f(I)$. 从而 $f(I)$ 为 R_2 的理想.

(d) 若 I' 为 R_2 的理想, 则 $f^{-1}(I')$ 为包含 K 的理想. 由 (b), $f^{-1}(I')$ 为包含 K 的子环. 又对任何 $a \in f^{-1}(I')$ 及 $x \in R_1$, 由 I' 为理想, 有 $f(ax) = f(a)f(x) \in I'$, $f(xa) = f(x)f(a) \in I'$. 故 $ax, xa \in f^{-1}(I')$. 因此 $f^{-1}(I')$ 为 R_1 的理想.

至此 (2) 得证.

(3) 设 I 是 R_1 的包含 K 的理想. 设 π' 是 R_2 到 $R_2/f(I)$ 的自然同态则 $\pi' \circ f$ 是 R_1 到 $R_2/f(I)$ 的满同态. 我们先证明 $\mathrm{Ker}\,(\pi' \circ f) = I$. 若 $x \in I$, 则 $f(x) \in f(I)$, 从而 $\pi'(f(x)) = 0$, 故 $x \in \mathrm{Ker}\,(\pi' \circ f)$; 另一方面, 若 $x \in \mathrm{Ker}\,(\pi' \circ f)$, 则由 π' 的定义可知 $f(x) \in f(I)$, 故 $x \in f^{-1}(f(I))$. 由 (2), 我们知道, f 建立了 R_1 中包含 K 的理想到 R_2 的理想的一一对应 $\tilde{f}$. 作为双射, 我们有 $\tilde{f}(f^{-1}(f(I))) = f(I) = \tilde{f}(I)$, 因此有 $f^{-1}(f(I)) = I$. 这说明 $\mathrm{Ker}\,(\pi' \circ f) = I$. 再利用 (1), 就得到 $R_1/I \simeq R_2/f(I)$.

推论2.4.6 设 I_1, I_2 均为环 R 的理想, 且 $I_1 \subseteq I_2$, 则有 $R/I_2 \simeq (R/I_1)/(I_2/I_1)$.

证 在定理 2.4.5 中取 $R_1 = R, R_2 = R_1/I_1$, f 为 R_1 到 R_2 的自然同态, 即得证. □

回忆一下, 一个环的任意多个理想之交 (包括无穷多个) 还是该环的一个理想. 现在我们设 I, J 为环 R 的两个理想, 定义

$$I + J = \{a + b \,|\, a \in I, b \in J\}.$$

容易验证, $I + J$ 仍为 R 的理想, 称为 I, J 的和. 类似可以定义 R 的任意有限多个理想的和, 而且有限多个理想的和还是理想.

思考题2.4.7 试举例说明, 一个环的两个理想的并不一定是理想, 并找出其是理想的充分必要条件.

现在我们可以证明如下结论.

推论2.4.8 设 I, J 为环 R 的理想, 则有同构 $(I + J)/I \simeq J/(I \cap J)$.

证 我们利用群的同态基本定理. 定义 $I + J$ 到 $J/(I \cap J)$ 的映射 φ 为

$$\varphi(a + b) = b + I \cap J, \quad a \in I, \quad b \in J.$$

我们先说明 φ 的定义是合理的. 如果 $a_1, a_2 \in I, b_1, b_2 \in J$ 使得 $a_1 + b_1 = a_2 + b_2$, 则有 $b_1 - b_2 = a_2 - a_1 \in I \cap J$, 因此 $b_1 + I \cap J = b_2 + I \cap J$. 这证明了我们的断言. 容易看出

$$\begin{aligned} \operatorname{Ker} \varphi &= \{a + b \in I + J | \varphi(a + b) = 0 + I \cap J\} \\ &= \{a + b \in I + J | b + I \cap J = 0 + I \cap J\} \\ &= \{a + b \in I + J | b \in I \cap J\} = I. \end{aligned}$$

于是由环的同态基本定理, $(I + J)/I \simeq J/(I \cap J)$. □

现在我们介绍与同态紧密相联的几个概念.

定义2.4.9 设 R_1, R_2 为两个环, 一个 R_1 到 R_2 的映射 φ 称为一个**反同态**, 如果

(1) φ 是 $\{R_1; +\}$ 到 $\{R_2; +\}$ 的群同态;

(2) 对任何 $a, b \in R_1$, 有 $\varphi(ab) = \varphi(b)\varphi(a)$.

如果一个反同态是一个同构, 则称其为**反同构**. 如果两个环 R_1, R_2 之间存在一个反同构, 则称 R_1 与 R_2 是反同构的.

例2.4.10 设 $\mathbb{P}$ 为数域, 在环 $\mathbb{P}^{n \times n}$ 中定义映射 φ, $\varphi(A) = A'$, 则 φ 是一个反同构.

例2.4.11　在四元数体 $\mathbb{H}$ 中定义映射 $A: a\mathbf{1}+b\boldsymbol{i}+c\boldsymbol{j}+d\boldsymbol{k} \to a\mathbf{1}-b\boldsymbol{i}-c\boldsymbol{j}-d\boldsymbol{k}$, 则 A 是一个反同构. 请读者利用四元数体的矩阵表达形式来说明 A 的直观意义.

对任何一个环 R, 我们可以定义另一个环 R^{op}, 使得 R 与 R^{op} 反同构. 事实上, 作为集合我们令 $R^{\mathrm{op}} = R$, 而且在 R^{op} 上定义与 R 相同的加法, 而 R^{op} 上的乘法定义为 $a \circ b = ba$, $a, b \in R$, 则容易看出 $R^{\mathrm{op}} = R$ 的恒等映射就是 R 到 R^{op} 的反同构.

现在我们介绍一个介于同态与反同态之间的概念.

定义2.4.12　设 R_1, R_2 为两个环, 一个 R_1 到 R_2 的映射 φ 称为一个**半同态**, 如果

(1) φ 是 $\{R_1;+\}$ 到 $\{R_2;+\}$ 的群同态;

(2) 对任何 $a, b \in R_1$, $\varphi(ab) = \varphi(a)\varphi(b)$ 或 $\varphi(ab) = \varphi(b)\varphi(a)$ 至少有一个成立.

一个非常有趣的问题是, 是否存在真正的半同态? 即是否存在一个半同态 φ, φ 既不是同态, 也不是反同态. 下面的华罗庚定理回答了这一问题.

定理2.4.13　设 φ 为环 R_1 到 R_2 的半同态, 则 φ 或为同态, 或为反同态.

证　我们将利用群论中 "任一群都不能写成两个真子群的并" 这一结论来证明本定理. 设 φ 为环 R_1 到 R_2 的半同态. 对任意固定的 $a \in R_1$, 定义

$$l_a = \{b \in R_1 \mid \varphi(ab) = \varphi(a)\varphi(b)\},$$
$$r_a = \{b \in R_1 \mid \varphi(ab) = \varphi(b)\varphi(a)\}.$$

我们断定 l_a, r_a 都是加法群 $\{R_1;+\}$ 的子群. 只对 l_a 证明, 对 r_a 的证明类似. 因 $0 \in l_a$, 故 l_a 非空. 此外, 若 $b_1, b_2 \in l_a$, 则有

$$\begin{aligned}\varphi(a(b_1 - b_2)) &= \varphi(ab_1 - ab_2) = \varphi(ab_1) - \varphi(ab_2)\\ &= \varphi(a)\varphi(b_1) - \varphi(a)\varphi(b_2)\\ &= \varphi(a)(\varphi(b_1) - \varphi(b_2))\\ &= \varphi(a)\varphi(b_1 - b_2),\end{aligned}$$

因此 $b_1 - b_2 \in l_a$. 这证明了我们的断言. 由条件, 我们有 $l_a \cup r_a = R_1$, 因此 $l_a = R_1$ 或 $r_a = R_1$ 必有一个成立. 现在我们定义

$$R_l = \{a \in R_1 \mid l_a = R_1\}, \quad R_r = \{a \in R_1 \mid r_a = R_1\}.$$

与前面类似可证, R_l, R_r 都是加法群 $\{R_1;+\}$ 的子群. 上面的结论说明 $R_l \cup R_r = R_1$, 因此我们有 $R_l = R_1$ 或 $R_r = R_1$, 即 φ 为同态或反同态. □

注记2.4.14　定理 2.4.13 是 1943 年由华罗庚证明的. 华罗庚利用定理 2.4.13 解决了仿射几何中的一个重要问题. 华罗庚的证明比上述证明要复杂一些, 有兴趣的读者可参看文献 [9].

习 题 2.4

1. 设 φ 为环 R_1 到 R_2 的满同态, 且 R_2 不是零环. 证明:

(1) 若 R_1 为交换环, 则 R_2 也为交换环;

(2) 若 R_1 为幺环, 则 R_2 也为幺环;

(3) 若 R_1 为除环, 则 R_2 也为除环;

(4) 若 R_1 为域, 则 R_2 也为域;

(5) 若 R_1 为整环, 是否 R_2 必为整环? 为什么?

2. 设 φ 为 $\mathbb{Z}[x]$ 到 $\mathbb{R}$ 同态, 定义为 $\varphi(f(x)) = f(1+\sqrt{2})$, 试求出 $\operatorname{Ker}\varphi$.

3. 证明: 环 $\mathbb{Z}_p$, p 为素数, 只有两个自同态, 即零同态和恒等映射. 上述结论对一般的除环正确吗? 说明理由.

4. 设 R 为一个除环, R^* 为其非零元组成的乘法群, 证明: R 作为加法群与乘法群 R^* 不同构.

5. 设 φ 为整数环 $\mathbb{Z}$ 到环 R 的满同态, R_1 为 R 的子环. 试证明 R_1 为 R 的理想.

6. 试求出数域 $\mathbb{Q}[\sqrt{-1}] = \{a + b\sqrt{-1} | a, b \in \mathbb{Q}\}$ 的所有自同构.

7. 试证明实数域的自同构只有恒等同构.

8. 证明: 映射 $\varphi: a + b\sqrt{-1} \mapsto a - b\sqrt{-1}$ 是环 $\mathbb{C}$ 的自同构.

9. 设 R 为特征为 p 的无零因子交换环, 证明由 R 到 R 的映射 $F: a \mapsto a^p$ 是 R 的同态, 称为 Frobenius 同态. 试问 F 是否是单同态, 是否是同构?

10. 设 R 是一个环. 在 $\mathbb{Z} \times R$ 上定义加法与乘法如下:

$$
\begin{aligned}
&(m, a) + (n, b) = (m + n, a + b), \\
&(m, a) \cdot (n, b) = (mn, na + mb + ab), \quad m, n \in \mathbb{Z}, \quad a, b \in R.
\end{aligned}
$$

证明: $\mathbb{Z} \times R$ 是一个幺环, 且 R 与 $\mathbb{Z} \times R$ 的一个理想同构.

11. 设 R 为无零因子环, 含有 p 个元素, p 为素数. 证明: R 为域, 且与 $\mathbb{Z}_p$ 同构.

12. 设 R 为幺环, 证明: R 中包含幺元 e 的最小子环必与 $\mathbb{Z}_m$ $(m > 0)$ 或 $\mathbb{Z}$ 同构.

13. 设 R_1, R_2 为环, 在集合 $R_1 \times R_2$ 上定义加法与乘法如下:

$$
\begin{aligned}
&(a_1, b_1) + (a_2, b_2) = (a_1 + a_2, b_1 + b_2), \\
&(a_1, b_1)(a_2, b_2) = (a_1a_2, b_1b_2), \quad a_1, a_2 \in R_1, \quad b_1, b_2 \in R_2.
\end{aligned}
$$

证明 $R_1 \times R_2$ 在上述运算下构成一个环, 称为 R_1, R_2 的直和 (一般记为 $R_1 \oplus R_2$). 判断下面哪些映射是环同态:

(1) $R_1 \to R_1 \times R_2: a \mapsto (a, 0)$;

(2) $R_1 \to R_1 \times R_1: a \mapsto (a, a)$;

(3) $R_1 \times R_1 \to R_1: (a_1, b_1) \mapsto a_1b_1$;

(4) $R_1 \times R_1 \to R_1 : (a_1, b_1) \mapsto a_1 + b_1$.

14. 设 φ 为幺环 R_1 到幺环 R_2 的满同态, 证明: 若 u 为 R_1 的单位, 则 $\varphi(u)$ 是 R_2 的单位, 试问 $u \mapsto \varphi(u)$ 是 R_1 的单位群到 R_2 的单位群的满同态吗?

15. 设 R 为除环, 证明 R 到任何环的非零同态一定是单同态.

16. 设 R 为交换幺环, 1 为幺元. 定义 R 上两种二元运算 $\oplus$, $\cdot$ 为

$$a \oplus b = a + b + 1; \quad a \cdot b = a + b + ab, \quad a, b \in R.$$

试证明 $\{R; \oplus, \cdot\}$ 是一个与 R 同构的交换幺环.

17. 设 m_1, m_2 为不同的正整数, 证明 $m_1\mathbb{Z}$ 与 $m_2\mathbb{Z}$ 作为加法群同构, 但作为环不同构.

18. 设 p, q 为互素的正整数, 证明 $\mathbb{Z}_{pq} \simeq \mathbb{Z}_p \oplus \mathbb{Z}_q$. 如果 p, q 不互素, 上述结论还成立吗? 说明理由.

19. 本题我们证明整环的分式域的存在性和唯一性. 设整环 R 为域 F 的子环, 若对任何 $a \in F$, 存在 $b, c \in R$ 使得 $a = bc^{-1}$, 则称 F 为 R 的**分式域**. 我们先利用构造的方法证明分式域的存在性. 在集合 $R \times R^*$ 上定义加法与乘法如下:

$$(a, b) + (c, d) = (ad + bc, bd),$$
$$(a, b)(c, d) = (ac, bd), \quad (a, b), (c, d) \in R \times R^*.$$

(1) 证明 $R \times R^*$ 对于上述加法与乘法都成为交换幺半群, 其单位元分别是 $(0, 1), (1, 1)$;

(2) 在 $R \times R^*$ 中定义关系 $\sim$: $(a, b) \sim (c, d)$ 当且仅当 $ad = bc$. 证明 $\sim$ 是一个等价关系, 且对于上述乘法和加法都是同余关系;

(3) 令 $F = R \times R^* / \sim$ 为等价类的集合, 将 (a, b) 所在的类记为 $\dfrac{a}{b}$. 在 F 上定义加法与乘法:

$$\frac{a}{b} + \frac{c}{d} = \frac{ad + bc}{bd},$$
$$\frac{a}{b}\frac{c}{d} = \frac{ac}{bd}.$$

证明 F 对于上述加法与乘法成为一个域;

(4) 试证明 R 到 F 的映射 $\varphi : a \mapsto \dfrac{a}{1}$ 是单同态, 因此可以 R 看成 F 的子环, 由此证明 F 是 R 的一个分式域;

(5) 设 K 是包含 R 的域, 试证明 K 包含一个子域 F_2, $F_2 \supset R$, 且 F_2 是 R 的分式域, 从而分式域是包含 R 的最小域.

训练与提高题

20. 设 R 为交换环, 证明对任何 R 的理想 I, J, $\sqrt{I + J} = \sqrt{\sqrt{I} + \sqrt{J}}$.

21. (挖补定理) 设 R', S 为两个环, $R' \cap S = \varnothing$. 设 S 含有一个子环 R 使得 R 与 R' 同构. 证明: 存在一个环 S', 它与 S 同构, 且 R' 是 S' 的一个子环.

22. (中国剩余定理) 设 R 为幺环, I_1, I_2 为 R 的理想, 且 $R = I_1 + I_2$, 试证明对任何 $a_1, a_2 \in R$, 必存在 $a \in R$ 使得 $a - a_1 \in I_1$, $a - a_2 \in I_2$. 将上述结论推广到多个理想的情形, 并在整数环中导出经典的中国剩余定理.

23. 设 R, I_1, I_2 如本节 22 题, 试证明 $R/(I_1 \cap I_2) \simeq R/I_1 \oplus R/I_2$.

2.5 整环上的因子分解

本节我们研究环中的因子分解问题. 我们考虑环中元素在乘法下的分解. 回忆一下, 每个不等于 1 的正整数都可以唯一地分解为有限个素数的乘积. 如果在整数环中考虑, 则每一个非零而且不等于 ± 1 的整数都可以分解为有限个素数 (或素数的 -1 倍) 的乘积, 而且这样的分解在不计正负号和次序的前提下是唯一的. 高等代数中, 我们证明了数域上的一元多项式的因式分解定理, 即每个次数大于零的多项式都可以分解为有限个不可约多项式的乘积, 而且在相差非零常数倍且不计次序的前提下, 分解唯一. 这些因子分解定理在我们的研究中起着至关重要的作用. 例如, 如果知道两个元素 a, b 的分解, 则我们马上可以断定 a 是否整除 b, 或者说能够断定方程 $ax = b$ 是否有解. 此外, 我们还可以利用因子分解来求出 a, b 的最大公因式等. 因此我们希望将因子分解的重要结果推广到一般的环中. 为简单起见, 本节我们只考虑整环.

我们先定义整除、因子等概念.

定义2.5.1 设 R 为一个整环, a, b 为 R 中两个元素, 称 a 能被 b **整除**, 若存在 $c \in R$ 使 $a = bc$, 这时也称 b 为 a 的**因子**, 记为 $b|a$. 若 a 不能被 b 整除, 则记为 $b \nmid a$.

由定义, 整除是定义在 R 上的一个二元关系, 且满足反身性和传递性, 但不满足对称性, 因此不是等价关系. 此外, 若 u 是单位, 则 $u|a, \forall a \in R$.

现在我们要将素数和不可约多项式的概念推广到一般整环中. 我们先分析一下素数和不可约多项式的特征. 为方便, 我们将严格意义下的素数 (即自然数中的素数) 和一个素数的 ± 1 倍都统称为素数. 大家知道, 如果从因子的角度来说, 一个非零且不等于 ± 1 的整数 p 是素数, 当且仅当 p 的因子只有 ± 1 和 $\pm p$; 但是从整除的角度看, p 是素数当且仅当对任何整数 m, n, 由 $p|mn$ 可以推出 $p|m$ 或 $p|n$. 高等代数中我们学过, 一个数域 $\mathbb{P}$ 上的非零且次数 > 0 的多项式 $p(x)$ 是不可约的, 如果 $p(x)$ 的因子只有 c 和 $cp(x)$, $c \in \mathbb{P}^*$, 而这等价于对任何两个多项式 $f(x), g(x)$, 由 $p(x)|f(x)g(x)$ 可推出 $p(x)|f(x)$ 或 $p(x)|g(x)$.

我们看出, 整数环中的 ± 1 和 $\mathbb{P}[x]$ 中的元素 c, $c \in \mathbb{P}^*$, 在分解中是不能考虑的. 而且一个整数的 ± 1 倍和一个多项式的 c 倍, $c \in \mathbb{P}^*$, 在分解中不应该加以区分. 注意到整数环中的 ± 1 或 $\mathbb{P}[x]$ 中 $\mathbb{P}^*$ 都恰好构成环的单位群, 我们给出下面的定义.

定义2.5.2 设 R 为整环, $a, b \in R$. 如果存在 R 中单位 u 使得 $a = ub$, 则称 a 与 b **相伴**, 记为 $a \sim b$.

相伴关系的下列性质是显然的, 读者可以自己证明. 首先, 若 a 与 b 相伴, 则

存在单位 u_1 使得 $b=au_1$. 其次, $u\in R^*$ 是单位当且仅当 $u\sim 1$. 最后, 相伴关系是 R 中的等价关系, 且是幺半群 R^* 中对于乘法的同余关系.

定义2.5.3 设 $a\in R^*$, 则任何单位和 a 的相伴元都是 a 的因子, 称为 a 的**平凡因子**. 若 $b|a$, 但 $a\nmid b$, 则称 b 为 a 的**真因子**.

前面我们看到, 定义素数或不可约多项式都有两种等价的办法, 一种用因子的性质, 另一种用整除的性质. 自然会想到, 是不是可以将上述定义直接推广到一般整环呢? 我们先看一个例子.

例2.5.4 考虑数的集合

$$\mathbb{Z}[\sqrt{5}]=\{a+b\sqrt{5}\,|\,a,b\in\mathbb{Z}\}.$$

显然, 在数的普通乘法和加法下, $\mathbb{Z}[\sqrt{5}]$ 是一个整环. 现在我们有下面的结论:

(1) $\mathbb{Z}[\sqrt{5}]$ 的单位群为

$$U=\{a+b\sqrt{5}\,|\,|a^2-5b^2|=1\}.$$

事实上, 如果 $|a^2-5b^2|=1$, 则

$$(a+b\sqrt{5})(a-b\sqrt{5})=a^2-5b^2=\pm1,$$

因此 $a+b\sqrt{5}$ 是单位. 另一方面, 在 $\mathbb{Z}[\sqrt{5}]$ 上定义函数 N, 使得 $N(a+b\sqrt{5})=|a^2-5b^2|$, 则容易验证 $N(\alpha\beta)=N(\alpha)N(\beta)$. 如果 $a+b\sqrt{5}$ 为单位, 则存在 $c+d\sqrt{5}$ 使得 $(a+b\sqrt{5})(c+d\sqrt{5})=1$. 因此 $N(a+b\sqrt{5})N(c+d\sqrt{5})=1$, 即得 $N(a+b\sqrt{5})=|a^2-5b^2|=1$.

(2) $\mathbb{Z}[\sqrt{5}]$ 中元素 2 只有平凡因子. 事实上, 若 $\alpha|2$, 则存在 $a,b\in\mathbb{Z}$, 使得 $2=\alpha(a+b\sqrt{5})$. 于是 $N(a+b\sqrt{5})N(\alpha)=4$. 因为不可能存在元素 $\beta\in\mathbb{Z}[\sqrt{5}]$ 使得 $N(\beta)=2$ (参看下面的思考题), 故必有 $N(a+b\sqrt{5})=1$ 或 $N(\alpha)=1$, 因此 $a+b\sqrt{5}$, α 之中一定有一个是单位, 即 α 是平凡因子.

(3) $2|(1+\sqrt{5})(1-\sqrt{5})$, 但是显然 $2\nmid(1+\sqrt{5})$ 且 $2\nmid(1-\sqrt{5})$.

思考题2.5.5 证明不可能存在整数 a,b 使得 $a^2-5b^2=\pm2$.

例 2.5.4 说明, 在整数环和数域上的多项式环中等价的两个条件, 在一般的整环中不再等价. 基于这个原因, 我们给出下面两个定义.

定义2.5.6 设 R 为整环, $a\in R^*-U$. 如果 a 不存在非平凡因子, 则称 a 为**不可约元素**, 否则称 a 为**可约元素**.

定义2.5.7 设 R 为整环, $p\in R^*-U$. 如果对任何两个元素 $a,b\in R$, 由 $p|ab$ 可以推出 $p|a$ 或 $p|b$, 则称 p 为**素元素**.

由前面的分析我们看出, 在整数环 $\mathbb{Z}$ 中, 一个元素 a 为不可约元素当且仅当 $a=\pm p$, 其中 p 为素数. 而按定义, 对于任何素数 p, $\pm p$ 显然是素元素, 而且 $\mathbb{Z}$ 中只

有这样的素元素. 因此在 $\mathbb{Z}$ 中不可约元素与素元素是等价的. 类似的结论对于数域上的多项式环也成立. 但是在一般的整环中, 却可能存在不可约元素, 它不是素元素. 那么一般整环上素元素与不可约元素究竟有什么关系呢? 我们有下面的结论.

引理2.5.8 在任何整环中, 素元素一定是不可约元素.

证 设 R 为整环, $p \in R^* - U$ 为 R 中素元素. 设 a 是 p 的一个因子, 则存在 $b \in R^*$ 使得 $p = ab$, 因此有 $p|ab$. 由定义我们有 $p|a$ 或 $p|b$. 如果 $p|a$, 则 $a \sim p$. 如果 $p|b$, 则存在 $c \in R^*$ 使得 $b = pc$, 这样就有 $p = pac$. 由消去律, 我们得到 $ac = 1$, 即 a 是单位. 因此 p 的任何因子或为 p 的相伴元或为单位, 故为不可约元素.

现在我们开始研究整环中元素的分解问题. 我们希望的是将一个元素分解到"不能再分"的情形, 而"不能再分"的元素显然是不可约元素, 因此我们考虑的问题是能否将一个非零非单位的元素分解成有限个不可约元素的乘积. 在分解存在的情况下, 还要考虑分解的唯一性问题. 我们先考虑分解的存在性, 为此先给出两个定义.

定义2.5.9 如果整环 R 中任何非零非单位的元素在任何方式下都在有限次分解后不能再分解, 则称 R 满足**有限分解条件**.

我们稍微解释一下上述定义. 设 a 为 R 中非零非单位的元素. 如果 a 不可约, 当然 a 不可分解. 如果 a 可约, 则存在 b_1, b_2 使得 $a = b_1b_2$, 其中 b_1, b_2 都是 a 的真因子. 这时我们考虑 b_1, b_2 的分解. 如果 b_1, b_2 都是不可约的, 则 a 通过一次分解后已经不能再分解了. 如果 b_1, b_2 至少有一个是可约的, 那么我们就可以将 b_1 或 b_2 进一步分解. 如果这个过程经过有限次后, 每个出现的因子都变成了不可约元素, 那么我们就说这种分解方式在有限次分解后不可再分解. 因为在第一次分解时, a 可能将分解成 $a = c_1c_2$, 其中 c_1, c_2 都是 a 的真因子, 而且 c_1, c_2 与 b_1, b_2 不相伴, 我们也可以考虑 $a = c_1c_2$ 的进一步分解. 上述定义的意思就是, 不管你如何分解, a 都在有限次后不可再分解. 容易看出, 由上述条件可以推出, 任何一个非零非单位的元素都可以分解成有限个不可约元素的乘积.

定义2.5.10 设 R 为整环, R 中一个元素序列 $a_1, a_2, \cdots$ 称为真因子链, 如果对任何 $l \geqslant 1$, a_{l+1} 是 a_l 的真因子. 如果整环 R 中任何真因子链都是有限的, 则称 R 满足**因子链条件**.

定理2.5.11 一个整环满足有限分解条件当且仅当其满足因子链条件.

证 先假设整环 R 满足有限分解条件. 如果 $a_1, a_2, \cdots$ 为 R 的真因子链, 而且是无限的, 则由于对任何 $l \geqslant 1$, a_{l+1} 都是 a_l 的真因子, a_l 可以分解为 $a_l = a_{l+1}b_{l+1}$, 其中 b_{l+1} 也是 a_l 的真因子 (请读者说明这是为什么), 这说明 a 存在一种分解方式, 可以一直分解下去, 与条件矛盾. 因此 R 满足因子链条件.

反之, 设 R 满足因子链条件. 我们假定 R 不满足有限分解条件, 则存在 R 中一个非零非单位的元素 a, 而且有一种方式可以一直分解下去. 于是存在一个无穷

序列 $b_l, l=1,2,\cdots$, 使得 b_1 是 a 的真因子, b_{l+1} 是 b_l 的真因子, $l=1,2,\cdots$. 但这与因子链条件矛盾. 因此 R 一定满足有限分解条件. □

现在我们可以定义本节的研究对象了.

定义2.5.12　设整环 R 满足有限分解条件, 且满足分解唯一性, 即对任何 $a\in R^*-U$, 如果 a 有两种分解:

$$a=p_1p_2\cdots p_r=q_1q_2\cdots q_s,$$

其中 $p_1,p_2,\cdots,p_r,q_1,q_2,\cdots,q_s$ 为不可约元素, 则有 $r=s$, 而且适当交换顺序可以使得 $p_i\sim q_i, 1\leqslant i\leqslant r$, 则称 R 为**唯一分解整环**.

我们再次说明一下, 由于 R 满足有限分解条件, 每个非零非单位的元素都可以分解成有限个不可约元素的乘积, 因此分解唯一性的意义是清楚的. 按照我们前面的分析, 整数环和任意数域 $\mathbb{P}$ 上的多项式环 $\mathbb{P}[x]$ 都是唯一分解整环. 但是确实存在很多不是唯一分解环的整环, 例如, 例 2.5.4 的 $\mathbb{Z}[\sqrt{5}]$ 就是这样的例子. 本节的主要目的是给出唯一分解整环的若干判别条件. 为此我们还需要引入若干定义.

定义2.5.13　若一个整环 R 中每个不可约元素都是素元素, 则称 R 满足**素条件**.

定义2.5.14　设 R 为整环, $a_1,a_2,\cdots,a_n$ 为 R 中 n 个元素, 若 $c\in R$ 同时能够整除 $a_1,a_2,\cdots,a_n$, 则称 c 为 $a_1,a_2,\cdots,a_n$ 的**公因子**. 若 $a_1,a_2,\cdots,a_n$ 的公因子 d 能被 $a_1,a_2,\cdots,a_n$ 的任何一个公因子整除, 则称 d 为 $a_1,a_2,\cdots,a_n$ 的一个**最大公因子**. 若一个整环 R 中任何两个元素都存在最大公因子, 则称 R 满足**公因子条件**.

下面我们证明在一个满足公因子条件的整环中, 不可约元素一定是素元素. 我们分五步来证明这个结论. 以下假设 R_1 为一个满足公因子条件的整环.

(i) R_1 中任何两个元素的最大公因子在相伴意义下唯一, 因此在相伴意义下可以将 a,b 的最大公因子记为 (a,b). 证明留给读者.

(ii) R_1 中任意有限个元素的最大公因子存在, 且对任何 $a,b,c\in R_1$, 在相伴意义下 $(a,(b,c))$ 是 a,b,c 的一个最大公因子, 因此 $(a,(b,c))\simeq((a,b),c)$. 证明非常简单, 留给读者.

(iii) 对任何 $a,b,c\in R_1$, $c(a,b)\sim(ca,cb)$. 无妨设 a,b,c 都不为零. 设 $(a,b)=d_1$, $(ca,cb)=d_2$. 由 $d_1|a, d_1|b$, 我们得 $cd_1|ca, cd_1|cb$, 故 $cd_1|d_2$. 设 $ca=u_1d_2, d_2=u_2cd_1$, 则我们有 $ca=u_1u_2cd_1$, 从而 $a=u_1u_2d_1$, 故 $u_2d_1|a$, 同样 $u_2d_1|b$. 于是 $u_2d_1\sim d_1$, 故 u_2 是单位. 于是 $cd_1|d_2$, 故 $cd_1\sim d_2$.

(iv) 若 $a,b,c\in R_1$ 且 $(a,b)\sim 1$, $(a,c)\sim 1$, 则 $(a,bc)\sim 1$. 因为 $(ac,bc)\sim c$, $(a,ac)\simeq a$, 故 $(a,bc)\sim((a,ac),bc)\sim(a,(ac,bc))\sim(a,c)\sim 1$.

(v) 若 p 为不可约元素, 且 $p|ab$, 则 $p|a$ 或 $p|b$. 事实上, 如果 $p\nmid a, p\nmid b$, 则因 p 为不可约元素, 我们得 $(p,a)\sim 1, (p,b)\sim 1$，于是由 (iv) 得 $(p,ab)\sim 1$, 这是矛盾.

在本节习题中, 我们将给出一个例子说明, 存在整环 R 和 R 上的两个元素 a,b, 使得 a,b 不存在最大公因子. 现在我们可以给出本节的主要结论了.

定理2.5.15 设 R 为整环, 则下面三个条件等价:

(1) R 为唯一分解整环;

(2) R 满足因子链条件和素条件;

(3) R 满足因子链条件和公因子条件.

证 (1) $\Rightarrow$ (2) 设 R 为唯一分解整环, 我们先证明 R 满足因子链条件. 因 R 中每个非零非单位的元素都可以分解成有限个不可约元素的乘积, 而且分解唯一性成立, 我们可以在 R^* 上定义长度函数为

$$l(a)=\begin{cases}0, & \text{若 } a \text{ 为单位},\\ r, & \text{若 } a \text{ 可分解成不可约元素的乘积 } a=p_1p_2\cdots p_r.\end{cases}$$

容易看出 l 的定义是合理的, 而与具体的分解无关. 容易证明, 如果 $a,b\in R^*$, 则 $l(ab)=l(a)+l(b)$, 且 $l(a)=0$ 当且仅当 a 为单位. 由此看出, 若 $a\in R^*-U$, 且是 b 的真因子, 则 $l(a)<l(b)$. 因此 R 中每个真因子链一定是有限的, 故满足因子链条件.

现在我们证明 R 满足素条件. 设 $p\in R^*$ 为不可约元素, 且 $p|ab$, 则存在 $c\in R$ 使得 $ab=pc$. 我们需要证明 $p|a$ 或 $p|b$. 我们将证明分成下面三种情形来完成:

(i) 若 a,b 中有一个等于 0, 结论是显然的.

(ii) 若 a,b 中有一个是单位, 例如 b 为单位, 则 $a=abb^{-1}=pcb^{-1}$, 因此 $p|a$, 结论也成立.

(iii) 设 $a,b\in R^*-U$. 我们先说明 $c\in R^*-U$. 事实上, 显然 $c\neq 0$. 若 c 为单位, 则作为 p 的相伴元，pc 为不可约元素, 而它可以写成两个非单位的元素 a,b 的乘积, 这是矛盾. 故 $c\in R^*-U$. 由 (1), 存在 R^*-U 中不可约元素 $p_i(1\leqslant i\leqslant t)$ 使得

$$c=p_1p_2\cdots p_t.$$

此外, a,b 也有分解:

$$a=q_1q_2\cdots q_r;\quad b=q_1'q_2'\cdots q_s',$$

其中 $q_1,q_2,\cdots,q_r,q_1',q_2,\cdots,q_s'$ 为不可约元素. 由 $pc=ab$ 我们得到

$$q_1q_2\cdots q_rq_1'q_2'\cdots q_s'=pp_1p_2\cdots p_t.$$

由于分解的唯一性成立, p 必与某一个 q_i 或某一个 q_i' 相伴. 若 $p \sim q_i$, 则 $p = q_i\varepsilon$, $\varepsilon \in U$, 故

$$a = q_1 \cdots q_i \varepsilon\varepsilon^{-1} q_{i+1} \cdots q_r = p(\varepsilon^{-1} q_1 \cdots q_{i-1} q_{i+1} \cdots q_r),$$

即 $p|a$. 同理, 若 p 与某个 q_i' 相伴, 则 $p|b$, 即 p 必能整除 a, b 中的某一个. 因而 p 是素元素.

至此我们证明了 (1) $\Rightarrow$ (2).

(2) $\Rightarrow$ (3) 设 R 满足条件 (2), 我们只需证明 R 满足公因子条件. 设 $a, b \in R$, 我们证明 a, b 存在最大公因子. 我们同样将证明分下面几种情形来完成:

(i) 若 a, b 中有一个为零, 例如, $a = 0$, 则 b 是 a, b 的最大公因子.

(ii) 若 a, b 中有一个是单位, 例如, a 是单位, 则 a 是 a, b 的最大公因子.

(iii) 设 $a, b \in R^* - U$. 因为 R 满足因子链条件, 从而满足有限分解条件, 故 a, b 都存在分解

$$a = q_1 q_2 \cdots q_r, \quad b = q_1' q_2' \cdots q_s',$$

其中 $q_i, q_j' (i = 1, 2, \cdots, r; j = 1, 2, \cdots, s)$ 是不可约元素, 即素元素. 现在我们将出现在上述分解中的互相相伴的元写在一起, 可以统一写成

$$a = \varepsilon_a p_1^{k_1} p_2^{k_2} \cdots p_n^{k_n},$$
$$b = \varepsilon_b p_1^{l_1} p_2^{l_2} \cdots p_n^{l_n},$$

其中 $\varepsilon_a, \varepsilon_b$ 是单位, $k_i \geqslant 0, l_i \geqslant 0$, 且 $p_1, p_2, \cdots, p_n$ 互不相伴. 令 $m_i = \min(k_i, l_i), i = 1, 2, \cdots, n$,

$$d = p_1^{m_1} p_2^{m_2} \cdots p_n^{m_n}.$$

由定义显然 $d|a, d|b$, 即 d 是 a, b 的公因子. 假定 c 也是 a, b 的公因子, 则显然 $c \neq 0$. 若 c 是单位, 则显然 $c|d$. 若 c 不是单位, 则存在分解

$$c = p_1' p_2' \cdots p_t',$$

其中 p_i' 是素元素. 由于 $c|a$, 故 $p_i'|a$, 于是 p_i' 必能整除某一个 p_j, 由于它们都是不可约元素, 故它们相伴, 即 c 也可以写成

$$c = \varepsilon_c p_1^{h_1} p_2^{h_2} \cdots p_n^{h_n},$$

其中 ε_c 是单位. 由于 $c|a$, 而且 $p_1, p_2, \cdots, p_n$ 互不相伴, 因此 $h_i \leqslant k_i$. 同理, 由 $c|b$ 也可推出 $h_i \leqslant l_i$. 故 $h_i \leqslant m_i$, 即 $c|d$. 故 d 是 a, b 的最大公因子.

至此证明了 R 满足公因子条件.

前面我们已经证明 (3) $\Rightarrow$ (2), 下在同我们证明 (2) $\Rightarrow$ (1). 因 R 满足因子链条件, 由定理 2.5.11, R 满足有限分解条件, 故只需证明分解的唯一性.

设 $a \in R^* - U$, 则 a 有分解 $a = p_1p_2\cdots p_r$ (p_i 是不可约元素). 假定 a 还有另一个分解 $a = q_1q_2\cdots q_s$ (q_i 是不可约元素). 我们证明 $r = s$ 且适当交换顺序可使 $p_i \sim q_i, 1 \leqslant i \leqslant r = s$. 为此对 r 用归纳法. 当 $r = 1$ 时

$$a = p_1 = q_1q_2\cdots q_s.$$

若 $s > 1$, 则

$$p_1 = q_1(q_2\cdots q_s).$$

这说明 p_1 可以写成两个非单位的乘积, 这是不可能的. 故这时 $r = s = 1, p_1 = q_1$.

现在假定结论对 $r = k-1$ 成立. 当 $r = k$ 时有

$$a = p_1p_2\cdots p_k = q_1q_2\cdots q_s.$$

于是 $p_1|q_1q_2\cdots q_s$. 由于 R 中不可约元素都是素元素, 我们得到 p_1 必能整除 $q_j, j = 1,2,\cdots,s$ 中的某一个, 通过交换顺序, 无妨设 $p_1|q_1$. 由于 p_1, q_1 都是不可约的, 故 $p_1 \sim q_1$. 设 $p_1 = \varepsilon q_1$, 其中 ε 是单位. 则

$$(\varepsilon p_2)\cdots p_k = q_2q_3\cdots q_s.$$

由归纳假设 $k-1 = s-1 = r-1$, 且适当交换顺序可以使得 $p_j \sim q_j, j = 2,3,\cdots,r$. 这说明结论对 $r = k$ 也成立. 至此定理证毕. □

我们注意到, 因为定理 2.5.15 成立, 很多文献上将满足条件 (2) 的整环称为唯一分解整环 (或称唯一析因环). 此外, 定理 2.5.15 给出了很多肯定 (或否定) 一个整环是唯一分解整环的方法.

习 题 2.5

1. 在 Gauss 整数环 $\mathbb{Z}[\sqrt{-1}]$ 中求出 $a + b\sqrt{-1}$ 的所有相伴元.

2. 证明 7 和 23 是 Gauss 整数环 $\mathbb{Z}[\sqrt{-1}]$ 中的不可约元素. 5 是这个环中的不可约元素吗?

3. 试证明在 Gauss 整数环 $\mathbb{Z}[\sqrt{-1}]$ 环中两个整数的最大公因子和它们作为整数环中的元素的最大公因子相同.

4. 设 $R = \left\{ \dfrac{m}{2^n} \middle| m, n \in \mathbb{Z} \right\}$. 证明: R 对于数的加法和乘法构成一个整环. 试找出 R 的不可约元素、素元素和单位.

5. 试问在 $\mathbb{Z}_2[x]$ 中 $x^2 + x + 1$ 是否是 $x^3 + 1$ 的因子? 在 $\mathbb{Z}_3[x]$ 中呢?

6. 证明: $\sqrt{-3}, 4+\sqrt{-3}$ 是 $\mathbb{Z}[\sqrt{-3}]=\{a+b\sqrt{-3}|\, a,b\in\mathbb{Z}\}$ 的素元素.

7. 在环 $\mathbb{Z}[\sqrt{-5}]=\{a+b\sqrt{-5}|a,b\in\mathbb{Z}\}$ 中证明 $3\nmid 1+2\sqrt{-5}$, 并证明 3 是不可约元素但不是素元素, 因此 $\mathbb{Z}[\sqrt{-5}]$ 不是唯一分解整环.

8. 设 $R=\mathbb{Z}[\sqrt{-5}]$.

(1) 试证明: 若 $a^2+5b^2=9$, 则 $a+b\sqrt{-5}$ 是不可约元素;

(2) 试证明: 元素 $\alpha=6+3\sqrt{-5}, \beta=9$ 在 R 中不存在最大公因子.

9. 证明 $\mathbb{Z}[\sqrt{-5}]$ 满足因子链条件.

10. 设 $R=\left\{\dfrac{a+b\sqrt{-3}}{2}\middle|\, a,b\in\mathbb{Z}, a+b\text{为偶数}\right\}$.

(1) 证明 R 在数的加法和乘法下构成一个整环;

(2) 证明 R 的所有单位是 $1,-1,\dfrac{\pm1\pm\sqrt{-3}}{2}$;

(3) 证明在 R 中 2 与 $1+\sqrt{-3}$ 相伴.

11. 试问在整环 $\mathbb{Z}[\sqrt{-3}]$ 中 $2(1+\sqrt{-3})$ 和 4 存在最大公因子吗?

12. 举例说明, 一个唯一分解整环的子环未必是唯一分解整环.

13. 设 R 是唯一分解整环, $a,b\in R^*$. 若 $m\in R$ 满足:

(1) m 是 a,b 的公倍式, 即 $a|m, b|m$;

(2) 若 n 也是 a,b 的公倍式, 则 $m|n$,

则称 m 为 a,b 的一个最小公倍式, 试证明:

(1) 若 m 是 a,b 的最小公倍式, 则当且仅当 $m_1\sim m$ 时, m_1 也是 a,b 的最小公倍式;

(2) R^* 中任何两个元素都存在最小公倍式;

(3) 设 $[a,b]$ 为 a,b 的一个最小公倍式, 则有

$$[a,b](a,b)\sim ab, \quad [a,(b,c)]\sim([a,b],[a,c]).$$

14. 设 R 为唯一分解整环, 若 a,b 的最大公因子是单位, 则称 a,b 互素. 设 $a_1=db_1, a_2=db_2$ 不全为零. 证明: d 是 a_1,a_2 的最大公因子当且仅当 b_1,b_2 互素.

15. 已知 $\mathbb{Q}[x,y]$ 在多项式加法和乘法下构成环, 证明: x 与 y 互素. 试问是否存在 $r(x,y), s(x,y)\in\mathbb{Q}[x,y]$ 使得 $r(x,y)x+s(x,y)y=1$?

16. 设 R 为唯一分解整环, 且只有有限个单位. 证明: 任何 R 中的非零元都只有有限个因子.

训练与提高题

17. 证明 $\mathbb{Z}[x]$ 是唯一分解整环.

18. 整环上整除和相伴等概念可以自然地推广到一般的交换幺环上. 试证明在交换幺环 $\mathbb{Z}_m$ 中, 若 $a|b$ 且 $b|a$, 则 a,b 一定相伴.

19. 设 R 为交换幺环, $a,b\in R$, 若 $a|b$ 且 $b|a$, 是否 a 与 b 一定相伴?

2.6 素理想与极大理想

本节我们研究两种特殊的理想, 即素理想与极大理想. 一方面, 研究理想的性质是环论中重要的领域, 其中特别著名的是 Jacobson 关于理想的研究. 另一方面, 本节关于极大理想的一些结果将在后面多处得到应用.

让我们回忆一下, 性质较好的环一般是整环甚至是域, 因此找出构造这两种环的方法是重要的. 一般来说, 我们遇到的很多例子都是交换幺环. 一个交换幺环如果不是整环, 那么就含有零因子. 这表明这个环 "太大" 了, 因此需要模掉一个理想来得到整环或域. 设 R 为交换幺环, I 是 R 的理想. 如果商环 R/I 是整环, 那么就由 $(a+I)(b+I)=0+I$, $a,b\in R$, 可以推出 $a+I=0+I$ 或 $b+I=0+I$. 这就要求 I 满足条件 $ab\in I\Rightarrow a\in I$ 或 $b\in I$. 这引导我们给出下面的定义.

定义2.6.1 设 I 为环 R 的理想, $I\neq R$, 如果由 $ab\in I$ 可以推出 $a\in I$ 或 $b\in I$, 则称 I 为 R 的一个**素理想**.

我们给出素理想的几个例子.

例2.6.2 考虑整数环 $R=\mathbb{Z}$. 我们知道, R 的任何理想都具有 $m\mathbb{Z}$, $m\geqslant 0$ 的形式. 作为平凡的情形, 零理想当然是 R 的素理想. 如果 $m\neq 0$, 则 $m\mathbb{Z}$ 为素理想当且仅当 $ab\in m\mathbb{Z}\Rightarrow a\in m\mathbb{Z}$ 或 $b\in m\mathbb{Z}$, 这也就是 $m|ab\Rightarrow m|a$ 或 $m|b$, 亦即 m 为素数. 因此 $m\mathbb{Z}$ 为素理想当且仅当 $m=0$ 或 m 为素数.

例2.6.3 考虑剩余类环 $R=\mathbb{Z}_4$. 容易看出, R 只有三个理想: $\{\bar{0}\}$, $I=\{\bar{0},\bar{2}\}$ 和 R 本身. 因为 R 有零因子 $\bar{2}$, 所以 $\{\bar{0}\}$ 不是 R 的素理想. 现在考虑 I, 若 $a,b\in\{0,1,2,3\}$, 且 $\bar{a}\bar{b}\in I$, 则 a,b 中必有一个为 0 或 2, 因此有 $\bar{a}\in I$ 或 $\bar{b}\in I$, 从而 I 为素理想.

思考题2.6.4 试决定一般情形下 $\mathbb{Z}_m$ 的所有素理想.

下面我们研究素理想的一些基本性质. 首先我们有如下定理.

定理2.6.5 设 R 是交换幺环, I 是 R 的一个理想, $I\neq R$, 则 I 是素理想当且仅当 R/I 为整环.

证 因充分性已经在定义 2.6.1 前面给出, 我们只需证明必要性. 若 I 为素理想, 因 R 是交换幺环, R/I 也是交换幺环. 在商环 R/I 中, 若 $(a+I)(b+I)=0+I$, 则有 $ab+I=0+I$, 因此 $ab\in I$. 由于 I 是素理想, 故 $a\in I$ 或 $b\in I$. 这说明 $a+I=0+I$ 或 $b+I=0+I$, 因此 R/I 中没有零因子, 从而是整环. □

注意到任何环 R 都同构于自身的商环 $R/\{0\}$, 因此作为一个推论, 我们有如下结论.

推论2.6.6 设 R 是交换幺环, 则 R 是整环的充分必要条件是 $\{0\}$ 为 R 的素理想.

下面的定理给出了素理想在同态下的不变性.

定理2.6.7 设 f 是交换幺环 R_1 到 R_2 的满同态, I 是 R_1 中包含 $K = \operatorname{Ker} f$ 的一个素理想, 则 $f(I)$ 是 R_2 的素理想.

证 由环的同态基本定理, $f(I)$ 为 R_2 的理想. 设 $a_2, b_2 \in R_2$, 且 $a_2b_2 \in f(I)$, 则存在 $c \in I$ 使得 $a_2b_2 = f(c)$. 因 f 为满同态, 存在 $a_1, b_1 \in R_1$ 使得 $f(a_1) = a_2, f(b_1) = b_2$. 这样就有 $f(a_1)f(b_1) = f(c)$. 由 f 为同态, 有 $f(a_1b_1 - c) = f(a_1)f(b_1) - f(c) = 0$, 于是 $a_1b_1 - c \in K \subseteq I$. 由此我们得到 $a_1b_1 \in I$. 利用假设 I 为素理想, 得到 $a_1 \in I$ 或 $b_1 \in I$. 故有 $a_2 = f(a_1) \in f(I)$ 或 $b_2 = f(b_1) \in f(I)$. 这说明 $f(I)$ 为素理想. □

下面我们从集合的角度给出素理想的另一个重要性质, 这也可以作为素理想的定义. 设 A, B 为交换幺环 R 的两个非空子集, 记

$$AB = \left\{ \sum a_ib_i \middle| a_i \in A, b_i \in B \right\},$$

其中的和号代表有限和. 容易证明, 如果 A, B 都是 R 的子环 (理想), 那么 AB 也是 R 的子环 (理想).

定理2.6.8 设 I 是交换幺环 R 的真理想, 则 I 是 R 的素理想当且仅当对任何理想 A, B, 由 $AB \subseteq I$ 可推出 $A \subseteq I$ 或 $B \subseteq I$.

证 "必要性" 设 I 是 R 的素理想, A, B 是 R 的理想且 $AB \subseteq I$. 采用反证法, 假设 A, B 都不包含于 I, 则存在 $a \in A, b \in B$ 使得 $a \notin I, b \notin I$. 但是由条件我们又有 $ab \in AB \subseteq I$, 这与 I 是素理想矛盾.

"充分性" 我们同样采用反证法, 假设 I 满足定理的条件但不是素理想, 则存在 $a, b \in R$, 使得 $ab \in I$ 但 $a \notin I, b \notin I$. 作理想 $A = \langle a \rangle$, $B = \langle b \rangle$. 由 R 是交换幺环, 容易看出 $AB = \langle ab \rangle \subseteq I$, 这与所给的条件矛盾. 因此 I 是素理想. □

下面介绍极大理想的概念. 我们继续上面素理想定义以前的分析. 一个交换幺环 R 不能成为域, 原因还是 R "太大" 了, 即包含的元素太多, 因此需要模掉一个理想. 设 I 为 R 的理想, 让我们看看商环 R/I 成为域的条件. 首先我们当然需要 $I \neq R$. 其次, 如果 R/I 为域, 那么对于任何 $a \notin I$, $a + I$ 在 R/I 中存在逆元 $b + I$, 因此有 $(a + I)(b + I) = 1 + I$, 即 $1 - ab \in I$. 特别地, 如果 I_1 为 R 的理想,$I \subset I_1$ 且 $I_1 \neq I$, 那么就存在 $a \in I_1 - I, b \in R$ 使得 $1 - ab \in I$. 于是对任何 $c \in R$, 有

$$c = (1 - ab + ab)c = (1 - ab)c + (ab)c = (1 - ab)c + a(bc).$$

因 I 为理想且 $1 - ab \in I$, 有 $(1 - ab)c \in I \subseteq I_1$; 又由 I_1 为理想, 且 $a \in I_1$, 有 $a(bc) \in I_1$. 于是得到 $c \in I_1$. 这说明 $I_1 = R$. 由此我们引入下面的定义.

定义2.6.9 设 R 是交换幺环. R 的理想 I 称为**极大理想**, 若 $I \neq R$, 且包含 I 的 R 的理想只有 I 和 R 本身.

例2.6.10 考虑例 2.6.2 中的整数环 $R=\mathbb{Z}$. 我们现在确定 R 的所有极大理想. 首先, $\{0\}$ 自然不是极大理想. 其次, 如果 $m\geqslant 2$ 且不是素数, 则存在 $n\geqslant 2$ 使得 $n|m$ 且 $n\neq m$, 这样就有 $m\mathbb{Z}\subset n\mathbb{Z}$ 且 $m\mathbb{Z}\neq n\mathbb{Z}$, $n\mathbb{Z}\neq R$, 因此 $m\mathbb{Z}$ 也不是极大理想. 下面我们证明, 若 p 为素数, 则 $\langle p\rangle$ 是 R 的极大理想. 事实上, 设 A 是 R 的理想, 且 $\langle p\rangle\subset A, \langle p\rangle\neq A$, 则存在 $k\in A$, 使得 $k\notin\langle p\rangle$. 由 p 是素数, p,k 互素. 于是存在整数 a, b 使 $ap+bk=1$. 这样我们就得到 $1\in A$. 于是对任何整数 l, $l=l\times 1\in A$, 从而 $A=R$. 因此 $\langle p\rangle$ 是 R 的极大理想. 故 R 的所有极大理想为 $p\mathbb{Z}$, 其中 p 为素数.

思考题2.6.11 上面的例子说明, 整数环的一个非零真理想是极大理想, 当且仅当它是素理想. 举例说明这一结论对于一般的整环不成立.

例2.6.12 设 F 为域. 我们证明 $\{0\}$ 为 F 的极大理想. 事实上, 若 I 为 F 的非零理想, 则可取 $a\in I$ 使 $a\neq 0$. 由于域中每个非零元都可逆, 因此 $1=aa^{-1}\in I$. 这样对任何 $b\in F$, 我们有 $b=b\cdot 1\in I$, 因此 $I=F$. 故 $\{0\}$ 为极大理想.

思考题2.6.13 证明例 2.6.12 中的逆命题也成立, 即若 R 是交换幺环, 且 $\{0\}$ 为 R 的极大理想, 则 R 是域.

下面的定理给出了一个理想是极大理想的充分必要条件.

定理2.6.14 设 R 为交换幺环, M 为 R 的理想, 则 M 是 R 的极大理想当且仅当商环 R/M 是一个域.

证 设 M 为 R 的极大理想, 我们证明商环 R/M 是域. 为此只需证明 R/M 中每个非零元都是单位. 设 $a+M\neq 0+M$, 则 $a\notin M$. 考虑理想 $I=\langle M\cup\{a\}\rangle$, 则由 M 为极大理想有 $I=R$. 因此存在 $a_i\in M, r_i\in R, 1\leqslant i\leqslant n$, $r\in R$ 使得

$$\sum_{i=1}^{n}a_ir_i+ar=1.$$

两边取等价类得 $(a+M)(r+M)=1+M$, 因此在商环 R/M 中 $a+M$ 可逆. 于是 R/M 是一个域.

反之, 设 R/M 是域, 则 $\{0+M\}$ 是 R/M 的极大理想. 设 A 为 R 中包含 M 的理想, 则 A/M 是 R/M 的理想, 故 $A/M=\{0+M\}$ 或 $A/M=R/M$, 即 $A=M$ 或 $A=R$. 故 M 为极大理想.

习 题 2.6

1. 试求出下列环的极大理想:

(a) $\mathbb{R}\times\mathbb{R}$;　　(b) $\mathbb{R}[x]/\langle x^2\rangle$;

(c) $\mathbb{R}[x]/\langle x^2-3x+2\rangle$;　　　　(d) $\mathbb{R}[x]/\langle x^2+x+1\rangle$.

2. 证明: $\langle x\rangle$ 是 $\mathbb{Z}[x]$ 的素理想, 但不是极大理想.

3. 设 R 为整环, I 为 R 的理想, π 为 R 到 R/I 的自然同态, M 为 R 的包含 I 的理想. 试证明 M 是 R 的极大理想当且仅当 $\pi(M)$ 是 R/I 的极大理想.

4. 找出 $\mathbb{Z}_{36}$ 的所有素理想和极大理想.

5. 设 $R=\{2n|n\in\mathbb{Z}\}$, 证明: $\langle 4\rangle$ 是 R 的极大理想. $R/\langle 4\rangle$ 是域吗?

6. 证明: 商环 $\mathbb{Z}_2[x]/\langle x^3+x+1\rangle$ 是域, 而商环 $\mathbb{Z}_3[x]/\langle x^3+x+1\rangle$ 不是域.

7. 设 R 为环, M 为 R 的理想, 而且任何 $x\in R-M$ 都是单位. 试证明 M 是 R 的极大理想而且是 R 的唯一的极大理想.

8. 设 A 为环 R 的理想, P 为 A 的素理想, 且 $P\neq A$. 证明: P 是 R 的理想.

9. 设 N 是环 R 的理想, 且 R/N 是除环, 证明:

(1) N 是 R 的极大理想;

(2) $\forall a\in R$, 由 $a^2\in N$ 可推出 $a\in N$.

10. 设 $m\in\mathbb{N}, m>1$. 令

$$A=\{f(x)\ |f(x)\in\mathbb{Z}[x], m|\ f(0)\}.$$

证明: A 是 $\mathbb{Z}[x]$ 的理想, 且 $\langle x\rangle\subset A$. 何时 A 为素理想?

11. 设 R 为交换环, 且对任何 $a\in R$, 存在 $b\in R$ 使得 $a=b^2$. 证明: R 的任何极大理想必为素理想.

12. 设 P 为环 R 的理想, $Q=R-P$. 证明: P 为素理想当且仅当 Q 对于 R 的乘法构成半群.

13. 设 R 为唯一分解整环, $p\in R$. 证明: p 为不可约元素当且仅当主理想 $\langle p\rangle$ 为素理想.

14. 在 $\mathbb{Z}[x]$ 中证明: $\langle x,n\rangle$ 是极大理想当且仅当 n 是素数.

15. 设 $\mathbb{P}$ 为数域. 证明: $\langle x\rangle$ 为 $\mathbb{P}[x]$ 的极大理想.

训练与提高题

16. 设 I 为交换幺环 R 的理想, J_i, $1\leqslant i\leqslant m$ 为 R 的素理想, 且 $I\subseteq\bigcup\limits_{1\leqslant i\leqslant m}J_i$, 试证明存在 $1\leqslant l\leqslant m$, 使得 $I\subseteq J_l$. 上述结论在没有 J_i 是素理想的假设下是否成立?

17. 设 R 为交换幺环, $\mathcal{M}$ 为 R 的所有极大理想之交. 试证明:

$$\mathcal{M}=\{x\in R\,|\,1-xy\in U, \forall y\in R\},$$

其中 U 为 R 的单位群.

2.7　主理想整环与欧几里得环

我们回到唯一分解整环的研究. 回忆一下, 定理 2.5.15 给出的是唯一分解整环的充分必要条件, 因此应用起来往往是不方便的. 在有些特殊情形, 我们利用一些

充分条件来断定一个整环是唯一分解环反而会比较简便. 本节就给出两个这方面的经典的例子——主理想整环和欧几里得环. 我们先考虑主理想整环.

定义2.7.1 一个交换幺环称为**主理想环**, 若它的每个理想都是主理想; 若一个主理想环还是整环, 则称此环为**主理想整环**.

我们先给出几个常见的例子.

例2.7.2 整数环 $\mathbb{Z}$ 是主理想整环. 事实上, 前面我们已经知道, $\mathbb{Z}$ 的任意理想都形如 $m\mathbb{Z} = \langle m\rangle$, 其中 $m \geqslant 0$, 因此 $\mathbb{Z}$ 是主理想整环.

例2.7.3 作为一个例子, 我们来证明 $\mathbb{Z}[x]$ 不是主理想整环. 采用反证法, 若 $\mathbb{Z}[x]$ 是主理想环, 则由集合 $S = \{3, x\}$ 生成的理想应为主理想, 因此存在 $g(x) \in \mathbb{Z}[x]$ 使得 $\langle S\rangle = \langle g(x)\rangle$. 一方面, 由 $3 \in \langle g(x)\rangle$, 我们得到 $g(x)\,|\,3$, 从而 $g(x)$ 只可能为 ± 1 或 ± 3. 另一方面, 由 $x \in \langle g(x)\rangle$, 存在 $u(x) \in \mathbb{Z}[x]$ 使得 $x = g(x)u(x)$, 于是 $g(x) = \pm 1$, 从而 $\langle S\rangle = \mathbb{Z}[x]$, 而这显然是不可能的 (事实上, 容易看出 $2 \notin \langle S\rangle$). 因此 $\mathbb{Z}[x]$ 不是主理想整环.

思考题2.7.4 设 p 为素数, $u(x) \in \mathbb{Z}[x]$ 为次数大于 0 的多项式, 试问何时 $\langle p, u(x)\rangle$ 是主理想?

下面我们证明任何一个主理想整环必然为唯一分解整环. 我们先证明一个引理. 前面我们提到过, 一般说来, 一些理想的并不一定是理想. 但是我们有如下结论.

引理2.7.5 设 $I_i, i = 1, 2, \cdots$ 为 R 环中的一个理想序列, 且满足条件 $I_j \subset I_{j+1}$, $j = 1, 2, \cdots$, 则 $I = \bigcup\limits_i I_i$ 是 R 的理想.

证 直接利用理想的判别法. 设 $x, y \in I$, $r \in R$, 则存在 i, j 使 $x \in I_i, y \in I_j$. 不妨设 $i \leqslant j$, 则由条件知 $x, y \in I_j$. 因 I_j 是理想, 我们得到 $x - y \in I_j \subseteq I$, $rx \in I_j \subset I$, $xr \in I_j \subset I$. 故 I 是 R 的理想. □

现在我们可以证明如下定理.

定理2.7.6 主理想整环是唯一分解整环.

证 我们利用定理 2.5.15 给出的等价条件 (2), 即证明主理想整环满足因子链条件和素条件. 证明分下面两步.

(1) 先证明主理想整环满足因子链条件. 设 R 为主理想整环且有 R 的一个序列

$$a_1, a_2, \cdots, a_n, \cdots,$$

其中 a_{k+1} 是 a_k 的真因子, $k = 1, 2, \cdots$. 我们证明这一序列一定是有限的. 用这一序列元素生成一个主理想的序列 $I_k = \langle a_k\rangle$, $k = 1, 2, \cdots$. 因 a_{k+1} 是 a_k 的真因子, 我们有 $I_k \subset I_{k+1}, k = 1, 2, \cdots$. 设 I 为这些主理想之并, 则由引理 2.7.5, I 为 R 的理想. 因 R 为主理想环, 存在 $d \in R$ 使得 $I = \langle d\rangle$. 由于 $d \in I$, 存在指标 m 使得

$d \in \langle a_m \rangle$. 我们断定 a_m 是序列的最后一个元素. 事实上, 若不然, 则存在 a_{m+1}, 于是有 $d \in \langle a_m \rangle, a_{m+1} \in \langle d \rangle$. 由此我们得到 $a_m | d, d | a_{m+1}$. 故 $a_m | a_{m+1}$, 但这与假设 a_{m+1} 为 a_m 的真因子矛盾. 这说明 R 满足因子链条件.

(2) 再证明主理想整环满足素条件. 设 R 为主理想整环, p 为 R 中不可约元素, 我们断定主理想 $\langle p \rangle$ 为 R 的极大理想. 设 I 为 R 的理想且 $\langle p \rangle \subseteq I$. 由于 R 是主理想环, 存在 $x \in R$ 使得 $I = \langle x \rangle$. 于是 $p \in \langle x \rangle$, 从而存在 $r \in R$ 使得 $p = rx$. 由于 p 是不可约元素, 故 x 或是单位或是 p 的相伴元. 若 x 是单位, 则 $\langle x \rangle = R$, 这时 $I = R$; 另一方面, 若 x 与 p 相伴, 则 $I = \langle x \rangle = \langle p \rangle$. 这说明 $\langle p \rangle$ 是极大理想.

现设 $p | ab$, 其中 $a, b \in R$, 则在商环 $R/\langle p \rangle$ 中我们有 $(a+\langle p \rangle)(b+\langle p \rangle) = ab+\langle p \rangle = 0 + \langle p \rangle$. 但是因 $\langle p \rangle$ 是极大理想, $R/\langle p \rangle$ 是一个域, 故有 $a + \langle p \rangle$ 或 $b + \langle p \rangle = 0 + \langle p \rangle$, 即 $p | a$ 或 $p | b$. 因此 p 为素元素. 这就证明了 R 满足素条件.

至此定理得证. □

定理 2.7.6 的逆命题不真, 如例 2.7.3 中的 $\mathbb{Z}[x]$ 不是主理想整环, 但它是唯一分解整环. 这一结果是本章后面要讲到的一个定理, 即唯一分解整环的多项式环是唯一分解整环的直接推论. 当然, 读者也可以用高等代数中有关有理 (整) 系数多项式的知识直接证明.

下面我们给出一个主理想整环的特殊性质.

定理2.7.7 设 R 为主理想整环, $a, b \in R$, 且 d 为 a, b 的一个最大公因子, 则存在 $u, v \in R$ 使得 $d = ua + vb$.

证 因 R 为主理想整环, 存在 $d_1 \in R$ 使得 $\langle d_1 \rangle = \langle a, b \rangle$. 我们断定 d_1 也是 a, b 的一个最大公因子. 事实上, 因 $a, b \in \langle d_1 \rangle$, 有 $d_1 | a, d_1 | b$, 故 d_1 是 a, b 的公因子. 又因 $d_1 \in \langle a, b \rangle$, 存在 $u_1, v_1 \in R$ 使得 $d_1 = u_1 a + v_1 b$. 如果 c 为 a, b 的一个公因子, 则有 $c | (u_1 a + v_1 b)$, 即 $c | d_1$, 因此 d_1 是 a, b 的一个最大公因子. 这说明 $d_1 | d$ 且 $d | d_1$, 因 R 是整环, 故 d 与 d_1 相伴. 设 $d = \varepsilon d_1$, 其中 ε 为单位, 则 $d = \varepsilon u_1 a + \varepsilon v_1 b$. 至此定理证毕. □

思考题2.7.8 前面我们证明了 $\mathbb{Z}[x]$ 不是主理想整环. 试在 $\mathbb{Z}[x]$ 中找到两个元素 $f(x), g(x)$, 不存在 $u(x), v(x) \in \mathbb{Z}[x]$ 使得 $u(x)f(x) + v(x)g(x) = d(x)$, 其中 $d(x)$ 为 $f(x), g(x)$ 的一个最大公因子.

下面介绍第二类特殊的唯一分解整环 —— 欧几里得环. 我们先给出定义.

定义2.7.9 设 R 为一个整环, 如果存在从 R^* 到 $\mathbb{N} \cup \{0\}$ 的一个映射 δ, 使得对任何 $a, b \in R, b \neq 0$, 存在 $q, r \in R$ 使得

$$a = qb + r,$$

其中 $r = 0$ 或 $\delta(r) < \delta(b)$, 则称 (R, δ) 为**欧几里得环**. 有时也简称 R 为欧几里得环.

形象地说, 欧几里得环就是可以作辗转相除法的环. 欧几里得环的定义有多种

形式, 有的与上述定义有一定的区别, 但运用辗转相除法是处理欧几里得环有关问题的关键. 我们先介绍几个熟知的例子.

例2.7.10 $\mathbb{Z}$ 是欧几里得环.

这一结论成立的原因就是我们学过的整数的带余除法. 事实上, 作映射 $\delta: \mathbb{Z}^* \to \mathbb{N} \cup \{0\}$, 使 $\delta(m) = |m|$. 那么容易验证, $(\mathbb{Z}, \delta)$ 是一个欧几里得环.

例2.7.11 设 $\mathbb{P}$ 为数域, 则 $\mathbb{P}$ 上的一元多项式环 $\mathbb{P}[x]$ 是欧几里得环.

定义映射 δ 使得 $\delta(f(x)) = \deg f(x)$, 其中 $f(x) \neq 0$, 则容易验证 δ 满足定义 2.7.9 的条件. 因此 $\mathbb{P}[x]$ 是欧几里得环.

现在我们证明如下定理.

定理2.7.12 欧几里得环是主理想整环, 因此是唯一分解整环.

证 设 I 为欧几里得环 R 的理想, δ 为定义 2.7.9 中的映射. 若 I 只包含零元, 则 $I = \langle 0 \rangle$. 若 I 包含非零元, 则非负整数的集合 $\{\delta(x) | x \in I, x \neq 0\} \subseteq \mathbb{N} \cup \{0\}$ 中必存在最小者. 设 $a \in R^* \cap I$ 且 $\delta(a)$ 达到最小值, 则对任何 $x \in I, x \neq 0$ 有 $\delta(x) \geqslant \delta(a)$. 由定义对任何 $b \in I$, 存在 $q, r \in R$ 使得 $b = qa + r$, 其中 $r = 0$ 或 $\delta(r) < \delta(a)$. 由于 $a, b \in I$, 故 $r = b - qa \in I$. 若 $r \neq 0$, 则 $r \in I$ 且 $\delta(r) < \delta(a)$, 与 a 的取法矛盾. 故 $r = 0$, 即 $b = qa$. 由 b 的任意性我们得 $I = \langle a \rangle$. 故 R 是主理想整环. □

上述定理说明, 任何一个欧几里得环都是主理想整环. 那么反过来的结论是否成立呢? 也就是说, 是否存在一个主理想整环, 它不是欧几里得环? 这一问题曾经长期没有得到解决. 但是现在已经知道, 存在很多非欧几里得环的主理想整环的例子. 例如, 在本节习题中我们将证明 $\mathbb{Z}\left[\dfrac{1}{2}(1+\sqrt{-19})\right]$ 是主理想整环, 但不是欧几里得环.

上述例子与传奇数学家 Gauss 有关. 设 $d \in \mathbb{Z}$, $d \neq 0, 1$ 且没有非平凡平方因子, 记

$$\mathcal{O}_d = \begin{cases} \mathbb{Z}[\sqrt{d}], & d \equiv 2, 3 \pmod 4, \\ \mathbb{Z}\left[\dfrac{1+\sqrt{d}}{2}\right], & d \equiv 1 \pmod 4, \end{cases}$$

这就是所谓的二次数域的代数整数环. Gauss 猜想若 $d < 0$, $\mathcal{O}_d$ 是主理想整环当且仅当

$$d = -1, -2, -3, -7, -11, -19, -43, -67, -163.$$

这一猜想后来得到了证实. 特别地, 当 $d = -1, -2, -3, -7, -11$ 时, $\mathcal{O}_d$ 是欧几里得环. 因此, $\mathcal{O}_{-19} = \mathbb{Z}\left[\dfrac{1}{2}(1+\sqrt{-19})\right]$ 是我们能找到的最简单的非欧几里得环的主理想整环. 进一步, 当 $d = 2, 3, 5, 6, 7, 11, 13, 17, 19, 21, 29, 33, 37, 41, 57, 73$ 时, $\mathcal{O}_d$ 有自

然的映射 δ 使其为欧几里得环. 当然, 还有很多正整数 d 使得 $\mathcal{O}_d$ 是欧几里得环. 目前还不能找出所有的 d.

例2.7.13 最后, 作为一个例子, 让我们来证明 Gauss 整数环是欧几里得环. 对于 $\beta = a + b\sqrt{-1} \in \mathbb{Z}[\sqrt{-1}]$, 定义 $\delta(\beta) = |\beta|^2 = a^2 + b^2$. 设 $\beta = a_1 + b_1\sqrt{-1} \neq 0$, 则对任何 $c_1 + d_1\sqrt{-1}$, 有

$$\frac{c_1 + d_1\sqrt{-1}}{a_1 + b_1\sqrt{-1}} = s + t\sqrt{-1},$$

其中 $s, t \in \mathbb{Q}$, 故存在 $c_2, d_2 \in \mathbb{Z}$ 使 $|c_2 - s| \leqslant \frac{1}{2}$, $|d_2 - t| \leqslant \frac{1}{2}$. 令 $q = c_2 + d_2\sqrt{-1}$, $r = c_1 + d_1\sqrt{-1} - q\beta$, 则 $c_1 + d_1\sqrt{-1} = q\beta + r$, 且

$$\begin{aligned}\delta(r) &= \delta(\beta(s + t\sqrt{-1}) - q\beta)\\ &= \delta(\beta)\delta(s + t\sqrt{-1} - q)\\ &\leqslant \left(\frac{1}{4} + \frac{1}{4}\right)\delta(\beta) < \delta(\beta).\end{aligned}$$

故 $\mathbb{Z}[\sqrt{-1}]$ 为欧几里得环.

习 题 2.7

1. 设 R 为整环, $\langle a\rangle$, $\langle b\rangle$ 是 R 的主理想. 证明: $\langle a\rangle = \langle b\rangle$ 当且仅当 a 与 b 相伴.

2. 设 R 为主理想整环, 1 为幺元, 如果 $a, b \in R$ 的最大公因子为 1, 则称 a, b 互素. 试证明: 对任何固定的 $c \in R$, 集合

$$S = \{d + \langle c\rangle \mid d \text{ 与 } c \text{ 互素}\}$$

对于商环 $R/\langle c\rangle$ 的乘法构成群.

3. 设 R 为主理想整环, 若 $a \in R, a \neq 0$ 且 $\langle a\rangle$ 为一个极大理想, 证明: a 为不可约元素.

4. 设 R 是主理想整环, I 是 R 的非零理想. 证明:

(1) R/I 的每个理想都是主理想, R/I 是主理想整环吗?

(2) R/I 中仅有有限多个理想.

5. 在 $\mathbb{Q}[x]$ 中求 $f(x)$ 使得 $\langle x^2 + 1, x^5 + x^3 + 1\rangle = \langle f(x)\rangle$.

6. 设 $\mathbb{P}$ 为数域, 证明: $\mathbb{P}[x, y]$ 不是主理想整环.

7. 证明 $\mathbb{Z}\left[\frac{1}{2}(1 + \sqrt{-3})\right]$ 是欧几里得环.

8. 证明下列环在指定的映射 δ 下成为欧几里得环:

(1) $\{\mathbb{Z}[\sqrt{-2}]; +, \cdot\}$, $\delta(a + b\sqrt{-2}) = a^2 + 2b^2$;

(2) $\{\mathbb{Z}[\sqrt{2}];+,\cdot\}$, $\delta(a+b\sqrt{2})=|a^2-2b^2|$;

(3) $\{R;+,\cdot\}$, 其中

$$R=\mathbb{Z}\left[\frac{1}{2}(1-\sqrt{-7})\right]=\left\{a+b\left(\frac{1-\sqrt{-7}}{2}\right)|a,b\in\mathbb{Z}\right\},$$
$$\delta\left(a+b\left(\frac{1-\sqrt{-7}}{2}\right)\right)=a^2+ab+2b^2.$$

9. 试在 Gauss 整数环 $\mathbb{Z}[\sqrt{-1}]$ 中举例说明, 在欧几里得环中作带余除法时商和余式可以不唯一.

10. 证明任何一个域都是欧几里得环.

11. 证明: $\mathbb{Z}[\sqrt{-6}]$ 不是欧几里得环.

训练与提高题

12. 设 R 为欧几里得环, 且 $\delta(ab)=\delta(a)\delta(b)$, $\forall a,b\in R^*$. 证明: a 为 R 的单位 $\Leftrightarrow \delta(a)=\delta(1)$.

13. 设 (R,δ) 为欧几里得环, 且满足条件 $\delta(ab)\leqslant\delta(a)\delta(b)$, $\forall a,b\in R^*$. 证明:

(1) 若 $a,b\in R^*$ 相伴, 则 $\delta(a)=\delta(b)$;

(2) 如果 $b\in R^*$ 不是单位, 则对任何 $a\in R^*$ 有 $\delta(a)<\delta(ab)$.

14. 本题我们证明整环 $R=\mathbb{Z}\left[\frac{1}{2}(1+\sqrt{-19})\right]$ 是主理想整环但不是欧几里得环. 记 $\theta=\frac{1}{2}(1+\sqrt{-19})$.

(1) 证明 R 中的单位只有 1 和 -1;

(2) 证明 2 和 3 是 R 中的不可约元素;

(3) 证明 R 不是欧几里得环; (提示: 采用反证法. 如果 (R,δ) 是欧几里得环. 取定 $m\in R$ 满足 $m\neq 0,\pm1$, $\delta(m)=\min(\delta(a)|a\neq 0,a\neq\pm1)$. 先用 m 除 2, 由此可证明 $m=\pm2$ 或 ±3. 再用 m 除 θ, 就可导出矛盾.)

(4) 设 I 为 R 的非零理想, 取 $b\in I$ 满足 $|b|\leqslant|c|$, $\forall c\in I^*$, 其中 $|\cdot|$ 表示复数的模长. 试证明: 如果存在 $a\in I$, 使得 $\frac{a}{b}\notin R$, 则存在 $a_1\in I$, 使得 $\frac{a_1}{b}=x+\sqrt{-1}y\notin R$, 其中 $-\frac{\sqrt{19}}{4}\leqslant y\leqslant\frac{\sqrt{19}}{4}$;

(5) 证明: 如果 $\frac{a_1}{b}=x+y\sqrt{-1}\notin R$ 且 $-\frac{\sqrt{3}}{2}<y<\frac{\sqrt{3}}{2}$, 则存在整数 m_1, 使得 $\left|\frac{a_1}{b}-m_1\right|<1$;

(6) 证明: 如果 $\frac{a_1}{b}=x+y\sqrt{-1}\notin R$ 且 $\frac{\sqrt{3}}{2}\leqslant y\leqslant\frac{\sqrt{19}}{4}$, 则存在整数 m_2, 使得 $\left|\frac{2a_1}{b}-\theta-m_2\right|<1$;

(7) 证明 R 是主理想整环.

2.8 环上的多项式

从本节开始, 我们进入环论的第二部分, 即环上的多项式理论. 多项式理论是交换代数和代数几何等领域的基础, 而且在很多应用学科中都非常有用.

让我们先来介绍多项式的概念. 我们从一元多项式开始. 回忆一下, 如果 $\mathbb{P}$ 是一个数域, 那么 $\mathbb{P}$ 上的一元多项式环 $\mathbb{P}[x]$ 是由形如

$$a_nx^n + a_{n-1}x^{n-1} + \cdots + a_1x + a_0, \quad n \geqslant 0, \quad a_i \in \mathbb{P}, \quad i = 0, 1, \cdots, n$$

的元素组成的集合. 集合 $\mathbb{P}[x]$ 上两个元素 $a_nx^n + a_{n-1}x^{n-1} + \cdots + a_1x + a_0$, $b_mx^m + b_{m-1}x^{m-1} + \cdots + b_1x + b_0$ (不妨设 $m \geqslant n$) 相等当且仅当对任何 $0 \leqslant i \leqslant m$, $a_i = b_i$ (这里规定, 如果 $k > n$, 则 $a_k = 0$). 而环 $\mathbb{P}[x]$ 的加法就是合并同类项, 乘法是展开相乘再合并同类项.

上面的定义要推广到一般域或交换幺环都没有什么问题. 但是如果 R 只是一个一般的环 (甚至不一定是幺环), 那样推广就有一些问题, 例如, x 的意义就说不清楚. 即使在交换幺环中, 那样去直接定义也缺乏直观的意义. 因此我们换一种思路, 即将数域 $\mathbb{P}$ 上的多项式 $a_nx^n + a_{n-1}x^{n-1} + \cdots + a_1x + a_0$ 写成一个无穷序列的形式

$$(a_0, a_1, \cdots, a_n, 0, \cdots).$$

这引导我们去考虑环中元素的无穷序列, 当然需要假定其中只有有限项是非零的. 显然, 数域上的多项式与数域上满足上述条件的无穷序列是一一对应的. 利用这一观点可以将多项式的概念推广到任意环上.

设 R 为环, 令 S 为所有形如

$$f = \{a_0, a_1, a_2, \cdots\}, \quad a_i \in R$$

的序列组成的集合, 其中只有有限个 a_i 不为 0. 在 S 上定义加法与乘法如下, 对于

$$f = \{a_0, a_1, a_2, \cdots\},$$
$$g = \{b_0, b_1, b_2, \cdots\},$$

令

$$f + g = \{a_0 + b_0, a_1 + b_1, a_2 + b_2, \cdots\},$$
$$fg = \{a_0b_0, a_0b_1 + a_1b_0, a_0b_2 + a_1b_1 + a_2b_0, \cdots\} = \{c_k\},$$

其中

$$c_k = \sum_{i+j=k} a_ib_j, \quad k = 0, 1, 2, \cdots.$$

则容易证明, S 在上述加法和乘法下构成一个环. 若 R 是幺环, 则 S 也是幺环; 若 R 是交换环, 则 S 也是交换环. S 的零元是 $\{0, 0, 0, \cdots\}$, 而 $f = \{a_0, a_1, a_2, \cdots\}$ 的

负元是 $-f=\{-a_0,-a_1,-a_2,\cdots\}$. 如果 1 是 R 的幺元, 则 $\{1,0,0,\cdots\}$ 是 S 的幺元.

今后我们将 S 中的元素称为 R 上的**多项式**, 或者系数在 R 上的多项式. 如果 $f=\{a_0,a_1,a_2,\cdots\}$ 是非零多项式 (即至少有一个 a_i 非零), 而 n 是使得 $a_n\neq 0$ 的最大整数, 则称 f 的**次数**是 n. 记 f 的次数为 $\deg f$. 约定零多项式的次数为负无穷. 若 $\deg f=n$, 则称 $a_0,a_1,\cdots,a_n$ 为 f 的系数, a_n 为 f 的首项系数. 首项系数为 1(这时 R 为幺环) 的多项式称为首一多项式. 下面的命题的证明留给读者作为练习.

命题2.8.1 若 $f,g\in S$, $\deg f=m$, $\deg g=n$, 则

(1) $\deg(f+g)\leqslant\max(m,n)$;

(2) $\deg(fg)\leqslant\deg f+\deg g$, 等号成立当且仅当 f 的首项系数 a_m 与 g 的首项系数 b_n 的乘积 a_mb_n 不为零.

特别地, 若 R 是整环, 则 S 也是整环.

思考题2.8.2 若 R 为主理想整环, $R[x]$ 是否为主理想整环? 若 R 为欧几里得环, $R[x]$ 是否为欧几里得环?

定义 R 到 S 的映射 φ: $a\to\{a,0,0,\cdots\}$, 则显然 φ 是环的单同态. 由此 R 可以看成 S 的一个子环.

思考题2.8.3 证明: 若 R 是整环, 则整环 S 的所有单位就是 R 的所有单位.

下设 R 为幺环, 1 为幺元, 令 x 为下列多项式

$$x=\{0,1,0,0,\cdots\},$$

则易见对非负整数 m 和 $a\in R$, 有 $ax^m=\{c_0,c_1,\cdots,c_n,\cdots\}$, 其中 $c_i=0,i\neq m$; $c_m=a$. 因此任何 n 次多项式 $f=\{a_0,a_1,\cdots\}$ 可以唯一写成

$$f=a_0+a_1x+a_2x^2+\cdots+a_nx^n,$$

这样任何多项式都可以写成我们熟悉的 x 的多项式. 通常我们将 x 称为一个自变量, 而将 S 中的元素称为 R 上的一元多项式, 将 S 本身记为 $S=R[x]$, 称为环 R 上的**一元多项式环**.

上面定义一元多项式的方法可以推广用来定义多元多项式, 只需将序列的观点稍作改变. 注意到每个无穷序列 $(a_0,a_1,\cdots)$ 事实上就是一个由非负整数集 $\mathbb{N}$ 到环 R 的映射 $i\to a_i$, 而且只有有限个非负整数的像非零. 这一定义可以直接推广到多元的情形.

设 R 为环. 记 $\mathbb{N}_n$ 为所有 n 元非负整数组的集合, 即

$$\mathbb{N}_n=\{(i_1,i_2,\cdots,i_n)|i_n\in\mathbb{N}\}.$$

对于 $(i)=(i_1,i_2,\cdots,i_n)\in\mathbb{N}_n$ 及 $(j)=(j_1,j_2,\cdots,j_n)\in\mathbb{N}_n$, 令 $(i)+(j)=(i_1+j_1,i_2+j_2,\cdots,i_n+j_n)$.

定义2.8.4 设 R 为环, n 为一个正整数, R 上的一个 n **元多项式**是指 $\mathbb{N}_n$ 到 R 的一个映射 f 使 f 只在有限个点处的取值非零. 如果 f, g 是两个 n 元多项式, 我们定义 $h = f + g, k = f \cdot g$ 为

$$h(i) = f(i) + g(i), \quad k(i) = \sum_{(j)+(j')=(i)} f(j) \cdot g(j'), \quad (i) \in \mathbb{N}_n.$$

显然 $n = 1$ 时上述定义就是一元多项式的定义. 设 S 为 R 上所有 n 元多项式的集合, 则易见 S 在加法和乘法下构成一个环, 称为 R 上的 n **元多项式环**. 设 $a \in R$, 定义 n 元多项式 g_a 使 $(i) = (0, 0, \cdots, 0)$ 时, $g_a(i) = a$; 而 $(i) \neq (0, 0, \cdots, 0)$ 时, $g_a(i) = 0$. 于是 g_0 是 S 的零元; 如果 R 为幺环, 1 为单位元, 则 g_1 为 S 的单位元. 又容易验证 $g_a + g_b = g_{a+b}, g_a \cdot g_b = g_{ab}$. 因此映射 $a \mapsto g_a$ 是 R 到 S 的一个子环的同构. 以后我们将 a 等同于 f_a, 这样就将 R 看成是 S 的子环.

如果 R 为幺环, 我们可以引入另外一种 n 元多项式的记号. 设 $1 \leqslant v \leqslant n$ 为固定的整数, 令 $j^{(v)} \in \mathbb{N}_n$ 使 $j^{(v)}$ 的第 v 个整数为 1, 其余为 0. 再令 $x_v \in S$ 使 $x_v(j^{(v)}) = 1$, 而当 $(i) \neq j^{(v)}$ 时, $x_v(i) = 0$. 容易看出, 如果 $a \in R$, 而 $i_1, i_2, \cdots, i_n$ 是非负整数, 则 $ax_1^{i_1}x_2^{i_2}\cdots x_n^{i_n}$ 是 S 中这样的元素: 它在 $(i_1, i_2, \cdots, i_n)$ 处取值为 a, 而其余处取值为 0. 由此容易证明, 每个 $f \in S$ 可以唯一表达成有限个形如

$$a_{(i)}x_1^{i_1}x_2^{i_2}\cdots x_n^{i_n}$$

的元素的和. 上面这种 n 元多项式称为单项式. 以后我们将 S 记为 $R[x_1, x_2, \cdots, x_n]$.

现在我们定义次数的概念. 称单项式 $a_{(i)}x_1^{i_1}x_2^{i_2}\cdots x_n^{i_n}$ $(a_{(i)} \neq 0)$ 的**次数**为 $i_1 + i_2 + \cdots + i_n$. 若 $f \in R[x_1, x_2, \cdots, x_n]$, $f \neq 0$, 则称 f 中出现的单项式的次数的最大值为 f 的**次数**, 记为 $\deg f$. 如果 f 中所有的单项式都有相同的次数, 则称 f 为**齐次多项式**. 显然, 如果 f, g 为齐次的, 则 fg 或者为 0 或者为齐次的.

上面的多项式的定义比较直观, 也易于理解, 但是不容易看出多项式的本质. 其实多项式最本质的性质是在于作为环的某种特殊同态的存在性. 为了说明这一点, 我们需要从函数的角度来理解多项式环. 为简单起见, 从一元多项式开始. 设 R_1 是交换幺环, R 是 R_1 的子环, 且包含 R_1 的幺元. 若 $f(x) = a_0 + a_1x + a_2x^2 + \cdots + a_nx^n$ 是 $R[x]$ 上的一个一元多项式, 则对任何 $a \in R_1$, $f(a) = a_0 + a_1a + a_2a^2 + \cdots + a_na^n$ 称为用 a 代入 $f(x)$ 中所得的值. 这样 R 上的任何一个一元多项式都可以看成 R_1 到自身的一个映射, 或者说为 R_1 上的取值在 R_1 上的一个函数. 容易看出, 对于固定的 R_1 中的元素 a, 映射 $f(x) \to f(a)$ 是一个 $R[x]$ 到 R_1 的同态.

思考题2.8.5 高等代数中我们学过, 数域上的两个多项式如果看成多项式函数相同, 则两个多项式一定相等. 举例说明, 上面的结论对于一般环上的多项式不成立.

引理2.8.6 设 R 为交换幺环, 则存在环 $R_1 \supset R$, 使得任何两个 $R[x]$ 中不同的多项式作为 R_1 上的函数也不同.

证 取 $R_1 = R[x]$. 对于固定的多项式 $f(x) \in R_1$, $f(x)$ 定义的 R_1 到 R_1 的函数是 $g(x) \mapsto f(g(x))$. 若 $f_1 \neq f_2$, 取 $g(x) = x$, 则 $f_1(g(x)) \neq f_2(g(x))$. 这说明 f_1 与 f_2 作为函数在 R_1 中的元素 x 处的取值就不一样. □

这个引理说明, 只要我们将包含 R 的环 R_1 取得足够大, 就可以使得 $R[x]$ 中的不同多项式看成 R_1 上的函数也不相同.

如果多项式 $f = a \in R$, 那么将 f 看成 R_1 上的函数的时候, 它在任何点处取值都等于 a. 通常将 R 中的元素也称为**常数多项式**.

思考题2.8.7 *是否存在这样的多项式 $g \in R[x]$, $g \notin R$, 但是 $g(b) = g(c)$, $\forall b, c \in R_1$?*

现在我们用函数的观点来看多项式引出环上的多项式环的另一种定义. 我们同样先处理一元多项式的情形. 设 R, R_1 如上, 固定一个元素 $a \in R_1$, 则 a 定义了 $R[x]$ 到 R_1 的一个环同态 $\varphi : \varphi(f) = f(a)$. 在这一同态下, $R[x]$ 的像构成 R_1 的一个子环, 记为 $R[a]$. 容易看出

$$R[a] = \{a_0 + a_1 a + a_2 a^2 + \cdots + a_m a^m \mid a_i \in R, m \geqslant 0\}.$$

$R[a]$ 也可以看成是 R_1 中包含 R 及 a 的最小子环. 由此我们引入下面定义.

定义2.8.8 *元素 $a \in R_1$ 称为 R 上的**代数元**, 如果存在 $R[x]$ 上的非零多项式 $f(x)$ 使得 $f(a) = 0$. 否则称 a 为**超越元**.*

现在我们可以证明如下命题.

命题2.8.9 *若 a 是 R 上的超越元, 则环 $R[a]$ 与 R 上的多项式环 $R[x]$ 同构.*

证 考虑前面定义的环同态 $\varphi : \varphi(f) = f(a)$. 显然 φ 是 $R[x]$ 到 $R[a]$ 的满同态. 由于 a 是超越元, 故同态 φ 的核 $\mathrm{Ker}\,\varphi = \{0\}$. 由环的同态基本定理有 $R[x] \simeq R[a]$. □

现在我们给出环上一元多项式环的另一种定义.

定义2.8.10 *设 R 为交换幺环. 一个包含 R 的幺环 R_1 称为 R 上的一个**多项式环**, 如果在 R_1 中存在 R 上的超越元 a 使得 $R_1 = R[a]$. 满足条件 $R[a] = R_1$ 的元素 a 称为 R_1 在 R 上的**生成元**.*

思考题2.8.11 *试举例说明, R 上的多项式环的生成元不一定唯一.*

上面的结论总结起来可以叙述成下面的定理.

定理2.8.12 *任意交换幺环上的多项式环一定存在, 且任何两个多项式环都同构.*

下面我们将定理 2.8.12 的结论进一步深化. 我们将说明, 利用同态存在性及唯一性可以完全刻画多项式的性质.

定理2.8.13 *设 S 为交换幺环, R 为 S 的子环且包含 S 的幺元, $a \in S$, 则 $R[a]$ 为 R 上的多项式环当且仅当对任何交换幺环 S_1 及 $u \in S_1$, 以及 R 到 S_1 的同态*

η, 存在唯一的 $R[a]$ 到 S_1 的同态 η_1 使得 $\eta_1(a)=u, \eta_1|_R=\eta$, 也就是说, 存在 η 的到 $R[a]$ 的扩充 η_1 使得 $\eta_1(a)=u$, 而且这样的扩充是唯一的.

证　首先我们证明, 如果 $R[a]$ 是多项式环, 且 η 是 R 到 S_1 的同态, 则扩充 η_1 存在. 事实上, 我们只需定义

$$\eta_1\left(\sum a_i a^i\right)=\sum \eta(a_i)(u)^i=\sum \eta(a_i)u^i, \quad a_i \in R_1. \tag{2.3}$$

因 $R[a]$ 是 R 上的多项式环, a 是 R 上超越元, 故 $R[a]$ 中任何元素都可唯一地表示成

$$\sum a_i a^i$$

的形式, 因此上面定义的 η_1 确实是由 $R[a]$ 到 S_1 的映射. 显然 $\eta_1(c)=\eta(c), \forall c \in R$ 且 $\eta_1(a)=u$. 容易验证, η_1 是由 $R[a]$ 到 S_1 的环同态. 这就证明了扩充的存在性. 下证扩充的唯一性. 如果 η_2 也是 η 的扩充且满足 $\eta_2(a)=u$, 那么利用同态的性质, 可以看出式 (2.3) 对于 η_2 也成立. 因为 $R[a]$ 中每个元表示成 $\sum a_i a^i$ 的形式是唯一的, 我们得到 $\eta_1(y)=\eta_2(y), \forall y \in R[a]$. 因此扩充唯一.

其次我们证明, 如果对任何 R 到 S_1 的同态 η, 扩充存在且唯一, 则 $R[a]$ 一定是 R 上多项式环. 为此只需证明 a 是超越元. 采用反证法. 如果 a 不是超越元, 则存在非零多项式 $f(x)=\sum\limits_{i=0}^{m} b_i x^i \in R[x], b_m \neq 0, m>0$, 使得 $f(a)=0$. 我们考虑 R 到 $R[x]$ 的同态 η 使得 $\eta(c)=c, \forall c \in R$. 如果 η 存在扩充 η_1 使得 $\eta_1(a)=x$, 那么应该有

$$\eta_1(f(a))=\eta_1\left(\sum_{i=0}^{m} b_i a^i\right)=\sum_{i=0}^{m} \eta_1(b_i)\eta_1(a^i)=\sum_{i=0}^{m} b_i x^i \neq 0.$$

另一方面, 又应该有

$$\eta_1(f(a))=\eta_1(0)=0.$$

这是矛盾. 因此这样的扩充是不存在的. 至此定理得证. □

由定理 2.8.12 中关于同态的结论可以得到下面几个推论, 我们将其证明留给读者作为习题.

推论2.8.14　设 R_1, R_2 为幺环, S_1 为 R_1 上的一个多项式环, 且 $a \in S_1$ 为一个生成元. 若 S_2 为幺环且包含 R_2 作为其子环, 且 $b \in S_2$, 则任何 R_1 到 R_2 的满同态 T_0 都可以唯一地扩充为 S_1 到 $R_2[b]$ 的满同态 T 使得 $T(a)=b$. 上述同态 T 为同构当且仅当 T_0 是同构且 b 是 R_2 上的超越元.

推论2.8.15　设 R 是幺环, S_1, S_2 是 R 上两个一元多项式环, 分别以 a, b 为生成元, 则存在唯一的 S_1 到 S_2 的环同构 T 满足条件 $T(a)=b$ 且 $T|_R$ 为 R 上的恒等映射 (称 T 为 R-同构).

下面我们将上面的结果推广到多元多项式的情形. 我们先介绍处理多元多项式相关问题常用的归纳法. 设 R 为交换幺环, 在 R 上 n 元多项式环 $S = R[x_1, x_2, \cdots, x_n]$ 中考虑所有不定元 x_n 不出现的多项式的集合 S_1, 即

$$S_1 = \{f \in S \mid f(i_1, i_2, \cdots, i_n) = 0, \forall (i_1, \cdots, i_n) \in \mathbb{N}^n, i_n \neq 0\}.$$

显然 S_1 与 $(\mathbb{Z}^+)^n$ 到 R 的映射的集合之间存在一一对应. 事实上只需将 $f \in S_1$ 对应到 $f_1(x_1, x_2, \cdots, x_{n-1}) = f(x_1, \cdots, x_{n-1}, 0)$ 即可. 因此我们可以将 S_1 与 $R[x_1, \cdots, x_{n-1}]$ 等同. 而且易见两者运算是一致的. 因此 S_1 可以看成 S 的子环. 另一方面我们断定 S 是 S_1 上的一元多项式环. 首先, S 中包含 S_1 和 x_n 的最小子环显然是 S. 另外, 显然 x_n 是 S_1 上的超越元.

上面的推理经常用来归纳证明多元多项式的一些重要结论.

思考题2.8.16 利用归纳法证明, 如果 R 是整环, 则 $R[x_1, x_2, \cdots, x_n]$ 也是整环.

下面从函数的观点来理解多元多项式. 设 R 为交换幺环, 且是交换幺环 R_1 的子环. 则 R 上的任何 n 元多项式

$$f(x_1, x_2, \cdots, x_n) = \sum a_{(i)} x_1^{i_1} x_2^{i_2} \cdots x_n^{i_n}$$

都可以看成是 R_1 上取值的 n 元函数, 即对于 $a_1, a_2, \cdots, a_n \in R_1$, 令

$$f(a_1, a_2, \cdots, a_n) = \sum a_{(i)} a_1^{i_1} a_2^{i_2} \cdots a_n^{i_n}.$$

称为 f 中用 a_1 代替 x_1, $\cdots$, a_n 代替 x_n 的结果.

对于固定的 $a_1, a_2, \cdots, a_n$, 映射 $f \mapsto f(a_1, a_2, \cdots, a_n)$ 是 $R[x_1, x_2, \cdots, x_n]$ 到 R_1 的同态, 其同态像记为 $R[a_1, a_2, \cdots, a_n]$, 它是 R_1 中包含 R 与 $a_1, \cdots, a_n$ 的最小子环.

定义2.8.17 元素 $a_1, a_2, \cdots, a_n$ 称为在 R 上**代数相关的**, 如果存在一个非零的 n 元多项式 f 使得 $f(a_1, a_2, \cdots, a_n) = 0$. 否则称为**代数无关**.

定义2.8.18 设 R 为幺环且是幺环 R_1 的子环. 称 R_1 为 R 上的一个多项式环, 如果存在 R_1 中的代数无关元素 $a_1, a_2, \cdots, a_n$ 使得 $R_1 = R[a_1, a_2, \cdots, a_n]$. 任何满足上述条件的集合 $\{a_1, a_2, \cdots, a_n\}$ 都称为一个**生成元集**. 一般称 R_1 为 R 上 $a_1, a_2, \cdots, a_n$ 的多项式环.

按照定义, R_1 是 R 上的多项式环当且仅当存在 $R[x_1, x_2, \cdots, x_n]$ 到 R_1 上的 R-同构. 特别地, $R[x_1, x_2, \cdots, x_n]$ 本身是 R 上的多项式环. 下面证明多项式环的唯一性. 为此先给出下面的引理.

引理2.8.19 设 R 为幺环, 且为幺环 R_2 的子环. $a_1, a_2, \cdots, a_n \in R_2$ 且 $n > 1$. 令 $R_1 = R[a_1, a_2, \cdots, a_{n-1}]$, 则 R_2 是 R 上 $a_1, a_2, \cdots, a_n$ 的多项式环当且仅当 R_1 是 R 上 $a_1, a_2, \cdots, a_{n-1}$ 的多项式环而且 R_2 是 R_1 上 a_n 的多项式环.

这一引理的证明可以利用前面介绍的归纳法. 留给读者作为习题.

定理2.8.20 设 R_1 是交换幺环 R 上的 $a_1, a_2, \cdots, a_n$ 的多项式环. 设 $\bar{R}$ 为幺环且是幺环 $\bar{R}_1$ 的子环. 又 $b_1, b_2, \cdots, b_n \in \bar{R}_1$. 则任何 R 到 $\bar{R}$ 上的满同态 T_0 可以唯一地扩充为 R_1 到 $\bar{R}[b_1, b_2, \cdots, b_n]$ 的满同态 T 使得 $T(a_i) = b_i$. 而且 T 是同构当且仅当 T_0 是同构且 $b_1, b_2, \cdots, b_n$ 是 $\bar{R}$ 上代数无关的.

这一定理的证明可以利用前面介绍的归纳法, 也可以利用一元多项式类似结果的证明方法直接证明, 我们将本定理和下面两个推论的证明留作习题.

推论2.8.21 设 R_1, R_2 分别是交换幺环 R 的 $a_1, a_2, \cdots, a_n$ 和 $b_1, b_2, \cdots, b_n$ 的多项式环, 则存在唯一的 R_1 到 R_2 的 R-同构 T 使 $T(a_i) = b_i$.

推论2.8.22 设 R_1 是环 R 上 $a_1, a_2, \cdots, a_n$ 的多项式环, σ 是一个 n 元置换, 则存在唯一的 R_1 的 R-自同构 T 使得 $T(a_i) = a_{\sigma(i)}$.

习 题 2.8

1. 试问在 $\mathbb{Z}_5[x]$ 中有多少个次数小于 3 的非零元素?

2. 试在 $\mathbb{Z}_6[x]$ 中计算 $f(x) = 2x - 5, g(x) = 2x^4 - 3x + 3$ 的乘积.

3. 设 $f(x)$ 为幺环 R 上的多项式, 若 $a \in R$ 使得 $f(a) = 0$, 则称 a 为 $f(x)$ 的根 (或零点). 试在 $\mathbb{Z}_7$ 中找出多项式 $x^3 + 2x + 2$ 的所有根.

4. 设 $f(x) = a_nx^n + \cdots + a_1x + a_0$ 为交换幺环 R 上的多项式, 定义的形式微商为 $f'(x) = na_nx^{n-1} + \cdots + a_1$.

(1) 试证明: 对任何多项式 $f(x), g(x)$ 有 $(fg)' = f'g + fg'$;

(2) 称 $a \in R$ 为 $f(x)$ 的一个重根, 如果 $f(a) = f'(a) = 0$. 试在 $\mathbb{Z}_5$ 中求出 $x^{15} - x$ 和 $x^{15} - 2x^5 + 1$ 的所有重根.

5. 证明推论 2.8.14 和推论 2.8.15.

6. 证明引理 2.8.19.

7. 证明定理 2.8.20、推论 2.8.21 和推论 2.8.22.

8. 设 R 为环, 称

$$a_0 + a_1t + a_2t^2 + \cdots + a_nt^n + \cdots, \quad a_i \in R$$

为 R 上一个形式幂级数. 记 R 上所有形式幂级数组成的集合为 $R[[t]]$. 在 $R[[t]]$ 上定义与多项式集合中类似的加法和乘法.

(1) 试证明 $R[[t]]$ 为一个环, 且若 R 为交换环, 则 $R[[t]]$ 为交换环; 若 R 为幺环, 则 $R[[t]]$ 也是幺环;

(2) 若 R 为整环, $R[[t]]$ 是否为整环?

(3) 设 R 为整环, 试决定 $R[[t]]$ 的所有单位.

9. 设 p_1, p_2 为素数, $n_1, n_2 \in \mathbb{N}$, 证明 $\sqrt[n_1]{p_2} + \sqrt[n_2]{p_2}$ 是 $\mathbb{Q}$ 上的代数元.

10. 设 R 为交换幺环, β_1, β_2 都为 R 上的超越元, $\beta_1 + \beta_2$ 是否一定是 R 上的超越元?

训练与提高题

11. 设 R 为交换幺环, I 为的理想. 试证明 $I[x_1, \cdots, x_n]$ 是 $R[x_1, \cdots, x_n]$ 的理想, 而且商环 $R[x_1, \cdots, x_n]/I[x_1, \cdots, x_n]$ 与商环 R/I 上的多项式环 $(R/I)[x_1, \cdots, x_n]$ 同构.

12. 设 R_1 为交换幺环, R 为 R_1 的子环, 若 $\alpha \in R_1$ 是 R 上的代数元, 证明 $-\alpha$ 也是 R 上的代数元.

2.9 整环上的多项式环

本节我们考虑整环上的一元多项式, 并着重研究唯一分解整环和域上的一元多项式环的特殊性质.

首先考虑整环上多项式环的生成元的数量问题. 设 R 是一个整环, 如果 S 是 R 上的一个多项式环, a 是一个生成元, 那么任何 S 上的非零元素 y 都可以唯一写成 $y = f(a)$, 其中 $f(x) \in R[x]$. 将 $f(x)$ 的次数与首项系数称为 y 作为 a 的多项式的**次数**和**首项系数**. 注意这样定义的次数和首项系数不但依赖于 y 而且依赖于生成元 a. 现在我们证明如下结论.

定理2.9.1 设 R 是整环, S 是 R 上的一元多项式环, a 是一个生成元. 设 $b \in S$ 为非零元, 且 b 作为 a 的多项式的次数为 n. 又设 $f(x) \in R[x]$ 为一个 m 次多项式, 则 $f(b)$ 作为 a 的多项式的次数是 mn. 此外, b 也是 S 在 R 上的生成元的充分必要条件是 b 作为 a 的多项式是线性的 (即 $n = 1$), 而且其首项系数是 R 中的单位, 这时 S 中的任何非零元作为 a 或 b 的多项式具有相同的次数.

证 设 $b = g(a)$ 且 $f(x)$ 与 $g(x)$ 的首项系数分别为 c, d, 则 $f(b)$ 的首项是 $cd^m a^{mn}$. 因此第一个结论成立. 如果 b 也是 S 在 R 上的生成元, 则存在多项式 $h(x)$ 使 $a = h(b)$, 这说明 $n\deg h(x) = 1$, 且 $h(x)$ 的首项系数是单位, 因此 $n = \deg h(x) = 1$, 故 b 作为 a 的多项式是线性的且首项系数为单位. 反之, 如果 b 作为 a 的多项式是线性的且首项系数为单位, 则 $a \in R[b]$, 因此 $S = R[b]$, 而且对任何非零的 m 次多项式 $k(x)$, $k(b)$ 作为 a 的多项式也是 m 次的, 因此 $k(b) \neq 0$. 故 b 是 R 上的超越元. 至此定理证毕. □

思考题2.9.2 去掉 R 为整环这一条件, 上述定理还成立吗?

下面的推论的证明留给读者作为练习.

推论2.9.3 设 φ 是整环 R 上的多项式环 $R[x]$ 的 R-自同构 (即 $\varphi|_R = \mathrm{id}$), 则 $\varphi(x) = \varepsilon x + a$, 其中 ε 是 R 中的单位, $a \in R$. 反之, 如果 $y = \varepsilon x + a$, 且 ε 是单位, 则存在唯一的 R-自同构 φ 使 $\varphi(x) = y$.

下面介绍一下整环上的多项式的带余除法. 高等代数中我们学过, 如果 $f(x)$

为数域 $\mathbb{P}$ 上的多项式, 则对任何 $g(x) \neq 0$, 存在唯一 $q(x)$ 和 $r(x)$ 使得

$$f(x) = g(x)q(x) + r(x), \tag{2.4}$$

其中 $r(x) = 0$ 或 $\deg r(x) < \deg g(x)$. 这就是数域上多项式环中的带余除法. 带余除法是数域上的多项式理论的核心工具, 是所有重要结果的基石. 显然, 带余除法可以推广到任意域上的多项式环上, 由此我们可以证明域上的多项式环一定是欧几里得环. 但是这一重要工具并不能推广到任意整环上, 其实我们前面已经证明, 整数环 $\mathbb{Z}$ 上的多项式环 $\mathbb{Z}[x]$ 不是主理想整环, 当然不是欧几里得环. 这说明 $\mathbb{Z}[x]$ 上不存在像 (2.4) 这样的带余除法.

尽管如此, 我们还是可以导出一个比 (2.4) 稍弱的带余除法, 并且可以利用这一工具得到很多重要结论. 事实上我们可以证明如下定理.

定理2.9.4 设 R 为整环, $R[x]$ 为 R 上的多项式环. 设 $f(x), g(x) \in R[x]$ 的次数分别为 m 与 n. 令 $k = \max(m-n+1, 0)$. 设 a 为 $g(x)$ 的首项系数, 则存在多项式 $q(x)$, $r(x)$ 使得

$$a^k f(x) = q(x)g(x) + r(x),$$

其中 $r(x)$ 的次数小于 n. 而且这样的 $q(x), r(x)$ 是唯一的.

证 如果 $m < n$, 则 $k = 0$. 这时取 $q(x) = 0, r(x) = f(x)$ 即可. 下设 $m \geqslant n-1$, 则 $k = m-n+1$, 对 m 用归纳法. 因为 $m = n-1$ 时已经成立, 而当 $m \geqslant n$ 时 $af(x) - bx^{m-n}g(x)$ 的次数最多为 $m-1$, 其中 b 为 $f(x)$ 的首项系数. 由归纳假设存在 $q_1(x), r_1(x)$ 使得

$$a^{(m-1)-n+1}(af(x) - bx^{m-n}g(x)) = q_1(x)g(x) + r_1(x),$$

其中 $r_1(x)$ 的次数小于 n. 现在令 $q(x) = ba^{m-n}x^{m-n} + q_1(x), r(x) = r_1(x)$, 则结论对 $m = n$ 也成立. 这证明了 $q(x), r(x)$ 的存在性.

下证唯一性. 如果又有 $q_2(x), r_2(x)$ 使得 $a^k f(x) = q_2(x)g(x) + r_2(x)$, 其中 $r_2(x)$ 的次数小于 n, 则有 $(q(x) - q_2(x))g(x) = r_2(x) - r(x)$. 注意 R 是整环, 没有零因子. 因此若 $q(x) - q_2(x) \neq 0$, 则左边至少是 n 次的, 但右边的多项式的次数小于 n. 这是一个矛盾. 因此必有 $q(x) - q_2(x) = 0, r(x) - r_2(x) = 0$. 唯一性得证. □

思考题2.9.5 试问在一般的交换幺环上存在上述定理类似的带余除法吗?

定理 2.9.4 有很多应用, 例如, 可用来研究整环上的多项式的根的个数等, 参见本节习题. 下面我们给出定理 2.9.4 的一个重要应用, 即证明唯一分解整环的多项式环也是唯一分解整环. 为此我们先引进一些定义.

定义2.9.6 设 R 为唯一分解整环, 称一个非零多项式 $f(x) \in R[x]$ 为**本原多项式**, 如果 $f(x)$ 的系数是互素的 (即最大公因子为单位).

若 $f(x)$ 为 R 上的非零多项式, 令 c 为 $f(x)$ 的系数的一个最大公因子, 则 $f(x)$ 可以写成 $f(x) = cf_1(x)$ 的形式, 其中 $f_1(x)$ 的系数是互素的, 因而 $f_1(x)$ 是本原多项式. 上面的分解在相伴意义下是唯一的. 我们称 c 为 $f(x)$ 的容度, 记为 $c(f)$. 由定义, $f(x)$ 是本原多项式当且仅当 $c(f)$ 为单位. 现在我们证明著名的 Gauss 引理.

引理2.9.7 设 R 为唯一分解整环, $f(x), g(x)$ 为 R 上两个非零多项式, 则 $c(fg) = c(f)c(g)$. 特别地, 两个本原多项式的乘积还是本原多项式.

证 设 $c = c(f), d = c(g)$, 则 $f(x) = cf_1(x), g(x) = dg_1(x)$, 其中 $f_1(x)$, $g_1(x)$ 是本原多项式. 由于 $f(x)g(x) = cdf_1(x)g_1(x)$, 故由第二个结论可以推出第一个结论. 下面我们证明两个本原多项式 $f_1(x), g_1(x)$ 的乘积还是本原多项式. 采用反证法, 假定 $f_1(x)g_1(x)$ 不是本原多项式, 则存在 R 中不可约元素 p 使其整除 $f_1(x)g_1(x)$ 的所有系数. 设 $f_1(x) = \sum a_i x^i$, $g_1(x) = \sum b_j x^j$ 且 a_s, b_t 分别是 $f_1(x), g_1(x)$ 中第一个不能被 p 整除的系数 (这是存在的, 因为 $f_1(x), g_1(x)$ 都是本原的). 考虑 $f_1(x)g_1(x)$ 中 x^{s+t} 的系数

$$\cdots + a_{s-1}b_{t+1} + a_s b_t + a_{s+1}b_{t-1} + \cdots .$$

注意到 p 整除上式中除了 $a_s b_t$ 中的各项, 因此 $p | a_s b_t$. 但是 $p \nmid a_s, p \nmid b_t$. 但是唯一分解整环中所有不可约元素一定是素元素, 这是矛盾.

引理2.9.8 设 $f(x), g(x)$ 为唯一分解整环 R 上的非零多项式, $g(x)$ 为本原多项式, $b \in R^*$, 且 $g(x) \,|\, bf(x)$, 则 $g(x) \,|\, f(x)$.

证 设 $bf(x) = g(x)h(x)$, 其中 $h(x) \in R[x]$. 由引理 2.9.7, $c(gh) = c(h) = c(bf) = bc(f)$. 因此在 R 上 $b \,|\, c(h)$, 于是 $b \,|\, h(x)$, 故 $g(x) | f(x)$.

现在我们可以证明本节的主要定理了.

定理2.9.9 设 R 为唯一分解整环, 则 R 上的一元多项式环 $R[x]$ 也是唯一分解整环.

证 先证 $R[x]$ 满足有限析因条件. 我们用归纳法. 显然, R 中的一个非零元素在 $R[x]$ 中不可约 (是单位) 当且仅当在 $R[x]$ 中不可约 (是单位). 因 R 是唯一分解整环, 故 $R[x]$ 中每个 0 次多项式 (即 R^* 中元素) 或为单位, 或者可以分解为有限个不可约元素的乘积. 现在假定 $f(x)$ 为 R 上次数为 n 的多项式, 其中 $n > 0$, 且每个次数小于 n 的多项式都可以分解成有限个不可约元素的乘积. 将 $f(x)$ 写成 $f(x) = cf_1(x)$, 其中 $c = c(f)$, $f_1(x)$ 是本原多项式. 由前面的讨论, 只需考虑 $f_1(x)$ 的分解. 如果 $f_1(x)$ 不可约, 则 $f(x)$ 已经可以分解为有限个不可约元素的乘积了. 如果 $f_1(x)$ 是可约元素, 则在 $R[x]$ 中有分解 $f_1(x) = g(x)h(x)$, 其中 $g(x), h(x)$ 都是 $R[x]$ 中非零非单位的元素. 因为 $f_1(x)$ 是本原的, $g(x), h(x)$ 都不能是 R^* 中元素. 因此 $g(x), h(x)$ 的次数都大于 0 且都小于 n. 由归纳假设, $g(x), h(x)$ 都可以分解成有限个不可约元素的乘积, 因此 $f_1(x)$ 也可以分解为有限个不可约元素的乘积. 这

证明了 $R[x]$ 满足有限析因条件.

下面我们证明 $R[x]$ 满足素条件. 设 $p(x)$ 为 $R[x]$ 中不可约元素且整除 $f(x)g(x)$. 如果 $p(x)$ 的次数为 0, 则 $p(x)=p$ 本身就是 R 中的不可约元素 (即素元素), 于是 p 整除 $c(fg)=c(f)c(g)$. 故 p 整除 $c(f)$ 或 $c(g)$, 即 p 整除 $f(x)$ 或 $g(x)$. 下设 $p(x)$ 的次数大于零且不能整除 $f(x)$, 我们证明 $p(x)$ 整除 $g(x)$. 考虑 $R[x]$ 的子集

$$G=\{u(x)p(x)+v(x)f(x)|u(x),v(x)\in R[x]\}.$$

设 $k(x)$ 是 G 中次数最低的一个 (非零) 多项式, 其首项系数为 a. 由定理 2.9.4, 存在非负整数 m 和多项式 $q(x)$, $r(x)$ 使得 $a^m f(x)=k(x)q(x)+r(x)$, 其中 $r(x)=0$ 或 $\deg r(x)<\deg k(x)$. 由 $k(x)\in G$ 我们容易看出 $r(x)=a^m f(x)-k(x)q(x)\in G$. 如果 $r(x)\neq 0$, 则 $r(x)$ 是 G 中次数小于 $\deg k(x)$ 的非零多项式, 与 $k(x)$ 的取法矛盾. 因此必有 $r(x)=0$, 从而 $a^m f(x)=k(x)q(x)$. 现在将 $k(x)$ 分解为 $k(x)=ck_1(x)$, 其中 $c=c(k)$ 为 $k(x)$ 的容度, $k_1(x)$ 为本原多项式. 由引理 2.9.8, $k_1(x)\,|\,f(x)$. 类似可得 $k_1(x)\,|\,p(x)$. 由于 $p(x)$ 不可约且不整除 $f(x)$, 我们可得 $k_1(x)$ 是 $R[x]$ 中的单位, 从而是 R 中的单位. 这说明 $k(x)=k\in R$. 设 $k=u(x)p(x)+v(x)f(x)$, 则 $kg(x)=u(x)p(x)g(x)+v(x)f(x)g(x)$, 由此得 $p(x)$ 整除 $kg(x)$. 因 $p(x)$ 为次数大于零的不可约多项式, $p(x)$ 必然是本原多项式. 故由引理 2.9.8 得 $p(x)\,|\,g(x)$. 至此定理证毕. □

习 题 2.9

1. 证明推论 2.9.3.

2. 设 R 为整环, 试证明 $R[x]$ 上的所有 R-自同构构成一个群, 且该群是 U 与 $\{R;+\}$ 的半直积, 其中 U 为 R 的单位群.

3. 设 R 是整环, $f(x)\in R[x]$, 则 $a\in R$ 为 $f(x)$ 的根当且仅当 $(x-a)$ 整除 $f(x)$.

4. 设 R 是整环, $f(x)\in R[x]$, $a_1,a_2,\cdots,a_s$ 为 $f(x)$ 的不同的根, 则 $(x-a_1)(x-a_2)\cdots(x-a_s)$ 整除 $f(x)$. 由此证明整环上次数为 m 的多项式的不同根的个数最多为 m.

5. 试求出多项式 $x^5-10x^4+35x^3-50x^2+24x$ 在 $\mathbb{Z}_{16}$ 上的所有根.

6. 设 p 为一个素数, 试证明在 $\mathbb{Z}_p[x]$ 中有分解

$$(x^p-x)=x(x-1)(x-2)\cdots(x-(p-1)).$$

7. 证明 Wilson 定理: 若 p 为素数, 则 $p\,|\,((p-1)!+1)$.

8. 设 p 为素数, $f(x)\in\mathbb{Z}_p[x]$, $f(x)\neq 0$, 证明: 若存在 $g(x)\neq 0$, 使得 $g^2(x)\,|\,f(x)$, 则商环 $\mathbb{Z}_p[x]/\langle f(x)\rangle$ 有非零的幂零元.

9. 设 R_1 为交换幺环, R 为 R_1 的子环且包含 R_1 的幺元. 试证明: 如果 $a_1,a_2,\cdots,a_n\in R_1$ 在 R 上代数无关, 则 $a_1,a_2,\cdots,a_n$ 都是 R 上的超越元.

10. 设 R 为整环, $f(x_1,\cdots,x_n)$ 是 R 上非零 n 元多项式, 又 S 是 R 中的一个无限子集, 则必存在 $a_1,\cdots,a_n\in S$ 使得 $f(a_1,\cdots,a_n)\neq 0$.

11. 试证明实数域 $\mathbb{R}$ 上的形式幂级数环 $\mathbb{R}[[t]]$ 是一个唯一分解整环.

训练与提高题

12. 设 R 是整环但不是域, 证明 $R[x]$ 不是主理想整环.

13. 设 (R,δ) 为欧几里得环, 且满足条件 $\delta(ab)=\delta(a)\delta(b)$, $\delta(a+b)\leqslant\max(\delta(a),\delta(b))$, $\forall a,b\in R^*$. 证明 R 或为域, 或为一个域上的一个一元多项式环.

14. (Eisenstein 判别法) 设 R 为唯一分解整环, F 为 R 的分式域,

$$f(x)=a_nx^n+a_{n-1}x^{n-1}+\cdots+a_1x+a_0\in R[x],$$

且存在不可约元素 $p\in R$, 使得 $p\,|\,a_i, 0\leqslant i\leqslant n-1$, $p\nmid a_n$, $p^2\nmid a_0$, 证明: $f(x)$ 在 $F[x]$ 上为不可约元素.

2.10 对称多项式

本节考虑交换幺环上的对称多项式. 设 R 为交换幺环, $f(x_1,\cdots,x_n)$ 是 R 上的 n 元多项式. 假定 $\sigma\in S_n$ 是一个 n 元置换, 则存在唯一的自同构 T 使得 $T(x_i)=x_{\sigma(i)}$. 我们将这一自同构记为 σ^*. 显然有 $(\sigma\tau)^*=\sigma^*\tau^*$, $\forall\sigma,\tau\in S_n$.

定义2.10.1 多项式 $f(x_1,x_2,\cdots,x_n)\in R[x_1,\cdots,x_n]$ **称为对称的**, 如果对任何 $\sigma\in S_n$ 有 $\sigma^*(f)=f$.

显然, 如果 f, g 是对称多项式, 则 $f+g$, fg 也是. 因此所有对称多项式的集合构成 $R[x_1,x_2,\cdots,x_n]$ 的一个子环 $\mathcal{S}[x_1,x_2,\cdots,x_n]$, 且 $R\in\mathcal{S}[x_1,x_2,\cdots,x_n]$. 本节我们将证明 $\mathcal{S}[x_1,x_2,\cdots,x_n]$ 是 R 上的一个 n 元多项式环, 并找出该多项式环的一组生成元.

例2.10.2 设

$$\begin{aligned}
p_1&=x_1+x_2+\cdots+x_n;\\
p_2&=x_1x_2+x_1x_3+\cdots+x_1x_n+x_2x_3+\cdots=\sum_{i<j}x_ix_j;\\
p_3&=\sum_{i<j<k}x_ix_jx_k;\\
&\cdots\cdots\\
p_n&=x_1x_2\cdots x_n,
\end{aligned}$$

则 $p_1,p_2,\cdots,p_n$ 都是对称多项式, 称为**初等对称多项式**.

下面的定理是非常重要的, 称为**对称多项式基本定理**. 为了证明这一定理需要用到多元多项式的字典序的概念. 设 $f = ax_1^{i_1}x_2^{i_2}\cdots x_n^{i_n}$, $g = bx_1^{j_1}x_2^{j_2}\cdots x_n^{j_n}$ 是交换幺环 R 上的两个非零 n 元单项式, 我们称按照**字典序** f 大于 g, 记为 $f \succ g$, 如果数组 $(i_1, i_2, \cdots, i_n)$, $(j_1, j_2, \cdots, j_n)$ 中第一个不等的整数满足 $i_k > j_k$, 也就是说, 存在一个指标 $k \geqslant 1$, 使得对于 $l < k$, 有 $i_l = j_l$, 而 $i_k > j_k$. 作为例子我们有 $x_1^2x_2x_3 \succ x_1x_2^5x_3^4$, $x_1x_2x_3^3x_4 \succ x_1x_2x_3^2x_4^9$ 等.

定理2.10.3 设 R 为交换幺环, 则 R 上的初等对称多项式 $p_1, p_2, \cdots, p_n$ 在 R 上代数无关, 而且 $\mathcal{S}[x_1, x_2, \cdots, x_n] = R[p_1, p_2, \cdots, p_n]$. 换言之, 每个对称多项式都可以唯一地表示成初等对称多项式的多项式.

证 我们先证明每个对称多项式都可以写成初等对称多项式的多项式, 证明的过程也是将具体的对称多项式写成初等对称多项式的多项式的过程. 设 f 为非零对称多项式, 且

$$f = f_1 + f_2 + \cdots + f_m$$

为其齐次分解. 由于 σ^*, $\sigma \in S_n$ 将 k 次齐次多项式变为 k 次齐次多项式, 故由 f 对称可以推出 f_j, $j = 1, 2, \cdots, m$ 对称. 因此无妨设 f 本身是 (非零) 齐次对称多项式. 假定 f 是 m 次的且按照字典序其最高项为

$$ax_1^{k_1}x_2^{k_2}\cdots x_n^{k_n}, \quad a \neq 0.$$

我们断定 $k_1 \geqslant k_2 \geqslant \cdots \geqslant k_n$. 若不然存在 $1 \leqslant i \leqslant n-1$ 使 $k_i < k_{i+1}$. 取 $\sigma \in S_n$ 使 $\sigma(j) = j (j \neq i, i+1), \sigma(i) = i+1, \sigma(i+1) = i$, 即 $\sigma = (i, i+1)$. 于是 $f = \sigma^*(f)$ 中有一项为 $ax_1^{k_1}\cdots x_{i-1}^{k_{i-1}}x_i^{k_{i+1}}x_{i+1}^{k_i}\cdots x_n^{k_n}$. 但是

$$ax_1^{k_1}\cdots x_{i-1}^{k_{i-1}}x_i^{k_{i+1}}x_{i+1}^{k_i}\cdots x_n^{k_n} > ax_1^{k_1}x_2^{k_2}\cdots x_n^{k_n},$$

这与 $ax_1^{k_1}x_2^{k_2}\cdots x_n^{k_n}$ 是最高项矛盾, 因此断言成立. 令 $d_1 = k_1 - k_2, d_2 = k_2 - k_3, \cdots, d_{n-1} = k_{n-1} - k_n, d_n = k_n$, 则容易看出 $p_1^{d_1}p_2^{d_2}\cdots p_n^{d_n}$ 的最高项为

$$x_1^{k_1}x_2^{k_2}\cdots x_n^{k_n}.$$

因此 m 次齐次对称多项式 $g_1 = f - ap_1^{d_1}\cdots p_n^{d_n}$ 要么为零, 要么它的最高项 $bx_1^{l_1}\cdots\cdot x_n^{l_n} < ax_1^{k_1}\cdots x_n^{k_n}$. 同样的过程用到 g_1 上可以继续降低最高项. 由于 m 次单项式只有有限项, 因此这一过程必然终止, 即经过有限步后一定会得到零多项式, 这一步骤反解上去, 就可以将 f 写成 $p_1, p_2, \cdots, p_n$ 的多项式.

下证 $p_1, p_2, \cdots, p_n$ 代数无关. 注意到对于 $d_1, d_2, \cdots, d_n \geqslant 0$, $p_1^{d_1}p_2^{d_2}\cdots p_n^{d_n}$ 的最高项为

$$x_1^{d_1+d_2+\cdots+d_n}x_2^{d_2+\cdots+d_n}\cdots x_n^{d_n}.$$

设 $F(x_1, x_2, \cdots, x_n) \in R[x_1, \cdots, x_n]$ 为非零多项式, 其齐次分解为

$$F = F_1 + F_2 + \cdots + F_q, \quad F_q \neq 0,$$

而 F_q 中的最高项为 $a_{d_1d_2\cdots d_n}x_1^{d_1}x_2^{d_2}\cdots x_n^{d_n}$, $a_{d_1d_2\cdots d_n}\neq 0$. 则显然 $F(p_1,p_2,\cdots,p_n)$ 的展开式中有一个单项式为

$$a_{d_1d_2\cdots d_n}x_1^{d_1+d_2+\cdots+d_n}x_2^{d_2+\cdots+d_n}\cdots x_n^{d_n},$$

而其他各个单项式或者次数小于上面的多项式, 或者按照字典序小于上述单项式; 换言之, $F(p_1,p_2,\cdots,p_n)$ 的展开式中没有任何一个单项式能够与上述单项式抵消, 因此 $F(p_1,p_2,\cdots,p_n)\neq 0$. 故 $p_1,p_2,\cdots,p_n$ 是代数无关的. □

下面我们用一个例子来说明上述定理的证明过程.

例2.10.4 将有理数域上的三元齐次对称多项式 $x_1^3+x_2^3+x_3^3$ 写成初等对称多项式的多项式.

解 由于 $x_1^3+x_2^3+x_3^3$ 的最高项为 x_1^3, 故先令

$$g_1=(x_1^3+x_2^3+x_3^3)-p_1^3=-3(x_1^2x_2+x_2^2x_1+\cdots)-6x_1x_2x_3.$$

g_1 的最高项为 $-3x_1^2x_2$, 故再令

$$g_2=g_1-(-3p_1p_2)=3x_1x_2x_3=3p_3.$$

因此

$$x_1^3+x_2^3+x_3^3=p_1^3-3p_1p_2+3p_3.$$

最后我们介绍一种常用的待定系数法, 我们还是用上面的例子来说明. 注意到多项式 $x_1^3+x_2^3+x_3^3$ 的次数为 3, 首项是 x_1^3, 对应一个三元数组 $(3,0,0)$, 那么数字之和为 3 且递减, 而按照字母序小于上述数组的三元数组有 $(2,1,0),(1,1,1)$. 这些数组对应的初等对称多项式的单项式分别是 p_1^3,p_1p_2,p_3. 于是一定存在常数 a,b,c 使得

$$x_1^3+x_2^3+x_3^3=ap_1^3+bp_1p_2+cp_3.$$

利用若干特殊的取值容易确定 $a=1,b=-3,c=3$. 当然, 对于我们现在这个例子, 待定系数法并不会将计算简化很多. 但是这种方法在处理某些复杂对称多项式时会非常有效, 参见本节习题. 另外值得注意的是, 上述例子中的多项式是齐次对称多项式. 如果要将一个一般的对称多项式利用待定系数法写成初等对称多项式的多项式, 我们只需对其齐次部分逐一处理即可.

习 题 2.10

1. 设 $\Delta_n=\prod\limits_{1\leqslant i<j\leqslant n}(x_i-x_j)$. 试证明 Δ_n^2 是对称多项式, 并将 Δ_3^2 写成初等对称多项式的多项式.

2. 试用待定系数法将对称多项式 $f(x)=(x_1^3+x_2^3)(x_2^3+x_3^3)(x_1^3+x_3^3)$ 写成初等对称多项式的多项式.

3. 试将对称多项式 $(x_1^2+x_2x_3)(x_2^2+x_1x_3)(x_3^2+x_1x_2)$ 写成初等对称多项式的多项式.

4. 设 R 为交换幺环, $x_1,x_2,\cdots,x_n\in R$, 且 $f(x)=(x-x_1)(x-x_2)\cdots(x-x_n)=x^n-p_1x^{n-1}+\cdots+(-1)^np_n$. 令 $s_0=n$, $s_k=x_1^k+x_2^k+\cdots+x_n^k$, $k=1,2,\cdots$. 试证明

$$x^{k+1}f'(x)=(s_0x^k+s_1x^{k-1}+\cdots+s_k)f(x)+g(x),$$

其中 $f'(x)$ 是 $f(x)$ 的形式微商, 且 $\deg g(x)<n$.

5. 设 R 为交换幺环, 试在 $R[x_1,x_2,x_3]$ 中将对称多项式 $x_1^2x_2x_3+x_1x_2^2x_3+x_1x_2x_3^2$ 写成 s_1,s_2,s_3 的多项式.

6. 设 R 为交换幺环, $a\in R$, 试将对称多项式 $\prod\limits_{i=1}^{n}(x_1+\cdots+x_{i-1}+ax_i+x_{i+1}+\cdots+x_n)$ 写成初等对称多项式的多项式.

7. a,b,c 为复数, 试证明多项式 x^3+ax^2+bx+c 的三个根成等差数列的充要条件是 $2a^3-9ab+27c=0$.

8. 设 x_1,x_2,x_3,x_4,x_5 为复数域上多项式 x^5-3x^3-5x+1 的根, 试求 $\sum\limits_{i=1}^{5}x_i^4$.

训练与提高题

9. 试证明牛顿公式:

$$s_k-s_{k-1}p_1+\cdots+(-1)^{k-1}s_1p_{k-1}+(-1)^kkp_k=0,\quad k\leqslant n;$$
$$s_k-s_{k-1}p_1+\cdots+(-1)^ns_{k-n}p_n=0,\quad k>n.$$

10. 试证明 $s_1,s_2,\cdots,s_n$ 也是 R 上的多项式环 $\mathcal{S}[x_1,x_2,\cdots,x_n]$ 的一组生成元.

2.11 本 章 小 结

本章我们学习了环的基本概念和基本性质. 大家可以看到, 由于有两种代数运算, 环论的内容比群论要更为丰富, 研究的方法也更多, 例如, 多项式的概念就在群论中找不到对应物. 正因为如此, 环论的应用非常广泛.

我们同时看到, 环论中有很多定理或定义无论是从内容还是证明看, 都与群论非常类似, 例如, 环的同态基本定理就是如此, 还有环的子环、理想和商环的概念与群论中的子群、正规子群和商群的概念也很类似. 但是我们更应该看到的是环论与群论不同的地方. 首先, 环论中很多概念在群论中是无法定义的, 例如, 无零因子环及其特征, 以及由此导出的整环、除环、域等. 当然最为重要的是, 环论中的多项式理论是很多代数学的其他分支的基础, 例如, 交换代数、代数几何等.

环论中还有很多理论在本书中没有介绍, 如理想的理论、Noether 环、Artin 环等, 有兴趣的读者可以自己阅读有关的参考书.

第 3 章 模

本章我们介绍模的基本概念和基本性质. 模的严格定义最早是由德国著名数学家 E. Noether 给出的. Noether 第一次发现有限群的矩阵表示理论和代数结构理论之间可以用模的概念联系起来, 因此对模进行了系统的研究. 正因为如此, 模的研究一直与表示理论和代数的研究密不可分.

从逻辑上来说, 模是线性代数中线性空间的推广. 一方面, 任何线性空间本身可以看成其基域上的模. 另一方面, 我们知道, 域上线性空间上线性变换的研究是线性代数的核心内容. 而我们即将看到, 给定一个域 F 上线性空间 V 上的线性变换后, V 就可以看成是主理想整环 $F[\lambda]$ 上的一个模, 而用这个观点可以很容易导出线性变换的标准形的存在性和唯一性. 模的概念的另一个重要应用是有限生成的交换群的分类. 本章我们将详细讲述主理想整环上的有限生成模的结构理论, 以及这一理论在线性变换的标准形和有限生成交换群的分类中的应用.

3.1 模的基本概念

本节我们叙述模的基本概念. 模的定义与线性空间的定义非常相似, 只需将线性空间中的基域改为更为广泛的幺环即可. 我们先给出准确的定义.

定义3.1.1 设 R 为幺环, M 是一个交换群 (其运算用加法表示), 如果有一个从 $R\times M$ 到 M 的映射 $(a,x)\mapsto ax$ 满足条件:

(1) 对任何 $a,b\in R$ 及 $x\in M$, $(a+b)x=ax+bx$;

(2) 对任何 $a\in R$ 及 $x,y\in M$, $a(x+y)=ax+ay$;

(3) 对任何 $x\in M$, $1x=x$, 其中 1 为 R 的幺元;

(4) 对任何 $a,b\in R$ 及 $x\in M$, $a(bx)=(ab)x$,

则称 M 为一个左 R 模.

一般我们将模的定义中 $R\times M$ 到 M 的映射 $(a,x)\mapsto ax$ 称为 R 与 M 的纯量乘法.

类似地, 如果 M 是一个交换群, 且存在一个由 $M\times R$ 到 M 的映射 $(x,a)\mapsto xa$ 满足类似上面的 (1)—(4) 的条件, 则称 M 为一个**右 R 模**. 如果 M 是一个左 R 模, 又是一个右 R 模, 而且满足 $a(xb)=(ax)b, \forall a,b\in R, x\in M$, 则称 M 为一个**双模**. 我们特别声明, 本章我们一般处理幺环上的左模. 当然对于左模成立的结论, 一般来说对于右模也是成立的, 读者也可以自己断定这些结果对于双模是否成立. 此外, 我们经常将"左模"简单说成"模".

下面我们给出模的一些基本实例, 读者由此可以看出, 模的概念是从大量数学对象的研究中抽象出来的, 因此其范围是非常广泛的.

例3.1.2　首先, 任何域 F 上的线性空间 V 一定是 F 作为幺环上的左模. 事实上, 线性空间定义中的前四个条件恰好说明 V 本身具有交换群的结构, 而后面的四个条件正好是左模定义中的条件.

例3.1.3　设 G 为一个交换群, 定义 $\mathbb{Z}\times G$ 到 G 的映射: $(m,x)\mapsto mx$, 则容易验证上述映射满足定义 3.1.1 的条件 (1)–(4), 这样任何一个交换群就可以看成整数环上的左模. 这一观点将导出有限生成交换群的分类.

例3.1.4　任何一个环 R 都可以看成一个 R-模. 事实上, 如果我们只考虑加法, 则 $M=\{R;+\}$ 成为一个交换群, 而通过环的乘法就可以将交换群 M 看成环 R 上的模.

例3.1.5　例 3.1.2 说明任何域 F 上的线性空间 V 都可以看成 F 上的模, 现在我们给定 V 上的一个线性变换 $\mathcal{A}$, 则可以将 V 看成 F 上的一元多项式环 $F[\lambda]$ 上的左模. 事实上, 对任何多项式 $f(\lambda)$ 以及 V 中的一个向量 v, 定义

$$f(\lambda)v=f(\mathcal{A})(v),$$

则容易验证模的条件全部是成立的, 因此 V 成为 $F[\lambda]$ 上的一个模. 这一观点将导出一般域上线性空间上的线性变换的标准形理论.

作为练习, 请读者补足上面几个例子中略去的细节.

现在我们列出一些模的若干简单性质. 首先注意, 对于左 R 模 M, 在不致引起混淆的情况下, 我们将 M 作为加法群的零元和环 R 的零元都记成 0. 那么容易证明, 对任何 $a\in R$, 有 $a0=0$; 同时, 对任何 $x\in M$, 有 $0x=0$. 由此我们导出 $a(-x)=(-a)x=-(ax), \forall a\in R, x\in M$. 同时从模的定义又容易得到, 对任何 $a_1,a_2,\cdots,a_n\in R$, $x_1,x_2,\cdots,x_m\in M$, 有

$$\left(\sum_{i=1}^n a_i\right)\left(\sum_{j=1}^m x_j\right)=\sum_{i=1}^n\sum_{j=1}^m a_ix_j.$$

下面我们介绍子模、商模以及模的同态的概念及其基本性质.

定义3.1.6 设 R 为幺环, R 上的模 M 的一个非空子集 N 称为 M 的**子模**, 如果 N 在 M 的加法运算和 R 与 M 的纯量乘法运算下成为一个 R-模.

思考题3.1.7 试证明 N 为 M 的子模的充分必要条件是:

(1) N 是加法群 M 的子群;

(2) 对任何 $a \in R, x \in N$, 有 $ax \in N$.

对应到例 3.1.2—例 3.1.4, 我们可以得到一些常见的子模的例子: ① 域 F 上线性空间 V 的一个非空子集 W 是子模当且仅当 W 是 V 的线性子空间; ② 交换群 G 的非空子集 H 是 G 作为 $\mathbb{Z}$-模的子模当且仅当 H 是 G 的子群; ③ 将环 R 看成 R-模, 则 R 的非空子集 R_1 是子模当且仅当 R_1 是 R 的左理想; ④ 如果 $\mathcal{A}$ 是域 F 上线性空间 V 上的线性变换, 且将 V 看成 $F[\lambda]$-模, 则 V 的非空子集 W 是子模, 当且仅当 W 是 $\mathcal{A}$ 的不变子空间. 这些结论的证明留给读者作为练习.

给定 R-模 M 的两个子模 M_1, M_2, 容易看出交集 $M_1 \cap M_2$ 也是 M 的子模. 此外, 如果定义

$$M_1 + M_2 = \{x_1 + x_2 | x_1 \in M_1, x_2 \in M_2\},$$

则 $M_1 + M_2$ 也是 M 的子模, 称为子模 M_1 与 M_2 的和. 值得注意的是, 任意多个 (可以无穷) 子模的交一定是子模, 而关于子模的和的结论只能推广到任何有限多个子模的和的情形.

现设 $S \subset M$ 为一个非空子集, 则 M 中所有包含 S 的子模 (例如, M 本身就是一个) 的交还是 M 的一个子模, 称为由 S 生成的子模, 记为 $[S]$. 一般地, 如果 $[S] = M$, 则称 S 为 M 的一个生成组. 如果模 M 中存在一个元素 y 使得 $[y] = M$, 则称 M 为循环模. 模 M 称为有限生成的, 如果存在 M 中的一个有限子集 S_1, 使得 $[S_1] = M$. 显然, 一个交换群 G 作为 $\mathbb{Z}$-模是循环模当且仅当 G 是循环群; 而 G 作为 $\mathbb{Z}$-模是有限生成模当且仅当 G 是有限生成群.

思考题3.1.8 试证明 $[S] = \left\{ \sum\limits_{i=1}^{m} a_i y_i \middle| m \in \mathbb{N}, a_i \in R, y_i \in S \right\}$.

现在我们介绍**子模的直和**的概念.

定义3.1.9 设 M 的子模 $M_1, M_2, \cdots, M_s$ 满足 $M = M_1 + M_2 + \cdots + M_s$ 且任意 M 中元素 u 表示成 $u = a_1 + a_2 + \cdots + a_s$, $a_i \in M_i$ 的方法是唯一的, 则称 M 为 $M_1, M_2, \cdots, M_s$ 的(**内**) **直和**, 记为 $M = M_1 \oplus M_2 \oplus \cdots \oplus M_s$.

定理3.1.10 设 $M_i, 1 \leqslant i \leqslant s$ 为模 M 的子模, 且 $M = M_1 + M_2 + \cdots + M_s$, 则下面三个条件等价:

(1) $M = M_1 \oplus M_2 \oplus \cdots \oplus M_s$;

(2) 如果 $a_i \in M_i, 1 \leqslant i \leqslant s$ 使得 $a_1 + a_2 + \cdots + a_s = 0$, 则 $a_1 = a_2 = \cdots = a_s = 0$,

简言之, 0 的表示法唯一.

(3) 对任何 i, 我们有

$$M_i \cap \left(\sum_{j \neq i} M_j\right) = \{0\}. \tag{3.1}$$

这一定理的证明与高等代数中线性空间直和的相关结果完全类似, 我们留作习题.

定义3.1.11 设 $N_1, N_2, \cdots, N_n$ 为 R-模, 在直积集合 $N = N_1 \times N_2 \times \cdots \times N_n$ 上定义加法以及 R 与 N 的纯量乘法如下

$$(x_1, \cdots, x_n) + (y_1, \cdots, y_n) = (x_1 + y_1, \cdots, x_n + y_n),$$
$$a(x_1, \cdots, x_n) = (ax_1, \cdots, ax_n), \quad x_i, y_i \in N_i, \quad 1 \leqslant i \leqslant n, \quad a \in R,$$

则 N 成为一个 R-模, 称为 $N_1, N_2, \cdots, N_n$ 的**外直和**, 记为

$$N = N_1 \otimes \cdots \otimes N_n.$$

下面的命题说明外直和与直和没有本质的区别.

命题3.1.12 设 $N = N_1 \otimes N_2 \otimes \cdots \otimes N_n$ 为 R 模 $N_1, N_2, \cdots, N_n$ 的外直和, 令

$$N_i' = \{(0, 0, \cdots, 0, x_i, 0, \cdots, 0) \in N \mid x_i \in N_i\},$$

则 N_i' 为 N 的子模, 而且 N 是 $N_1', N_2', \cdots, N_n'$ 的内直和.

证 显然, 对任何 $\alpha_1, \alpha_2 \in N_i'$, 有 $\alpha_1 - \alpha_2 \in N_i'$, 因此 N_i' 是 N 的加法子群. 此外, 对任何 $a \in R, x_i \in N_i$, 有 $a(0, \cdots, 0, x_i, 0, \cdots, 0) = (0, \cdots, 0, ax_i, 0, \cdots, 0) \in N_i'$, 因此 N_i' 是 N 的子模. 又对任何 $x_i \in N_i, 1 \leqslant i \leqslant n$,

$$(x_1, \cdots, x_n) = (x_1, 0, \cdots, 0) + \cdots + (0, \cdots, 0, x_n).$$

因此 $N = N_1' + N_2' + \cdots + N_n'$. 此外, 条件 (3.1) 显然成立, 因此 $N = N_1' \oplus N_2' \oplus \cdots \oplus N_n'$. □

最后我们介绍商模以及模的同态基本定理.

定理3.1.13 设 N 为 R-模 M 的子模, 则作为加法群 N 为 M 的正规子群, 因此商群 M/N 是交换群. 现在定义 R 与 M/N 的纯量乘法如下:

$$a(x + N) = ax + N, \quad a \in R, \ x \in M.$$

则 M/N 在上述两种运算下成为一个 R-模, 称为 M 对 N 的**商模**.

证 我们先验证纯量乘法的定义是合理的. 事实上, 如果 $x_1, x_2 \in M$, 使得 $x_1 + N = x_2 + N$, 则 $x_1 - x_2 \in N$, 因 N 为子模, 故 $\forall a \in R, a(x_1 - x_2) = ax_1 - ax_2 \in N$, 从而 $ax_1 + N = ax_2 + N$. 这证明了纯量乘法的合理性. 容易验证定义 3.1.1 中的条件 (1)—(4) 成立, 因此 M/N 是 R-模. □

定义3.1.14 设 M_1, M_2 为两个 R-模, 一个由 M_1 到 M_2 的映射 ϕ 称为**模同态**, 如果 ϕ 满足条件:

(1) 对任何 $x, y \in M_1$, 有 $\phi(x+y) = \phi(x) + \phi(y)$;

(2) 对任何 $a \in R$ 及 $x \in M_1$ 有 $\phi(ax) = a\phi(x)$.

条件 (1) 说明 ϕ 是加法群 M_1 到 M_2 的群同态. 如果一个模同态 ϕ 是满射, 则称 ϕ 为满同态; 如果模同态 ϕ 为双射, 则称 ϕ 为模同构. 显然, 两个模同态的复合映射是模同态, 一个模同构的逆映射也是模同构. 如果模 M_1 与 M_2 之间存在一个同构, 则称 M_1 与 M_2 是同构的, 记为 $M_1 \simeq M_2$. 显然, 同构关系是 R- 模的集合中的一种等价关系.

例3.1.15 在命题 3.1.12 中, 定义 N_i 到 N_i' 的映射 φ_i 如下:

$$\varphi_i(x_i) = (0, \cdots, 0, x_i, 0, \cdots, 0), \quad x_i \in N_i,$$

其中右边元素的第 i 个分量为 x_i, 而其余分量为零, 则 φ_i 是同构, 因此 N_i 与 N_i' 是同构的模.

命题3.1.16 设 ϕ 为模 M_1 到 M_2 的同态. 令

$$\operatorname{Ker}\phi = \{x \in M_1 \,|\, \phi(x) = 0\}, \quad \operatorname{Im}\phi = \{\phi(x) \,|\, x \in M_1\}.$$

则 $\ker\phi$ 是 M_1 的子模, 而 $\operatorname{Im}\phi$ 是 M_2 的子模, 分别称为同态 ϕ 的核与同态像.

证 我们只证明 $\operatorname{Ker}\phi$ 的情形, 关于 $\operatorname{Im}\phi$ 的证明留给读者. 首先, 因 ϕ 为加法群的同态, 故 $\operatorname{Ker}\phi$ 不是空集且为 M_1 的子群. 现对任何 $a \in R, x \in \operatorname{Ker}\phi$, 有 $\phi(ax) = a\phi(x) = a0 = 0$, 因此 $ax \in \operatorname{Ker}\phi$, 故 $\operatorname{Ker}\phi$ 是 M_1 的子模. □

需要注意的是, 有时我们也将同态像 $\operatorname{Im}\phi$ 直接写成 $\phi(M_1)$, 这在处理一些与子模有关的问题时是方便的.

现在我们叙述**模的同态基本定理**, 因其证明与环的同态基本定理非常类似, 我们留作习题.

定理3.1.17 设 ϕ 为模 M_1 到 M_2 的满同态, 则有

(1) 商模 $M_1/\operatorname{Ker}\phi$ 与模 M_2 同构.

(2) 存在 M_1 的包含 $\operatorname{Ker}\phi$ 的子模与 M_2 的子模之间的一个一一映射.

(3) 如果 N_1 是 M_1 的包含 $\operatorname{Ker}\phi$ 的子模, 则 $M_1/N_1 \simeq M_2/\phi(N_1)$.

最后我们给出一个有趣的例子.

例3.1.18 前面我们看到, 同一个交换群有时可以看成不同幺环上的模, 后面将看到这种观点有时候会非常有用. 同时我们也已经看到, 任何一个交换群都可以看成整数环上的模, 这一观点将导致有限生成的交换群的分类. 但是在这里交换群本身和整数环没有直接的关系. 现在我们给出另外一种观点, 即我们对任何交换群,

定义一个由该群的结构唯一决定的环, 然后将这一交换群看成该环上的模. 设 G 为一个交换群, 将 G 的所有自同态组成的集合记为 $\mathrm{End}(G)$, 在 $\mathrm{End}(G)$ 上定义加法和乘法如下

$$(\xi+\eta)(x)=\xi(x)+\eta(x);$$
$$(\xi\eta)(x)=\xi(\eta(x)),\quad \xi,\eta\in\mathrm{End}(G),\ x\in G,$$

则 $\mathrm{End}(G)$ 成为一个幺环, 称为 G 的群自同态环. 现在我们定义 $\mathrm{End}(G)\times G$ 到 G 的映射为 $(\xi,x)\mapsto\xi(x)$, 则容易验证 G 成为一个 $\mathrm{End}(G)$-模.

思考题3.1.19　设 p 为素数, 试确定 $\mathbb{Z}_p$ 的群自同态环 $\mathrm{End}(\mathbb{Z}_p)$, 并确定 $\mathbb{Z}_p$ 作为 $\mathrm{End}(\mathbb{Z}_p)$ 的模的结构.

习　题　3.1

1. 证明定理 3.1.10.

2. 设 G 为交换群, 且可以在 G 上定义 $\mathbb{Q}$-模的结构, 即存在 $\mathbb{Q}\times G$ 到 G 的映射 ϕ : $(a,x)\mapsto ax$ 使得 G 的加法和 ϕ 定义一个 $\mathbb{Q}$-模. 试证明这样的映射 ϕ 是唯一的.

3. 试证明在非零有限交换群上不可能定义 $\mathbb{Q}$-模的结构.

4. 设 I 为交换幺环 R 的理想, M 为 R- 模, 试证明 $IM=\left\{\sum\limits_{i=1}^{m}a_ix_i\,\middle|\,m\in\mathbb{N},a_i\in I,x_i\in M\right\}$ 是 M 的子模.

5. 设 M 为 R-模, N_1,N_2 为 M 的子模, 试证明

$$I=\{a\in R|ax\in N_2,\forall x\in N_1\}$$

是 R 的理想.

6. 一个复数称为代数整数, 如果它是一个非零的首一整系数多项式的根. 现设 α 是一个代数整数, $R=\mathbb{Z}[\alpha]$, 证明: 对任何正整数 m, $mR=\{m\gamma|\gamma\in R\}$ 是 R 的子模, 而且商模 R/mR 的阶 $|R/mR|$ 有限, 并确定 $|R/mR|$.

7. 一个 R-模 M 称为单模, 如果 M 只有 $\{0\}$ 和 M 两个子模. 试证明 Schur 引理: 如果 φ 是单模 M 到单模 M' 的同态, 则 $\varphi=0$ 或 φ 为一个模同构.

8. 设 M 为 R-模, 定义 M 的零化子为

$$\mathrm{ann}(M)=\{a\in R\,|\,ax=0,\forall x\in M\}.$$

试证明 $\mathrm{ann}(M)$ 为 R 的理想, 并求出 $\mathbb{Z}$-模 $\mathbb{Z}_3\oplus\mathbb{Z}_6\oplus\mathbb{Z}_8$ 的零化子.

9. 设 M 为 R 模, φ 为环 R_1 到 R 的同态. 定义 $R_1\times M\to M$, $(a,x)=\varphi(a)x$, $a\in R_1,x\in M$. 试证明在 M 的加法和上述运算下 M 成为一个 R_1-模.

10. 证明定理 3.1.17.

11. 设 M 为模, M_1, M_2 都是的子模. 试证明:

(1) 若 $M_1 \subset M_2$, 则 $M/M_2 \simeq (M/M_1)/(M_2/M_1)$;

(2) 如果 $M = M_1 \oplus M_2$, 则有 $M_1 \simeq (M_1 + M_2)/M_2, M_2 \simeq (M_1 + M_2)/M_1$.

12. 设 M 为模, M_1, M_2 是 M 的子模, 试证明 $(M_1 + M_2)/M_2 \simeq M_1/(M_1 \cap M_2)$.

13. 设 M 为模, $M_1, M_2, \cdots, M_s$ 为 M 的子模, 试证明 $M = M_1 \oplus M_2 \oplus \cdots \oplus M_s$ 当且仅当

(1) $M = M_1 + M_2 + \cdots + M_s$;

(2) 对任何 $2 \leqslant j \leqslant s$, $M_j \cap \sum\limits_{i=1}^{j-1} M_i = \{0\}$.

14. 试问将上题的条件 (2) 改为 $M_i \cap M_j = \{0\}, \forall i \neq j$, 结论还成立吗? 说明理由.

15. 设 M 为模, $M_1, M_2, \cdots, M_s$ 为 M 的子模, 且 $M = M_1 \oplus M_2 \oplus \cdots \oplus M_s$, 又 N 是 M 的子模, 且 $N = N_1 \oplus N_2 \oplus \cdots \oplus N_s$, 其中 $N_i \subset M_i$, $i = 1, 2, \cdots, s$. 试证明 $M/N \simeq M_1/N_1 \oplus M_2/N_2 \oplus \cdots \oplus M_s/N_s$.

16. 设 M, N 为 R-模, $f: M \to N$, $g: N \to M$ 为模同态, 且满足 $fg(y) = y, \forall y \in N$. 试证明 $M = \ker f \oplus \operatorname{im} g$.

训练与提高题

17. 一个模如果不能分解成两个非零子模的直和, 则称为不可分解模. 试证明整数环 $\mathbb{Z}$ 作为 $\mathbb{Z}$-模是不可分解模, 而 $\mathbb{Z}_m, m > 1$ 作为 $\mathbb{Z}$-模是不可分解模当且仅当 m 是某个素数的幂次.

18. 设 R 为整环, 证明 R 作为 R-模是不可分解模.

19. 设 R 为整环, F 为 R 的分式域, 则 F 作为加法群可以看成 R-模, 证明 F 作为 R 模一定是不可分解模. 特别地, 有理数加法群 $\{\mathbb{Q}; +\}$ 作为 $\mathbb{Z}$-模是不可分解模.

3.2 环上的矩阵与模的自同态环

本节我们一方面研究环上的矩阵的基本性质, 这将为后面研究主理想整环上的有限生成模提供有效的工具. 另一方面, 我们也将利用矩阵来研究模的同态的整体性质.

设 R 为幺环, 单位元为 1. R 上的一个 $m \times n$ 矩阵是一个由 mn 个元素排成的一个 m 行 n 列的矩形阵列, 一般表示成

$$(a_{ij})_{m\times n} = \begin{pmatrix} a_{11} & a_{12} & \cdots & a_{1n} \\ a_{21} & a_{22} & \cdots & a_{2n} \\ \vdots & \vdots & & \vdots \\ a_{m1} & a_{m2} & \cdots & a_{mn} \end{pmatrix},$$

其中 $a_{ij} \in R$, 称为矩阵的第 i 行 j 列的元素. 类似数域上矩阵, 我们可以定义单位矩阵 I_n, 以及上三角矩阵、下三角矩阵、对角矩阵等概念.

将环 R 上所有 $m \times n$ 矩阵组成的集合记为 $R^{m\times n}$. 类似数域上矩阵的做法, 在 $R^{m\times n}$ 上可以定义加法, 同时也可以定义 R 与 $R^{m\times n}$ 的纯量乘法, 则容易验证 $R^{m\times n}$ 成为一个 R-模. 特殊情形, 当 $n=1$ 时, 我们将 $R^{m\times 1}$ 简记为 R^m. 容易看出, 作为 R-模, R^m 与 m 个 R(看成 R-模) 的直和是一样的.

模 R^m 具有特殊的性质, 这在下一节将详细研究. 现在我们考虑 R^m 到 R^n 的所有模同态组成的集合. 一般地, 如果 M, N 是两个 R-模, 将所有由 M 到 N 的模同态组成的集合记为 $\mathrm{Hom}_R(M,N)$(在不会引起混淆时, 经常记为 $\mathrm{Hom}(M,N)$), 在 $\mathrm{Hom}(M,N)$ 上定义加法, 以及 R 与 $\mathrm{Hom}(M,N)$ 的纯量乘法如下:

$$
\begin{aligned}
&(\eta+\xi)(x)=\eta(x)+\xi(x),\\
&(a\eta)(x)=a\eta(x), \quad \eta,\xi\in \mathrm{Hom}(M,N), \quad x\in M, a\in R.
\end{aligned}
$$

则容易验证, 当 R 为交换幺环时 $\mathrm{Hom}(M,N)$ 成为一个 R-模.

定理3.2.1　作为 R-模, $\mathrm{Hom}(R^m,R^n)$ 与 $R^{m\times n}$ 同构.

证　在 R^m 上考虑元素

$$
\begin{aligned}
&e_1=(1,0,0,\cdots,0),\\
&e_2=(0,1,0,\cdots,0),\\
&\cdots\cdots\\
&e_m=(0,0,0,\cdots,1).
\end{aligned}
$$

容易看出, 任何一个 R^m 中元素 $(x_1,x_2,\cdots,x_m)$ 都可以唯一表示成

$$
(x_1,x_2,\cdots,x_m)=\sum_{i=1}^m x_i\boldsymbol{e}_i.
$$

同样地, 如果我们令 $f_j\in R^n$, $j=1,2,\cdots,n$, 使得 f_j 的第 j 列元素为 1, 而其余元素为 0, 则 R^n 中任何一个元素 $(y_1,y_2,\cdots,y_n)$ 也可以唯一表示成 $(y_1,y_2,\cdots,y_n)=\sum\limits_{j=1}^n y_jf_j$.

现设 $\eta\in \mathrm{Hom}(R^m,R^n)$, 则对任何 $1\leqslant i\leqslant m$, 存在唯一的一组 R 中元素 a_{ij}, $j=1,2,\cdots,n$, 使得 $\eta(e_i)=\sum\limits_{j=1}^n a_{ij}f_j$. 令 $M(\eta)=(a_{ij})_{m\times n}$, 我们得到一个由 $\mathrm{Hom}(R^m,R^n)$ 到 $R^{m\times n}$ 的映射 φ, $\varphi(\eta)=M(\eta)$. 显然 φ 是模同态, 而且 φ 是单射. 又对任何 $B=(b_{ij})_{m\times n}\in R^{m\times n}$, 作映射 $\xi: R^m\to R^n$, 使得

$$
\xi(x_1,x_2,\cdots,x_m)=\sum_{i=1}^m\sum_{j=1}^n x_ib_{ij}f_j.
$$

则容易验证 ξ 是由 R^m 到 R^n 的模同态, 而且 $\varphi(\xi) = B = (b_{ij})_{n\times n}$. 因此 φ 是满射, 从而 $\mathrm{Hom}(R^m, R^n)$ 与 $R^{m\times n}$ 同构. □

与数域上的矩阵完全一样, 我们可以定义 R 上矩阵的乘法, 而且基本性质也是一样的. 注意两个矩阵 A, B, 只有当 A 的列数与 B 的行数相同时才可以相乘, 而且即使 R 是交换幺环, 其上的矩阵乘法一般也不是交换的. 此外容易验证, 在矩阵乘法下 $R^{n\times n}$ 成为一个幺环.

现在我们考虑 R-模 M 的自同态的集合, 除了加法外, 在 $\mathrm{Hom}(M, M)$ 上还可以定义乘法 (复合映射). 容易验证, 在加法和乘法下 $\mathrm{Hom}(M, M)$ 成为一个幺环, 记为 $\mathrm{End}_R(M)$(在不会引起混淆时, 简记为 $\mathrm{End}(M)$), 称为 M 的**自同态环**. 与定理 3.2.1 完全类似, 可以证明如下结论.

定理3.2.2 *若 R 为交换幺环, 则环 $\mathrm{End}(R^n)$ 与环 $R^{n\times n}$ 同构.*

思考题3.2.3 *举例说明, 如果 R 不是交换环, 则定理 3.2.2 的结论不一定成立.*

R 中 n 阶方阵 A 称为可逆的, 如果存在 $B \in R^{n\times n}$ 使得 $AB = BA = I_n$. 一般来说, 要判断一般幺环上的方阵是否可逆非常困难. 但是在 R 是交换环时, 我们可以利用行列式来判断. 以下假设 R 为交换幺环.

现在我们定义交换幺环上方阵的行列式的概念. 与数域上方阵的行列式定义一样, 对于 $A = (a_{ij})_{n\times n} \in R^{n\times n}$, 令

$$\det A = \begin{vmatrix} a_{11} & a_{12} & \cdots & a_{1n} \\ a_{21} & a_{22} & \cdots & a_{2n} \\ \vdots & \vdots & & \vdots \\ a_{n1} & a_{n2} & \cdots & a_{nn} \end{vmatrix} = \sum_{\sigma\in S_n} (-1)^{\mathrm{sg}(\sigma)} a_{1i_1} a_{2i_2} \cdots a_{ni_n},$$

这里

$$\sigma = \begin{pmatrix} 1 & 2 & \cdots & n \\ i_1 & i_2 & \cdots & i_n \end{pmatrix} \in S_n,$$

其中 $\mathrm{sg}(\sigma) \in R$ 表示 σ 的符号, 即对于奇排列, $(-1)^{\mathrm{sg}(\sigma)} = -1$; 对于偶排列, $(-1)^{\mathrm{sg}(\sigma)} = 1$. 容易验证, 数域上的行列式的基本性质在这里也是成立的. 特别地, 如同数域上方阵一样, 我们可以定义代数余子式的概念. 将 A 中 a_{ij} 的代数余子式记为 A_{ij}, 那么对所有 $1 \leqslant i, k \leqslant n$, 有

$$\sum_{j=1}^{n} a_{ij} A_{kj} = \delta_{ik} \det A, \tag{3.2}$$

$$\sum_{j=1}^{n} a_{ji} A_{jk} = \delta_{ik} \det A. \tag{3.3}$$

定义 A 的伴随矩阵为

$$A^* = \begin{pmatrix} A_{11} & A_{21} & \cdots & A_{n1} \\ A_{12} & A_{22} & \cdots & A_{n2} \\ \vdots & \vdots & & \vdots \\ A_{1n} & A_{2n} & \cdots & A_{nn} \end{pmatrix}.$$

则由 (3.2), (3.3), 有 $AA^* = A^*A = (\det A)I_n$. 由此我们导出如下结论.

命题3.2.4　*若 R 为交换幺环, 则 $A \in R^{n\times n}$ 可逆当且仅当 $\det A$ 是 R 中单位. 若 $A, B \in R^{n\times n}$ 且 $AB = I_n$, 则必有 $B = A^{-1}$, 因此 $BA = I_n$.*

最后我们研究主理想整环上的矩阵的标准形. 在后面的几节中, 将利用这些结果来研究主理想整环上的有限生成模的结构.

设 D 为一个主理想整环. 我们称 D 上两个同型的 $m \times n$ 矩阵**等价**, 如果存在可逆矩阵 $P \in D^{m\times m}$ 和 $Q \in D^{n\times n}$, 使得 $A = PBQ$. 高等代数中我们知道, 任何一个数域 $\mathbb{P}$ 上的非零 $m \times n$ 矩阵 A 都等价于一个形如

$$\begin{pmatrix} I_r & 0 \\ 0 & 0 \end{pmatrix} = \begin{pmatrix} 1 & & & & & \\ & 1 & & 0 & & \\ & & \ddots & & & \\ & & & 1 & & \\ & 0 & & & 0 & \\ & & & & & \ddots \end{pmatrix}$$

的矩阵, 其中 $r > 0$ 由 A 唯一决定, 称为 A 的秩, 而

$$\begin{pmatrix} I_r & 0 \\ 0 & 0 \end{pmatrix}$$

称为 A 的**标准形**. 显然, 这一结论不可能推广到一般主理想整环上来 (请读者自己举例说明). 我们的问题是, 在一个主理想整环上, 是否任何矩阵都等价于一种形式较为简单的标准形?

为了找到上述问题的答案, 我们需要足够多的可逆矩阵. 在高等代数中学过初等矩阵的概念, 这些矩阵可以推广到一般的主理想整环上. 下面我们列出这些矩阵, 而且说明左乘或右乘这些矩阵对应的矩阵的变化.

(1) 将单位矩阵 I_n 的第 i 行和第 j 行互换得到的矩阵记为 P_{ij}. P_{ij} 是可逆的, 因为 $P_{ij}^2 = I_n$. 对一个矩阵 A 左乘 P_{ij} 得到的矩阵是将 A 的第 i 行和第 j 行互换得到的; 同样, 对 A 右乘 P_{ij}, 相当于互换 A 的第 i 列和第 j 列;

(2) 设 $i \neq j$, 用 D 中元素 a 乘单位矩阵的第 j 行, 再加到第 i 行得到的矩阵记为 $T_{ij}(a)$. 因 $T_{ij}(a)T_{ij}(-a) = I_n$, $T_{ij}(a)$ 是可逆的. 对矩阵 A 左乘 $T_{ij}(a)$ 相当于

将 A 的第 j 行的元素乘以 a, 加到第 i 行对应的元素中; 对矩阵 A 右乘 $T_{ij}(a)$ 相当于将 A 的第 j 列的元素乘以 a 加到第 i 列对应的元素中.

(3) 设 u 为 D 中单位 (可逆元素), 将单位矩阵的第 i 行乘以 u 得到的矩阵 $D_i(u)$ 是可逆的, 因为 $D_i(u)D_i(u^{-1})=I_n$. 左乘 $D_i(u)$ 到一个矩阵 A 相当于将 A 的第 i 行各个元素都乘以 u; 右乘 $D_i(u)$ 到一个矩阵 A 相当于将 A 的第 i 列各个元素都乘以 u.

现在我们可以给出上述问题的答案了. 因为一般情形的证明比较麻烦, 我们先处理比较简单的情形, 即 D 为欧几里得环. 处理欧几里得环的好处在于可以作带余除法.

定理3.2.5 设 D 为主理想整环, 则 D 上任何一个 $m\times n$ 矩阵都等价于一个形如

$$\begin{pmatrix} d_1 & & & & & \\ & d_2 & & 0 & & \\ & & \ddots & & & \\ & & & d_r & & \\ & 0 & & & 0 & \\ & & & & & \ddots \end{pmatrix}$$

的矩阵, 其中 $d_i\neq 0$ 且 $d_i|d_{i+1}$, $i=1,2,\cdots$.

证 我们先证明欧几里得环的情形. 设 δ 为欧几里得环 D 中由 D^* 到非负整数集合 $\mathbb{Z}^+$ 的映射, $A\in D^{m\times n}$, 且 $A\neq 0$. 我们对 A 作以下类型的变换.

第一类: 互换 A 的行和列, 可使得到的矩阵 B 中, $b_{11}\neq 0$, 且在 B 中所有的非零元素 $b_{ij}\neq 0$ 中, $\delta(b_{11})$ 达到最小. 由于互换行、列相当于左乘或右乘矩阵 P_{ij}, B 与 A 等价.

第二类: 如果在得到的矩阵 B 中, 在第一行中存在某个元素 $b_{1j}, j>1$, 使得 $b_{11}\nmid b_{1j}$, 设 $b_{1j}=q_{11}b_{11}+b'_{1j}$, 其中 $b'_{1j}\neq 0$, $\delta(b'_{1j})<\delta(b_{11})$, 我们用 $-q_{11}$ 乘以 B 的第 1 列加到第 j 列, 再利用第一类变换得到一个矩阵 $B_1=(b_{ij}^{(1)})$, 其中 $b_{11}^{(1)}\neq 0$, $\delta(b_{11}^{(1)})\leqslant\delta(b_{ij}^{(1)})$, $\forall b_{ij}^{(1)}\neq 0$, 且 $\delta(b_{11}^{(1)})<\delta(b_{11})$. 由于 δ 的取值是非负整数, 这一过程有限次后一定终止. 这样我们就得到一个矩阵 $B_2=(b_{ij}^{(2)})\sim A$, 使得 $b_{11}^{(2)}$ 非零, $\delta(b_{11}^{(2)})$ 在 $\delta(b_{ij}^{(2)})$, $b_{ij}^{(2)}\neq 0$ 中达到最小, 而且 $b_{11}^{(2)}|b_{1j}^{(2)}$, $j=2,\cdots,n$. 对 B_2 作第二类矩阵对应的列变换, 我们可设 $b_{1j}^{(2)}=0$, $j=2,\cdots,n$. 同样, 上面的论证用于第一列, 我们得到一个与 A 等价的矩阵 C, 其中 $c_{11}\neq 0$, 而且 $c_{i1}=c_{1j}=0$, $i,j\geqslant 2$.

第三类: 如果在上面得到的矩阵 C 中, 存在 c_{ij}, $i,j\geqslant 2$, 使得 $c_{11}\nmid c_{ij}$, 我们将 C 的第 i 行加到第 1 行, 再利用第二类变换, 得到一个与 A 等价的矩阵 C_1, 使得 $c_{11}^{(1)}\neq 0$, $c_{i1}^{(1)}=c_{1j}^{(1)}=0$, $i,j\geqslant 2$, 而且 $\delta(c_{11}^{(1)})<\delta(c_{11})$. 同样, 由于 δ 的取值为非负整数, 通过有限次这样的变换, 我们将得到一个与 A 等价的矩阵 M, 使得 $m_{11}\neq 0$,

且对于 $i,j \geqslant 2$，有 $m_{i1}=m_{1j}=0, m_{11}|m_{ij}$.

现在我们将上面得到的矩阵 M 写成分块矩阵的形式

$$M=\begin{pmatrix} m_{11} & 0 \\ 0 & M_1 \end{pmatrix}, \quad M_1 \in D^{(m-1)\times(n-1)}.$$

如果 $M_1=0$, 我们已经得到所需的标准形. 如果 $M_1 \neq 0$, 我们对 M_1 实施上面的三类变换. 注意到对于 M_1 作上述三类变换不会改变 M_1 中所有元素能被 m_{11} 整除这一性质, 这一过程反复实施就得到定理要求的标准形. □

对于一般情形, 因为没有欧几里得环中的函数 δ 可以利用, 我们需要第 2 章定义的 D^* 中的长度函数l: 对于 D 中单位 u, $l(u)=0$; 对于非零非单位的元素 a, 我们令 $l(a)$ 为 a 的因式分解中出现的不可约元素的个数 (重数计算在内). 利用长度函数的性质, 可以将上述证明应用到一般的主理想整环上. 我们将其证明分作几个习题让读者自己完成.

现在我们考虑定理 3.2.5 中标准形的唯一性. 为此我们引入矩阵的子式以及行列式因子的概念. 与数域上的矩阵类似, 设 $A \in D^{m\times n}$, $k \leqslant \min(m,n)$, 取定 A 中 k 行 $i_1,i_2,\cdots,i_k$, 以及 k 列 $j_1,j_2,\cdots,j_k$, 由这些行和列相交处的元素排成的矩阵的行列式称为 A 的一个 k 阶子式, 记为

$$A\begin{pmatrix} i_1 i_2 \cdots i_k \\ j_1 j_2 \cdots j_k \end{pmatrix}.$$

如果 $A \neq 0$, 且正整数 r 使得 A 的所有阶 $r+1$ 子式为零, 但至少存在一个 r 阶子式不为零, 则称 A 的秩为 r(规定 0 矩阵的秩为 0). 如果 A 是秩为 r 的矩阵, 且 $i \leqslant r$, 我们令 $\Delta_i(\Delta_i(A)$, 如果需要指明矩阵) 为 A 中所有 i 阶子式的最大公因子 (这在相伴意义下是唯一的), 称为 A 的 i 阶**行列式因子**. 由行列式的性质, 每个 $i+1$ 阶子式一定是一些 i 阶子式的 D-线性组合, 因此我们有 $\Delta_i \,|\, \Delta_{i+1}$, $i=1,2,\cdots,r-1$. 需要注意的是, 定义行列式因子需要最大公因子条件成立, 因此这一定义可以推广到唯一分解整环, 却不能推广到一般整环上.

定理3.2.6　设 D 为主理想整环, $A \in D^{m\times n}$, $A \neq 0$, 且

$$\begin{pmatrix} d_1 & & & & & \\ & d_2 & & 0 & & \\ & & \ddots & & & \\ & & & d_r & & \\ & 0 & & & 0 & \\ & & & & & \ddots \end{pmatrix}$$

为 A 的标准形, 则 r 为 A 的秩, 而且在相伴意义下有 $d_i=\Delta_i/\Delta_{i-1}$, $1 \leqslant i \leqslant r$, 这里我们规定 $\Delta_0=1$.

证 我们先证明, 如果矩阵 A, B 等价, 则它们具有相同的各阶行列式因子 (相伴意义). 为此, 设 P 为一个可逆的 $m \times m$ 矩阵, 且 $A_1 = PA$, 则容易看出 A_1 的每一行都是 A 的各行的 D- 线性组合. 利用行列式的性质容易看出, 对任何 $k \leqslant \min(m,n)$, A_1 的任何一个 k 阶子式都是 A 的若干 k 阶子式的线性组合. 由此我们得到, A_1 的 k 阶行列式因子 $\Delta_k(A_1)$ 一定是 $\Delta_k(A)$ 的因子. 另一方面, 上式可以写成 $A = P^{-1}A_1$, 由同样的推理又得到 $\Delta_k(A)$ 是 $\Delta_k(A_1)$ 的因子. 因此 $\Delta_k(A) \sim \Delta_k(A_1)$, 从而 A, A_1 有相同的行列式因子. 此外, 设 Q 为可逆 $n \times n$ 矩阵, $A_2 = AQ$, 则 $A_2' = Q'A'$. 注意到对任何矩阵 M, 其转置矩阵 M' 与 M 有相同的各阶子式, 从而有相同的各阶行列式因子. 因此由上面的推理得到, 对所有 $k \leqslant \min(m,n)$, $\Delta_k(A_2) \sim \Delta_k(A)$. 于是对任何可逆矩阵 P, Q, A 与 PAQ 有相同的行列式因子.

现在假设

$$N = \begin{pmatrix} d_1 & & & & \\ & d_2 & & 0 & \\ & & \ddots & & \\ & & & d_r & \\ & 0 & & & 0 \\ & & & & & \ddots \end{pmatrix}$$

是 A 的标准形, 其中 $d_i \neq 0$, $d_i | d_{i+1}$, $i = 1, 2, \cdots, r-1$. 则上面的结论说明 N 与 A 的各阶行列式因子都相同. 而直接计算 (请读者自己完成) 可知, N 的行列式因子为 $\Delta_k(N) = d_1 d_2 \cdots d_k, 1 \leqslant k \leqslant r$; $\Delta_k(N) = 0, k > r$. 由此可知 r 等于 A 的秩, 且 $d_i = \Delta_i(A)/\Delta_{i-1}(A)$, $i = 1, 2, \cdots, r$. 定理证毕. □

思考题3.2.7 表面上看, 上述证明完全没有用到 D 是主理想整环这一假设. 那么定理 3.2.6 真的不需要假设是主理想整环吗?

习 题 3.2

1. 证明定理 3.2.2.
2. 试证明交换幺环上的单模的自同态环构成一个域.
3. 试证明, 如果 R 是一个整环, 则对任何 R 上 n 阶方阵 A, B 有 $(AB)^* = B^* A^*$.
4. 设 D 为主理想整环, l 为 D 上的长度函数, $a, b \in D^*$, 试证明

(1) 若 $a \sim b$, 则 $l(a) = l(b)$;

(2) 如果 $a | b$, 但 $b \nmid a$, 则 $l(a) < l(b)$;

(3) 若 $a | b$, 则 $l(a) = l(b) \iff a \sim b$.

5. 设 D 为主理想整环, $A=(a_{ij})_{m\times n}\in D^{m\times n}$, 且 $a_{11}\neq 0, a_{1j}\neq 0$, 其中 $j>1$. 设 $d=(a_{11},a_{1j})$, 取定 $u,v\in D$ 使得 $ua_{11}+va_{1j}=d$, 并设 $a_{11}=b_{11}d, a_{1j}=b_{1j}d$. 定义矩阵 $Q=(q_{ij})\in D^{n\times n}$, 其中

$$\begin{aligned}&q_{11}=u, \quad q_{1j}=-b_{1j}, \quad q_{1k}=0, \quad k\neq 1,j;\\&q_{j1}=v, \quad q_{jj}=b_{11}, \quad q_{jk}=0, \quad k\neq 1,j;\\&q_{ik}=\delta_{ik}, \quad i\neq 1,j.\end{aligned}$$

试证明 Q 为可逆矩阵, 并计算 AQ.

6. 利用本节习题 4,5 的结论补充完整定理 3.2.5 的证明.

7. 试求整数矩阵

$$\begin{pmatrix}1&1&0&0\\2&1&0&0\\3&2&2&2\\4&3&3&3\end{pmatrix}$$

的行列式因子和不变因子.

8. 试求环 $\mathbb{Q}[\lambda]$ 上矩阵

$$\begin{pmatrix}\lambda&\lambda&1&0\\\lambda^2&\lambda&0&1\\3\lambda&2\lambda&\lambda^2&\lambda-2\\4\lambda&3-\lambda&2&1\end{pmatrix}$$

的标准形.

9. 设 S 为环 R 中的非空子集, 令 $C(S)=\{a\in R|ab=ba,\forall b\in S\}$, 试证明 $C(S)$ 是 R 的子环. 特别地, $C(R)$ 称为 R 的中心. 现设 R_1 为交换幺环, $R=R_1^{n\times n}$, 且 $S\subset R$ 由一个矩阵

$$\begin{pmatrix}0&1&0&\cdots&0&0\\0&0&1&\cdots&0&0\\\vdots&\vdots&\vdots&&\vdots&\vdots\\0&0&0&\cdots&0&1\\0&0&0&\cdots&0&0\end{pmatrix}$$

组成, 试求出 $C(S)$.

10. 设 R 为交换幺环, 试求出 $R^{n\times n}$ 的中心.

11. 设 F 为域, 试证明在 $F^{n\times n}$ 中一个非零矩阵 A 是零因子当且仅当 A 不可逆. 上述结论对于一般的交换幺环是否成立?

12. 设 D 为主理想整环, $c_1,c_2,\cdots,c_m\in D$, d 为 $c_1,c_2,\cdots,c_m$ 的最大公因子, 试证明存在可逆矩阵 $A\in D^{m\times m}$ 使得 $(c_1,c_2,\cdots,c_m)A=(d,0,\cdots,0)$. 上述结论对于一般唯一分解整环成立吗? 说明理由.

13. 设 D 为主理想整环, $a_1,a_2,\cdots,a_n\in D$ 且互素. 证明存在 $D^{n\times n}$ 中可逆矩阵 A 使得 A 的第一行为 $(a_1,a_2,\cdots,a_n)$.

14. 设 A 为主理想整环 D 上矩阵, 证明 A 与 A' 等价.

训练与提高题

15. 设 A 为交换幺环 R 上的 $m\times n$ 矩阵, 定义 R^n 到 R^m 的模同态 φ 为 (R^m, R^n 中元素写成列向量)$\varphi(\alpha) = A\alpha$, $\alpha\in R^n$. 试证明下面的条件互相等价:

(1) φ 是满同态;

(2) A 的所有 m 阶子式生成的理想等于 R;

(3) 存在矩阵 $B\in R^{n\times m}$ 使得 $AB = I_m$.

16. 设 $v_1, v_2,\cdots, v_m$ 为交换幺环 R 上模 M 的一组生成元, J 为 R 的理想. 令 JM 为由所有形如 $av, a\in J, v\in M$ 的元素的有限和组成的集合.

(1) 试证明, 如果 $JM = M$, 则存在矩阵 $A\in J^{m\times m}$ 使得

$$(v_1, v_2,\cdots, v_m)(I_m - A) = 0;$$

(2) 条件同 (1), 试证明 $\det(I_m - A) = 1 + \alpha$, 其中 $\alpha\in J$, 而且 $\det(I_m - A)\in \mathrm{ann}(M)$;

(3) 一个 R-模 M 称为忠实的, 如果 $\mathrm{ann}(M) = 0$. 证明中山引理: 如果 M 为有限生成忠实 R-模, 且 $JM = M$, 则 $J = R$.

17. 设 R 为交换幺环, M 为有限生成的 R-模, 试证明, 如果对任何 R 的极大理想 J 都有 $JM = M$, 则 $M = 0$.

3.3 自 由 模

本节我们介绍结构最简单的模——自由模的基本性质. 这是有限维线性空间在模论中的推广, 同时也是模论的基础. 我们先给出自由模的定义.

定义3.3.1 设 R 为幺环, M 为 R-模. 如果 M 中存在 n 个元素 $u_1, u_2,\cdots, u_n$, 使得对任何 R-模 N 及 N 中任意 n 个元素 $v_1, v_2,\cdots, v_n$, 都存在唯一的 M 到 N 的模同态 ϕ, 使得 $\phi(u_i) = v_i$, $i = 1, 2,\cdots, n$, 则称 M 为 R 上秩为 n 的**自由模**, 而称 $u_1, u_2,\cdots, u_n$ 为 M 的一组基.

我们特别强调, 上述定义中满足条件的同态的唯一性是非常重要的, 这也是在研究自由模的结构时经常用到的条件. 此外，由上述定义立即可得如下结论.

命题3.3.2 设 M_1, M_2 为 R-模, M_1 为自由模且 $u_1, u_2,\cdots, u_n$ 为一组基. 若 $\phi: M_1\to M_2$ 是模同构, 则 M_2 也是自由模, 而且

$$\phi(u_1), \phi(u_2),\cdots, \phi(u_n)$$

为 M_2 的一组基.

我们先给出几个重要的自由模的例子.

例3.3.3 设 F 为域, V 为 F 上的 n 维线性空间, 且 $\alpha_1,\alpha_2,\cdots,\alpha_n$ 为 V 的一组基, 则由高等代数的知识容易看出, V 作为 F-模是秩为 n 的自由模, 而且 $\alpha_1,\alpha_2,\cdots,\alpha_n$ 是 V 作为 F-模的一组基.

例3.3.4 设 G 为交换群, 将 G 看成 $\mathbb{Z}$-模, 则 G 是秩为 n 的自由模当且仅当 G 是由 n 个元素生成的自由交换群. 这一结论的证明留作习题.

例3.3.5 设 R 为幺环, 则 R 本身可以看成 R-模. 设 R^m 为 m 个 R 的外直和. 考虑 R^m 中 m 个元素:

$$
\begin{aligned}
e_1 &= (1,0,0,\cdots,0),\\
e_2 &= (0,1,0,\cdots,0),\\
&\cdots\cdots\\
e_m &= (0,0,\cdots,0,1),
\end{aligned}
$$

其中 1 为 R 的幺元. 容易看出, R^m 中任意元素 $(x_1,x_2,\cdots,x_m)$ 都可以唯一地表示成 $(x_1,x_2,\cdots,x_m)=\sum\limits_{i=1}^{m}x_ie_i$. 现设 M 为 R-模, 且 $v_1,v_2,\cdots,v_m$ 为 M 中任意 m 个元素, 定义

$$\phi\left(\sum_{i=1}^{m}x_ie_i\right)=\sum_{i=1}^{m}x_iv_i.$$

则 ϕ 为 R^m 到 M 的模同态, 且 $\phi(e_i)=v_i$. 此外, 如果 $\varphi: R^m\to M$ 是模同态, 而且 $\varphi(e_i)=v_i$, 则

$$\varphi\left(\sum_{i=1}^{m}x_ie_i\right)=\sum_{i=1}^{m}x_i\varphi(e_i)=\sum_{i=1}^{m}x_iv_i.$$

因此 $\varphi=\phi$. 这说明满足 $\phi(e_i)=v_i$ 的模同态是唯一的. 因此 R^m 是 R 上秩为 m 的自由模, 而 $e_1,e_2,\cdots,e_m$ 是 R^m 的一组基.

结合上述例子和命题 3.3.2 可知, 如果一个 R-模与 R^m 同构, 则必是秩为 m 的自由模. 下面我们将证明, 上述结论的逆命题也是成立的. 为此, 首先注意到, 自由模定义中一个重要的特征是基的存在性, 因此找出一个模存在基的充分必要条件是重要的. 我们先给出一个定义. 如果 $u_1,u_2,\cdots,u_m$ 是 R-模 M 中一组元素, 且满足

$$\sum a_iu_i=0 \iff a_i=0,\quad a_i\in R.$$

我们就说 $u_1,u_2,\cdots,u_m$ 是**线性无关**的.

定理3.3.6 设 M 为幺环 R 上的模, $u_1,u_2,\cdots,u_m$ 为 M 中 m 个元素, 则 M 为自由模, 且 $u_1,u_2,\cdots,u_m$ 为一组基的充分必要条件是

(1) $u_1,u_2,\cdots,u_m$ 是 M 的一组生成元;

(2) $u_1,u_2,\cdots,u_m$ 线性无关.

证 “必要性” 设 $u_1, u_2, \cdots, u_m$ 为自由模 M 的一组基. 我们先证明 $u_1, u_2, \cdots, u_m$ 是 M 的一组生成元. 设 N 为 M 的由 $u_1, u_2, \cdots, u_m$ 生成的子模. 因 M 为自由模, 且 $u_1, u_2, \cdots, u_m$ 为一组基, 存在唯一的由 M 到 N 的模同态 ξ 使得 $\xi(u_i) = u_i$. 此外, 设 η 为 N 到 M 的内射, 即 $\eta(x) = x$, $\forall x \in N$. 则显然 η 是模同态, 而且 $\eta(u_i) = u_i$. 因此复合映射 $\eta\xi$ 是 M 到 M 的模同态且 $(\eta\xi)(u_i) = u_i$, 另一方面, M 的单位映射 id_M 也是 M 到 M 的同态, 而且 $\mathrm{id}_M(u_i) = u_i$. 由唯一性, 我们有 $\eta\xi = \mathrm{id}_M$. 这说明 η 是满射, 因此 $N = \eta(N) = M$, 即 $u_1, u_2, \cdots, u_m$ 是 M 的一组生成元.

现在证明 $u_1, u_2, \cdots, u_m$ 线性无关. 由条件, 存在 M 到 R^m 的模同态 φ, 使得 $\varphi(u_i) = e_i$, $i = 1, 2, \cdots, m$. 另一方面, 因 R^m 是自由模, 存在 R^m 到 M 的模同态 ϕ 使得 $\phi(e_i) = u_i$, $i = 1, 2, \cdots, m$. 于是 $\varphi\phi(e_i) = e_i$. 因为 $e_1, e_2, \cdots, e_m$ 是 R^m 的一组生成元, 我们得到 $\varphi\phi = \mathrm{id}_{R^m}$. 又因 $u_1, u_2, \cdots, u_m$ 是 M 的一组生成元, 有 $\phi\varphi = \mathrm{id}_M$, 从而 φ 是同构. 于是 $\ker\varphi = \{0\}$, 而这等价于 $u_1, u_2, \cdots, u_m$ 线性无关.

“充分性” 设 R-模 M 中有一组元素 $u_1, u_2, \cdots, u_m$ 满足条件 (1), (2), 又设 N 为 R-模, $v_1, v_2, \cdots, v_m$ 为 N 中 m 个元素. 首先注意, 这时 M 中任意元素都可表示成 $u_1, u_2, \cdots, u_m$ 的 R- 线性组合, 而且表示方法是唯一的. 现在我们定义 M 到 N 的映射 ψ 使得

$$\psi\left(\sum_{i=1}^{m} a_i u_i\right) = \sum_{i=1}^{m} a_i v_i, \quad a_i \in R.$$

则易见 ψ 是 M 到 N 的模同态, 且 $\psi(u_i) = v_i$, $i = 1, 2, \cdots, m$. 另一方面, 满足这样的条件的同态显然是唯一的. 因此 M 是自由模, 且 $u_1, u_2, \cdots, u_m$ 为一组基. 至此定理证毕. □

由例 3.3.5 及定理 3.3.6 的证明我们得到如下结论.

推论3.3.7 设 M 为一个 R-模, 则 M 为一个秩为 m 的自由模当且仅当 M 与 R^m 同构.

学习高等代数时我们知道, 如果 V 是数域 $\mathbb{P}$ 上有限维线性空间, 则 V 的维数是由 V 唯一决定的. 也就是说, 如果 $\alpha_1, \alpha_2, \cdots, \alpha_n$ 与 $\beta_1, \beta_2, \cdots, \beta_m$ 是 V 的两组基, 那么一定有 $m = n$. 这一结论很容易推广到一般域上的有限维线性空间. 一个自然的问题是, 上述结论对于自由模是否成立? 答案是否定的. 事实上, 存在幺环 R 以及两个自然数 $m \neq n$, 使得 $R^m \simeq R^n$ (参见 [4][490]). 这说明上述结论不能推广到一般幺环上的自由模. 但是我们即将证明, 如果 R 是交换幺环, 那么 R 上的自由模 M 的**秩**是由 M 唯一决定的.

定理3.3.8 如果 R 是交换幺环, M 是 R 上的自由模, 而且 $u_1, \cdots, u_n$ 与 $u'_1, \cdots, u'_m$ 都是 M 的基, 则必有 $n = m$.

证　因为 $u_1, \cdots, u_n$ 是 M 的基, 任意 u'_i, $i = 1, 2, \cdots, m$ 都可以唯一表示成 $u_1, \cdots, u_n$ 的 R-线性组合:

$$u'_i = \sum_{j=1}^{n} a_{ij} u_j, \quad a_{ij} \in R. \tag{3.4}$$

同样地, 任意 u_k, $k = 1, 2, \cdots, n$ 也可唯一表示成 $u'_1, \cdots, u'_m$ 的 R-线性组合:

$$u_k = \sum_{l=1}^{m} b_{kl} u'_l, \quad b_{kl} \in R. \tag{3.5}$$

将 (3.4) 代入 (3.5), 再利用 $u_1, \cdots, u_n$ 的线性无关性可得

$$\sum_{s=1}^{m} b_{ks} a_{sl} = \delta_{kl}, \quad 1 \leqslant k, l \leqslant n. \tag{3.6}$$

同样地, 我们有

$$\sum_{l=1}^{n} a_{il} b_{lj} = \delta_{ij}, \quad 1 \leqslant i, j \leqslant m. \tag{3.7}$$

如果 $n < m$, 我们定义两个 $m \times m$ 矩阵如下

$$A = \begin{pmatrix} a_{11} & \cdots & a_{1n} & 0 & \cdots & 0 \\ a_{21} & \cdots & a_{2n} & 0 & \cdots & 0 \\ \vdots & & \vdots & \vdots & & \vdots \\ a_{m1} & \cdots & a_{mn} & 0 & \cdots & 0 \end{pmatrix},$$

$$B = \begin{pmatrix} b_{11} & b_{12} & \cdots & b_{1m} \\ \vdots & \vdots & & \vdots \\ b_{n1} & b_{n2} & \cdots & b_{nm} \\ 0 & 0 & \cdots & 0 \\ \vdots & \vdots & & \vdots \\ 0 & 0 & \cdots & 0 \end{pmatrix}.$$

则由 (3.7) 可得 $AB = I_m$, 其中 I_m 为 R 上的 m 阶单位矩阵. 因为 R 是交换环, 又由此推出 $C = (c_{ij})_{m\times m} = BA = I_m$. 但是直接计算可知, 对任何 $i > n$, 我们有 $c_{ij} = 0$, $j = 1, 2, \cdots, m$. 这是矛盾, 因此必有 $n \geqslant m$. 同样可证 $m \geqslant n$. 故 $n = m$.

思考题3.3.9　举例说明, 存在这样的非交换环 R, 以及 R 上的 n 阶方阵 A, B, 使得 $AB = I_n$, 但是 $BA \neq I_n$.

推论3.3.10　设 R 为交换幺环, 则 $R^m \simeq R^n \iff n = m$.

习　题　3.3

1. 设 R 为整环, M 为自由 R-模, 证明: 如果 $ax = 0$, 其中 $a \in R$, $x \in M$, 则有 $a = 0$ 或 $x = 0$. 如果 R 不是整环, 上述结论还成立吗?

2. 设 R 为交换幺环, 且任何自由 R-模的子模都是自由模, 证明 R 是主理想整环.

3. 设 $R=\mathbb{C}[x,y]$, M 为由 x,y 生成的 R 的理想, 试问 M 是否为自由 R-模?

4. 设 R 为交换幺环, I 为 R 的理想, 试证明: 如果 R/I 是自由 R-模, 则 $I=0$.

5. 设 I 为交换幺环 R 的理想, 试证明: I 是自由 R-模当且仅当 I 为由一个非零因子生成的主理想.

6. 设 R 为交换幺环, 而且任何有限生成的 R-模都是自由模, 证明 R 为一个域.

7. 设 R 为交换幺环, φ 为自由模 R^m 的自同态. 试证明: 如果 φ 为满同态, 则 φ 为同构.

8. 条件同上题, 如果 R 是域且 φ 是单同态, 证明 φ 是同构. 这个结论对于一般的交换幺环成立吗?

训练与提高题

9. 设 φ 为自由 $\mathbb{Z}$-模 $\mathbb{Z}^n$ 到 $\mathbb{Z}^m$ 的同态, A 为 φ 在 $\mathbb{Z}^n$ 和 $\mathbb{Z}^m$ 的标准基下的矩阵. 试证明:

(1) φ 为单同态当且仅当 A 的秩为 n;

(2) φ 为满同态当且仅当 A 的 m 阶行列式因子为 1.

10. 设 R 为交换幺环, M 为自由 R-模, $f\in \mathrm{End}_R(M,M)$, 试证明 f 为单同态当且仅当 f 不是 $\mathrm{End}_R(M,M)$ 的左零因子.

3.4 主理想整环上的有限生成模

本节我们将研究主理想整环上的有限生成模. 我们将给出这类模的结构定理, 这在数学的很多领域都有重要应用. 在下面的两节中, 我们分别将本节的结果应用到有限生成的交换群的分类, 以及线性空间中线性变换的标准形的研究中.

设 D 为一个主理想整环, M 为 D 上的一个有限生成模, 且 $x_1,\cdots,x_n$ 为一组生成元, 则对于自由模 D^n 的任何一组基 $\alpha_1,\alpha_2,\cdots,\alpha_n$, 存在由 D^n 到 M 的一个满同态 φ, 使得 $\varphi(\alpha_i)=x_i$, $i=1,2,\cdots,n$. 于是由同态基本定理, 我们有 $M\simeq D^n/K$, 其中 $K=\mathrm{Ker}\,\varphi$ 为 D^n 的子模. 这提示我们, 要搞清楚 D 上有限生成模的结构, 首先需要研究自由模 D^n 的子模的一般性质. 下面的结论对于我们的研究至关重要.

定理3.4.1 *主理想整环上的自由模的子模必为自由模, 而且子模的秩不超过模本身的秩.*

证 设 K 为 D^n 的一个子模, 为证 K 为自由模, 我们对 n 用归纳法. 当 $n=1$ 时, K 为 $D^1=D$ 的子模等价于 K 为 D 的理想. 因 D 是主理想环, 存在 $a\in K$, 使得 $K=\langle a\rangle$. 若 $a=0$, 结论自然成立. 若 $a\neq 0$, 则 a 是 K 的一组生成元, 又因 D 没有零因子, 同一个元素 $b\in K$ 表示成 a 的倍式的方法是唯一的. 因此 a 是一组基, 从而当 $n=1$ 时结论成立.

现在我们假定 $n>1$ 且结论对于 $n-1$ 成立. 取定 D^n 的一组基 $e_1,e_2,\cdots,e_n$,

并令

$$D_1 = [e_2, \cdots, e_n].$$

则 D_1 为秩为 $n-1$ 的自由模. 如果 $K \subset D_1$, 则由归纳假设, K 为自由模且 $r(K) \leqslant n-1 < n$. 如果 $K \not\subset D_1$, 则存在 $f = a_1e_1 + a_2e_2 + \cdots + a_ne_n \in K$ 使得 $f \notin D_1$, 其中 $a_1 \neq 0$. 现在我们令

$$I = \left\{ b_1 \in D \;\middle|\; 存在\, b_2, \cdots, b_n \in D\, 使得\, \sum_{i=1}^{n} b_ie_i \in K \right\}.$$

我们断定 I 是 D 的理想. 事实上, I 显然是非空的. 因为 K 是子模, I 对于减法封闭, 且对任何 $b \in I$, $r \in D$, $rb \in I$. 由此断言得证. 又 $a_1 \in I$ 且 $a_1 \neq 0$, 故 $I \neq \{0\}$. 于是存在 $d \neq 0$ 使得 $I = \langle d \rangle$. 特别地, 存在 $d_2, d_3, \cdots, d_n \in D$ 使得 $g = de_1 + d_2e_2 + \cdots + d_ne_n \in K$. 现对任何 $h \in K$, 设

$$h = c_1e_1 + c_2e_2 + \cdots + c_ne_n,$$

其中 $c_i \in D$, $i = 1, 2, \cdots, n$, 则 $c_1 \in I$. 因此存在 $c_1' \in D$ 使得 $c_1 = c_1'd$. 于是 $h - c_1'g \in K \cap D_1$.

现在我们考虑 K 的两个子模: $K_1 = [g]$, $K_2 = K \cap D_1$, 则上面的推理说明 $K = K_1 + K_2$, 又显然 $K_1 \cap K_2 = \{0\}$, 故 $K = K_1 \oplus K_2$. 此外, 因 $K_2 \subset D_1$, 故由归纳假设, K_2 为自由模, 且 $r(K_2) \leqslant n-1$. 又容易看出 K_1 是自由模且 $r(K_1) = 1$, 因此由习题知 K 是自由模, 且 $r(K) = r(K_1) + r(K_2) \leqslant 1 + (n-1) = n$. 因此结论对于 n 也成立. 至此定理得证. □

思考题3.4.2　高等代数中我们知道, 如果 V 是数域 $\mathbb{P}$ 上的线性空间, W 是 V 的子空间, 且 $W \neq V$, 则有 $\dim W < \dim V$. 试问这一结论对于一般域上的线性空间是否成立? 对于主理想整环上的自由模的秩是否成立?

由前面的分析及定理 3.4.1, 任何一个 D 上的有限生成模都同构于一个自由模 D^n 对于一个子模 K 的商模 D^n/K, 而且子模 K 也是自由模. 因此, 如果我们能够分别找出 D^n 的基 $u_1, u_2, \cdots, u_n$ 和 K 的基 $v_1, v_2, \cdots, v_m$, 其中 $m \leqslant n$, 使得 $u_1, \cdots, u_n$ 与 $v_1, v_2, \cdots, v_m$ 的关系非常简单, 则 D^n/K 的结构将会非常清楚. 现在我们利用 3.3 节关于矩阵标准形的结论证明如下结论.

定理3.4.3　设 K 为主理想整环 D 上的自由模 D^n 的子模, 则存在 K 的一组基 $v_1, v_2, \cdots, v_m$ 和 D^n 的一组基 $u_1, u_2, \cdots, u_n$, 使得 $v_i = d_iu_i$, $i = 1, 2, \cdots, m$, 其中 $d_i \neq 0$, 且 $d_i | d_{i+1}$, $i = 1, 2, \cdots, m-1$.

证　先任意取定 D^n 的一组基 $w_1, w_2, \cdots, w_n$ 和 K 的一组基 $x_1, x_2, \cdots, x_m$,

$m \leqslant n$, 则任何 x_i 都可以表示成 $w_1, w_2, \cdots, w_n$ 的组合

$$x_i = \sum_{j=1}^{n} a_{ij} w_j.$$

将上面的关系写成矩阵的形式就是

$$\begin{pmatrix} x_1 \\ \vdots \\ x_m \end{pmatrix} = A \begin{pmatrix} w_1 \\ \vdots \\ w_n \end{pmatrix},$$

其中 $A = (a_{ij})_{m\times n}$ 为一个 D 上 $m \times n$ 矩阵. 现在我们分别在 D^n, K 上另取一组基 $w_1', \cdots, w_n'$, 以及 $x_1', \cdots, x_m'$, 则存在 D 上可逆矩阵 $P \in D^{m\times m}$ 和 $Q \in D^{n\times n}$ 使得

$$\begin{pmatrix} w_1' \\ \vdots \\ w_n' \end{pmatrix} = Q \begin{pmatrix} w_1 \\ \vdots \\ w_n \end{pmatrix}, \quad \begin{pmatrix} x_1' \\ \vdots \\ x_m' \end{pmatrix} = P \begin{pmatrix} x_1 \\ \vdots \\ x_m \end{pmatrix}.$$

容易导出 $x_1', \cdots, x_m'$ 与 $w_1', \cdots, w_m'$ 的关系为

$$\begin{pmatrix} x_1' \\ \vdots \\ x_m' \end{pmatrix} = PAQ^{-1} \begin{pmatrix} w_1' \\ \vdots \\ w_m' \end{pmatrix}.$$

由定理3.2.5, 存在可逆矩阵 P_1 和 Q_1 使得

$$P_1AQ_1^{-1} = \begin{pmatrix} d_1 & & & & & \\ & d_2 & & 0 & & \\ & & \ddots & & & \\ & & & d_r & & \\ & 0 & & & 0 & \\ & & & & & \ddots \end{pmatrix},$$

其中 $d_i \neq 0$, $i = 1, 2, \cdots, r$, r 为矩阵的秩, 且 $d_i | d_{i+1}$, $i = 1, 2, \cdots, r-1$. 因此, 如果我们取定后面的基 $w_1', \cdots, w_n'$ 和 $x_1', \cdots, x_m'$ 使得对应的过渡矩阵 P, Q 恰好就是 P_1 和 Q_1(这是可以做到的, 请读者想一想这是为什么), 那么就有 $x_i' = d_i w_i'$, $i = 1, 2, \cdots, r$. 此外, 显然 $r \leqslant m$, 但 m 等于 K 的秩, 因此必有 $r = m$. 至此定理得证. □

由上述定理我们可以导出主理想整环上有限生成模的结构定理. 为了将结论叙述清楚, 我们引入模中元素的零化子的概念.

定义3.4.4 设 M 为交换幺环 R 上的模, $x \in M$, 则 $\mathrm{ann}(x)=\{a\in R|ax=0\}$ 是 R 中一个理想, 称为 x 的**零化子**. 设 $x\in M$, $x\neq 0$. 如果 $\mathrm{ann}(x)=\{0\}$, 则称 x 为**自由元**, 否则称 x 为**扭元**. 称模 M 为**无扭模**, 如果 M 中任何非零元素都是自由元; 称 M 为**扭模**, 如果 M 中任何非零元素都是扭元.

在本节习题中我们列出了零化子的若干基本性质, 请读者自己证明. 现在可以给出主理想整环上有限生成模的结构定理了.

定理3.4.5 设 M 为主理想整环 D 上的有限生成模, 则 M 是若干循环子模的直和:

$$M=Dy_1\oplus Dy_2\oplus\cdots\oplus Dy_s,$$

其中 $\mathrm{ann}(y_1)\supseteq \mathrm{ann}(y_2)\supseteq\cdots\supseteq\mathrm{ann}(y_s)$.

证 因为任何有限生成模都同构于某个自由模 D^n 对于一个子模 K 的商模, 所以只需考虑商模 D^n/K 的结构. 不妨设 $K\neq 0$. 由定理3.4.3, 存在 D^n 的一组基 $w_1,w_2,\cdots,w_n$, 以及 $d_j\in D$, $1\leqslant j\leqslant m$, 满足 $d_j|d_{j+1}$, $1\leqslant j\leqslant m-1$, 其中 $m=r(K)\leqslant n$, 使得 $d_1w_1,d_2w_2,\cdots,d_mw_m$ 为 K 的一组基. 于是

$$\begin{aligned}D^n&=Dw_1\oplus Dw_2\oplus\cdots\oplus Dw_n,\\ K&=D(d_1w_1)\oplus D(d_2w_2)\oplus\cdots\oplus D(d_mw_m).\end{aligned}$$

注意到 $D(d_jw_j)$ 是 Dw_j 的子模, 因此有

$$D^n/K\simeq\bigoplus_{j=1}^{m}Dw_j/D(d_jw_j)\oplus Dw_{m+1}\oplus\cdots\oplus Dw_n.$$

显然 $Dw_j/D(d_jw_j)$ 是循环模, 且 $w_j+D(d_jw_j)$ 是其生成元, 令 $y_j=w_j+D(d_jw_j)$, $1\leqslant j\leqslant m$; $y_j=w_j$, $m+1\leqslant j\leqslant n$, 则有

$$D^n/K\simeq Dy_1\oplus Dy_2\oplus\cdots\oplus Dy_n.$$

此外, 直接计算容易得到 $\mathrm{ann}(y_j)=\langle d_j\rangle$, $1\leqslant j\leqslant m$; $\mathrm{ann}(y_j)=0$, $m+1\leqslant j\leqslant n$. 至此定理证毕. □

推论3.4.6 主理想整环上有限生成的无扭模必为自由模.

证 设 M 为主理想整环上的有限生成模, 由定理 3.4.5, M 有分解

$$M=Dy_1\oplus Dy_2\oplus\cdots\oplus Dy_s,$$

其中 $\mathrm{ann}(y_1)\supseteq\mathrm{ann}(y_2)\supseteq\cdots\supseteq\mathrm{ann}(y_s)$. 由于 M 为无扭模, 我们有 $\mathrm{ann}(y_1)=\mathrm{ann}(y_2)=\cdots=\mathrm{ann}(y_s)=0$, 故 $y_1,y_2,\cdots,y_s$ 是 M 的一组基, 从而 M 是自由模.

思考题3.4.7 举例说明推论 3.4.6 对于一般的交换幺环不成立.

现在我们给出由定理 3.4.5 的结论导出的一些定义. 设 M 是主理想整环 D 上的有限生成模, 且有分解:

$$M = Dy_1 \oplus Dy_2 \oplus \cdots \oplus Dy_s,$$

其中 $\mathrm{ann}(y_1) \supseteq \mathrm{ann}(y_2) \supseteq \cdots \supseteq \mathrm{ann}(y_s)$, 且 $y_j \neq 0, j = 1, 2, \cdots, s$. 设当 $1 \leqslant j \leqslant k$ 时, $\mathrm{ann}(y_j) \neq 0$, 而当 $j > k$ 时, $\mathrm{ann}(y_j) = 0$. 我们称 $s - k$ 为模的秩. 又对于每个 $1 \leqslant j \leqslant k$, 在相伴意义下存在唯一 d_j 使得 $\mathrm{ann}(y_j) = \langle d_j \rangle$, 且 $d_j | d_{j+1}$, $j = 1, 2, \cdots, k-1$. 我们称 $d_1, d_2, \cdots, d_k$ 为 M 的**不变因子**.

细心的读者也许已经发现, 上面的定义还不够严格, 因为同一个模分解成满足上述条件的循环模的直和的方法一般不是唯一的, 例如, 自由模的基一般就不是唯一的. 因此, 为了使上述定义更为严谨, 我们必须证明不同的分解对应的零化子序列是相同的. 下面我们就来证明这一点, 为此我们需要引入 p-模的概念并对其进行仔细研究.

定义3.4.8 设 N 为主理想整环 D 上的有限生成模, p 为 D 中一个不可约元素. 如果对任何 $x \in N$, 存在 $e \in \mathbb{N}$ 使得 $p^e x = 0$, 则称 N 为一个 p-**模**.

显然任何 p-模必为扭模. 如果 M 为 D 上有限生成扭模, 令

$$M_p = \{x \in M | \exists e \in \mathbb{N}, p^e x = 0\}.$$

则 M_p 为 M 的子模, 称为 M 的 p-**分支**. 现在我们证明如下结论.

定理3.4.9 设 M 为主理想整环 D 上有限生成扭模, 则存在有限个互不相伴的不可约元素 $p_1, p_2, \cdots, p_m$, 使得

$$M = M_{p_1} \oplus M_{p_2} \oplus \cdots \oplus M_{p_m}.$$

而且对任何与 $p_j, 1 \leqslant j \leqslant m$ 都不相伴的不可约元素 p, 对应的 p-分支 $M_p = 0$.

证 我们首先证明, 如果循环模 Dy 中 y 的零化子 $\mathrm{ann}(y) = \langle ab \rangle$, 其中 a, b 互素, 则 Dy 可以分解为两个循环子模的直和 $Dy = Dy_1 \oplus Dy_2$, 且 $\mathrm{ann}(y_1) = \langle a \rangle$, $\mathrm{ann}(y_2) = \langle b \rangle$. 事实上, 令 $y_1 = by, y_2 = ay$, 因为 D 为主理想整环, 存在 $u, v \in D$, 使得 $ua + vb = 1$. 于是 $y = uay + vby = vy_1 + uy_2$, 故 $Dy = Dy_1 + Dy_2$. 如果 $z \in Dy_1 \cap Dy_2$, 则存在 $c_1, c_2 \in D$, 使得 $z = c_1 y_1 = c_1 by = c_2 y_2 = c_2 ay$, 由此我们得到 $az = bz = 0$, 故 $z = (ua + vb)z = 0$. 因此 $Dy = Dy_1 \oplus Dy_2$. 此外直接计算容易得到 $\mathrm{ann}(y_1) = \langle a \rangle$, $\mathrm{ann}(y_2) = \langle b \rangle$. 至此断言得证.

由定理 3.4.5, M 有分解

$$M = Dy_1 \oplus Dy_2 \oplus \cdots \oplus Dy_s,$$

其中 $y_i \neq 0$, $\operatorname{ann}(y_i) = \langle d_i \rangle$, $i = 1, 2, \cdots, s$, 且 $d_i | d_{i+1}$, $i = 1, 2, \cdots, s-1$. 因 M 为扭模, 对任何 i, $d_i \neq 0$ 且 d_i 不是单位. 于是有分解

$$d_i = \varepsilon_i p_1^{k_{i1}} p_2^{k_{i2}} \cdots p_m^{k_{im}}, \quad i = 1, 2, \cdots, s,$$

其中 $p_1, p_2, \cdots, p_m$ 为互不相伴的不可约元素, ε_i 为单位, $k_{ij} \geqslant 0$, 而且对任何 $1 \leqslant l \leqslant m$, 有 $k_{1l} \leqslant k_{2l} \leqslant \cdots \leqslant k_{sl}$.

按照我们前面的断言, Dy_i 有分解

$$Dy_i = Dy_{i1} \oplus Dy_{i2} \oplus \cdots \oplus Dy_{im},$$

其中 $\operatorname{ann}(y_{ij}) = \langle p_j^{k_{ij}} \rangle$. 现在令 $M_j = Dy_{1j} \oplus Dy_{2j} \oplus \cdots \oplus Dy_{sj}$, 则 M_j 为 p_j-模而且 $M = M_1 \oplus M_2 \oplus \cdots \oplus M_m$. 容易验证 M_j 恰为 M 的 p_j 分支. 此外, 如果 p 为不可约元素且与 $p_1, \cdots, p_m$ 都互素而 $w \in M_p$. 设 $w = w_1 + w_2 + \cdots + w_m$, 其中 $w_j \in M_j$, $j = 1, 2, \cdots, s$, 则一方面存在 $n > 0$ 使得 $p^n w = p^n w_1 + \cdots + p^n w_s = 0$, 从而 $p^n w_1 = \cdots = p^n w_s = 0$. 另一方面, 对于 w_j, 存在 $n_j > 0$ 使得 $p_j^{n_j} w_j = 0$. 因 p^n 与 $p_j^{n_j}$ 互素, 故存在 $u_j, v_j \in D$, 使得 $u_j p^n + v_j p_j^{n_j} = 1$, 于是 $w_j = u_j p^n w_j + v_j p_j^{n_j} w_j = 0$, 从而 $w = 0$. 至此定理得证. □

定理3.4.10 设主理想整环 D 上有限生成模 M 有两种分解: $M = Dy_1 \oplus Dy_2 \oplus \cdots \oplus Dy_s = Dz_1 \oplus Dz_2 \oplus \cdots \oplus Dz_t$, 其中 $\operatorname{ann}(y_1) \supseteq \operatorname{ann}(y_2) \supseteq \cdots \supseteq \operatorname{ann}(y_s)$, $\operatorname{ann}(z_1) \supseteq \operatorname{ann}(z_2) \supseteq \cdots \supseteq \operatorname{ann}(z_t)$, 且 $y_i \neq 0$, $z_j \neq 0$, $1 \leqslant i \leqslant s$, $1 \leqslant j \leqslant t$, 则 $s = t$, 且 $\operatorname{ann}(y_i) = \operatorname{ann}(z_i)$, $1 \leqslant i \leqslant s (= t)$.

证 因为结论对于自由模显然是成立的, 设 M 不是自由模. 定义 M 中的非空子集

$$\operatorname{Tor}(M) = \{x \in M \mid \exists a \in D, a \neq 0, ax = 0\}.$$

那么容易证明 $\operatorname{Tor}(M)$ 是 M 的子模 (留作习题). 假设在第一种分解中, 当 $j \leqslant k$ 时, $\operatorname{ann}(y_j) \neq 0$, 而 $\operatorname{ann}(y_{k+1}) = \cdots = \operatorname{ann}(y_s) = 0$, 其中 k 为一个正整数. 我们证明 $\operatorname{Tor}(M) = Dy_1 \oplus Dy_2 \oplus \cdots \oplus Dy_k$. 将上式右边的集合简记为 M_1, 则显然 $M_1 \subset \operatorname{Tor}(M)$. 另一方面, 设 $w \in \operatorname{Tor}(M)$, 且有分解 $w = w_1 + w_2 + \cdots + w_s$, 其中 $w_j \in Dy_j$, $1 \leqslant j \leqslant s$. 取 $b \neq 0, b \in D$ 使得 $bw = 0$, 则我们有 $0 = bw = bw_1 + bw_2 + \cdots + bw_s$, 因此 $bw_1 = bw_2 = \cdots = bw_s = 0$. 这说明当 $j > k$ 时, 必有 $w_j = 0$, 从而 $w \in M_1$. 因此 $\operatorname{Tor}(M) = M_1$. 同样, 假设在第二种分解中, 当 $j \leqslant l$ 时, $\operatorname{ann}(z_j) \neq 0$, 而 $\operatorname{ann}(z_{l+1}) = \cdots = \operatorname{ann}(z_t) = 0$, 其中 l 为一个正整数, 则有 $\operatorname{Tor}(M) = Dz_1 \oplus \cdots \oplus Dz_l$.

现在 $Dy_{k+1} \oplus \cdots \oplus Dy_s \simeq M/\operatorname{Tor}(M) \simeq Dz_{l+1} \oplus \cdots \oplus Dz_t$ 为自由模的两种分解, 因此必有 $s - k = t - l$. 因此, 如果我们能够证明结论对于扭模 $\operatorname{Tor}(M)$ 的两种

分解成立, 就可以完成本定理的证明. 以下为方便起见, 假设 M 本身就是有限生成的扭模, 而且有两种满足定理条件的分解.

由定理 3.4.9, M 可以分解成有限个 p-模的直和, 同样, 每个 Dy_i, Dz_j 也可以分解成模的直和. 再利用定理 3.4.9 的结论可以看出, 在 Dy_i 和 Dz_j 的分解中出现的分支对应的不可约元素必须在 M 的分解中出现. 因此, 如果 M 的分解为 $M = M_{p_1} \oplus \cdots \oplus M_{p_k}$, 则有

$$M = \bigoplus_{i=1}^{s} \bigoplus_{l=1}^{k} Dy_i \cap M_{p_l} = \bigoplus_{j=1}^{t} \bigoplus_{l=1}^{k} Dz_j \cap M_{p_l}.$$

由此看出, 如果我们能证明结论对于 p-模成立, 则定理的结论成立.

现在设 M 为 p-模, 且有两种满足定理条件的分解 $M = Dy_1 \oplus Dy_2 \oplus \cdots \oplus Dy_s = Dz_1 \oplus Dz_2 \oplus \cdots \oplus Dz_t$. 则 $\mathrm{ann}(y_i) = \langle p^{m_i} \rangle$, $\mathrm{ann}(z_j) = \langle p^{n_j} \rangle$, 其中 $m_1 \leqslant \cdots \leqslant m_s$, $n_1 \leqslant \cdots \leqslant n_t$. 下面我们证明 $s = t$ 且 $m_i = n_i$, $i = 1, 2, \cdots, s$.

我们利用一般域上线性空间的理论来证明. 注意到对任何自然数 k, $p^k M = \{p^k x | x \in M\}$ 都是 M 的子模而且 $M \supset pM \supset p^2 M \supset \cdots$. 考虑商模 $N_k = p^k M / p^{k+1} M$, 则对任何 $x \in M$, 都有 $p(p^k x + p^{k+1} M) = p^{k+1} x + p^{k+1} M = p^{k+1} M$, 因此 $p\alpha = \bar{0}, \forall \alpha \in N_k$. 这样 N_k 可以看成 $D/\langle p \rangle$-模, 而 $F = D/\langle p \rangle$ 是一个域, 因此 N_k 是 F 上的线性空间.

现在我们来考虑 N_k 的维数. 如果 $k \geqslant m_s$, 则 $p^k M = 0$, 因此 $\dim N_k = 0$. 现设 $k < m_s$ 而且 l 是满足 $m_l > k$ 的最小的指标, 则 $p^k M = Dp^k y_l + Dp^k y_{l+1} + \cdots + Dp^k y_s$, 因此 $p^k y_l + p^{k+1} M, p^k y_{l+1} + p^{k+1} M, \cdots, p^k y_s + p^{k+1} M$ 是 N_k 的一组生成元.

下面我们证明, 这一组元素在 N_k 中是线性无关的. 事实上, 如果 $\bar{a}_j = a_j + \langle p \rangle$, $a_j \in D$, $1 \leqslant j \leqslant s - l + 1$, 使得

$$\sum_{j=l}^{s} \bar{a}_j (p^k y_j + p^{k+1} M) = \left(\sum_{j=l}^{s} a_j p^k y_j \right) + p^{k+1} M = \bar{0},$$

则有

$$\sum_{j=l}^{s} a_j p^k y_j \in p^{k+1} M.$$

因为 l 是满足 $m_l > k$ 的最小指标, 有 $p^{k+1} Dy_j = 0$, $j \leqslant l - 1$. 于是

$$p^{k+1} M = \sum_{j=l}^{s} p^{k+1} Dy_j.$$

再由子模直和的性质得到

$$a_j p^k y_j \in p^{k+1} D y_j, \quad j \geqslant l.$$

设

$$a_j p^k y_j = b_j p^{k+1} y_j$$

其中 $b_j \in D$. 用 p^{m_j-k-1} 作用到上式两边, 我们得到

$$a_j p^{m_j-1} y_j = 0, \quad j \geqslant l.$$

因为 $\operatorname{ann} y_j = \langle p^{m_j} \rangle$, 我们得到 $p|a_j$, $j \geqslant l$. 从而 $\bar{a}_j = 0$, $j \geqslant l$. 因此上述生成元组确实是 F-线性无关的.

上面的推理说明 $\dim N_k$ 等于集合 $\{j \in \mathbb{N}|m_j > k\}$ 的元素个数. 同样, $\dim N_k$ 也等于集合 $\{j \in \mathbb{N}|n_j > k\}$ 的元素个数, 因此有 $|\{j \in \mathbb{N}|m_j > k\}| = |\{j \in \mathbb{N}|n_j > k\}|$, $\forall k \in \mathbb{N}$. 这说明 $s = t$ 而且 $m_j = n_j$, $\forall j$. 至此定理证毕. □

下面我们引入初等因子的概念.

定理3.4.11 设 M 为主理想整环 D 上的有限生成扭模, 则 M 可以分解为循环子模的直和

$$M = Dz_1 \oplus Dz_2 \oplus \cdots \oplus Dz_r,$$

其中 $\operatorname{ann}(z_i) = \langle p_i^{n_i} \rangle$, p_i 为不可约元素, $n_i > 0$, 而且集合 $\{p_1^{n_1}, \cdots, p_r^{n_r}\}$ 在相伴意义下由 M 唯一确定. 我们称 $p_i^{n_i}$, $1 \leqslant i \leqslant r$ 为 M 的**初等因子**.

证 先证明存在性. 先将 M 分解为循环模的直和

$$M = Dy_1 \oplus Dy_2 \oplus \cdots \oplus Dy_s, \tag{3.8}$$

其中 $y_i \neq 0$, $\operatorname{ann}(y_i) = \langle d_i \rangle$, 且 $d_i | d_{i+1}$, $i = 1, 2, \cdots, s-1$. 现在将 d_i 分解为不可约元素的乘积:

$$d_i = p_{i1}^{l_{i1}} p_{i2}^{l_{i2}} \cdots p_{ir_i}^{l_{ir_i}},$$

其中 $p_{i1}, p_{i2}, \cdots, p_{ir_i}$ 为互不相伴的不可约元素且 $l_{ij} > 0$, $1 \leqslant j \leqslant r_i$. 由定理 3.4.9 的证明中的第一个结论容易看出, Dy_i 可以分解为循环模的直和

$$Dy_i = Dw_{i1} \oplus D_{w_{i2}} \oplus \cdots \oplus Dw_{ir_i}, \tag{3.9}$$

其中 $\operatorname{ann}(w_{ij}) = \langle p_{ij}^{l_{ij}} \rangle$. 将 (3.9) 代入 (3.8) 就证明了分解的存在性.

现在我们证明定理中的集合 $\{p_1^{n_1}, \cdots, p_r^{n_r}\}$ 由 M 唯一确定. 为此我们只需证明 M 的不变因子可以由 $\{p_1^{n_1}, \cdots, p_r^{n_r}\}$ 唯一确定. 将集合 $\{p_1^{n_1}, \cdots, p_r^{n_r}\}$ 分组, 使

得其中互相相伴的元素放在一组, 设为

$$
\begin{aligned}
&(p_1')^{k_{11}}, (p_1')^{k_{12}}, \cdots, (p_1')^{k_{1s_1}};\\
&(p_2')^{k_{21}}, (p_2')^{k_{22}}, \cdots, (p_2')^{k_{2s_2}};\\
&\cdots\cdots\\
&(p_t')^{k_{t1}}, (p_t')^{k_{t2}}, \cdots, (p_t')^{k_{ts_t}},
\end{aligned}
$$

其中 $p_1', p_2', \cdots, p_{t'}'$ 互不相伴, 且 $k_{ij} \leqslant k_{ij+1}$. 现设 $s' = \max(s_1, \cdots, s_t)$, 而且

$$d_{s'}' = (p_1')^{k_{1s_1}}(p_2')^{k_{2s_2}}\cdots(p_t')^{k_{ts_t}}.$$

再令 $d_{s'-1}'$ 为 $(p_1')^{l_1 j}, (p_2')^{l_2 j}, \cdots, (p_{t'}')^{l_{t'} j}$ 中的幂次次高者的那些项的乘积 (如果某个 p_i' 没有次高次项, 则用零次方代替), 并依次定义 $d_{s'-2}', \cdots, d_2', d_1'$, 则按照定理 3.4.9 的证明中的第一个结论, M 有分解

$$M = Dy_1' \oplus Dy_2' \oplus \cdots \oplus Dy_{s'}',$$

其中 $\operatorname{ann}(y_i') = \langle d_i' \rangle$. 这说明 $d_1', d_2', \cdots, d_{s'}'$ 是 M 的不变因子, 因此由集合 $\{p_1^{n_1}, \cdots, p_r^{n_r}\}$ 完全可以确定 M 的不变因子. 至此定理证毕. □

推论3.4.12 设 M_1, M_2 为主理想整环 D 上的有限生成模, 则 M_1 与 M_2 同构 $\Longleftrightarrow$ M_1, M_2 有相同的秩和不变因子 $\Longleftrightarrow$ M_1, M_2 有相同的秩和初等因子.

最后我们给出一个例子来具体说明如何由初等因子决定不变因子.

例3.4.13 设 G 为有限交换群. 已知 G 作为 $\mathbb{Z}$-模的初等因子为 $2^4, 2^2, 2; 3^2, 3; 5$, 试决定 G 的结构.

注意到初等因子中共有三个素数的幂次出现, 而且幂次出现最多的素数是 2, 共三次. 因此不变因子应该共有三个, 其中 $d_3 = 2^4 \cdot 3^2 \cdot 5 = 720$, $d_2 = 2^2 \cdot 3 = 12$, $d_1 = 2$. 于是 G 有分解

$$G = \mathbb{Z}y_1 \oplus \mathbb{Z}y_2 \oplus \mathbb{Z}y_3,$$

其中 $\operatorname{ann} y_1 = \langle 2 \rangle$, $\operatorname{ann} y_2 = \langle 12 \rangle$, $\operatorname{ann} y_3 = \langle 720 \rangle$. 因此

$$G \simeq \mathbb{Z}_2 \oplus \mathbb{Z}_{12} \oplus \mathbb{Z}_{720}.$$

习 题 3.4

1. 试找出一个环 R 和 R 的一个理想 I, 使得 I 作为 R-模不是有限生成的.

2. 设 N 为环 $R=\mathbb{C}[x]$ 的子环, 且 $\mathbb{C}\subset N$, $N\neq\mathbb{C}$, 证明 R 作为 N-模是有限生成的.

3. 已知 $\mathbb{Z}^4$ 的子模 N 有生成元组

$$h_1=(1,2,1,0),\quad h_2=(2,1,-1,1),\quad h_3=(0,0,1,1).$$

试求出 N 的秩 r, 并找出 $\mathbb{Z}^4$ 的一组基 e_1,e_2,e_3,e_4 及 N 的一组基 $f_1,f_2,\cdots,f_r$ 使得 $f_i=d_ie_i$, $i=1,2,\cdots,r$, 且有 $d_i|d_{i+1},i=1,2,\cdots,r-1$.

4. 设 $R=\mathbb{Z}[x]$, 试构造一个有限生成的 R-模 M, 使得 M 不能写成有限个循环子模的直和.

5. 设 $D=\mathbb{Z}[\sqrt{-1}]$, K 是由 $f_1=(1,3,6), f_2=(2+3\sqrt{-1},-3\sqrt{-1},12-18\sqrt{-1}), f_3=(2-3\sqrt{-1},6+9\sqrt{-1},-18\sqrt{-1})$ 生成的 D^3 的子模，试求出 D^3/K 的不变因子和初等因子.

6. 设 D 是主理想整环, M 是 D 上有限生成的扭模, 对 $a\in D$, 令 $M(a)=\{x\in M\mid ax=0\}$. 试证明:

(1) $M(a)$ 是 M 的子模, 且若 a 可逆, 则 $M(a)=\{0\}$;

(2) 若 $a|b$, 则 $M(a)\subset M(b)$;

(3) 设 $a,b\in D$, 则 $M(a)\cap M(b)=M((a,b))$, 其中 (a,b) 为 a,b 的一个最大公因子;

(4) 若 a,b 互素, 则 $M(ab)=M(a)\oplus M(b)$.

训练与提高题

7. 设 M 为主理想整环 D 上的有限生成扭模, 试证明存在 $a_M\in D$, 使得 $M=M(a_M)$, 并证明这样的 a_M 在相伴意义下唯一.

8. 设 D 为主理想整环, M 为 D 上的有限生成模, N 为 M 的子模, 试证明 N 也是有限生成模.

9. 设 D 为主理想整环, M 为 D 上的有限生成模, N 为 M 的子模. 试证明 $r(M)=r(N)+r(M/N)$.

10. 设 M 为主理想整环 D 上的扭模, 试证明 M 为单模当且仅当 $M=Dz$, 且 $\mathrm{ann}(z)=\langle p\rangle$, 其中 p 为素元素; 而 M 为不可分解模当且仅当 $M=Dz$, 且 $\mathrm{ann}(z)=0$ 或 $\langle p^e\rangle$, 其中 p 为素元素, $e\in\mathbb{N}$.

3.5 有限生成的交换群

本节我们介绍主理想整环上有限生成模的结构理论的第一个应用, 即有限生成交换群的分类. 前面我们知道, 任何一个交换群 G 都可以看成整数环 $\mathbb{Z}$ 上的模. 如果 G 是有限生成群, 则 G 作为 $\mathbb{Z}$-模也是有限生成的. 于是我们有分解

$$G=\mathbb{Z}a_1\oplus\cdots\oplus\mathbb{Z}a_s\oplus\mathbb{Z}b_1\oplus\cdots\oplus\mathbb{Z}b_r,$$

其中 $\mathrm{ann}(a_i)=\langle d_i\rangle$, $d_i\neq 0$, $d_i|d_{i+1}$(注意 s 可以为零, 这时只出现后面的部分); 而 $\mathrm{ann}\ b_j=\{0\}$, $j=1,2,\cdots,r$(r 也可以为零, 这时只出现前面的部分). 自然我们可

以取 $d_i>0$, 于是容易证明 $\mathbb{Z}a_i\simeq\mathbb{Z}/\langle d_i\rangle=\mathbb{Z}_{d_i}$, 而 $\mathbb{Z}b_j\simeq\mathbb{Z}$. 由此我们得到如下定理.

定理3.5.1 设 G 为有限生成的交换群, 则可以分解成一些循环子群的内直和

$$G=\left(\bigoplus_{i=1}^{s}G_i\right)\oplus\left(\bigoplus_{j=1}^{r}G'_j\right),$$

其中 $G_i\simeq\mathbb{Z}_{d_i}$, $1\leqslant i\leqslant s$, $d_j\,|\,d_{j+1}$, $j=1,\cdots,s-1$, $G'_k\simeq\mathbb{Z}$, $k=1,2,\cdots,r$.

我们将定理 3.5.1 中的 r 称为 G 的秩(r 可以为 0), 而 $d_1,\cdots,d_s$(可以不出现)称为 G 的不变因子. 于是两个有限生成的交换群是同构的当且仅当它们的秩和不变因子都相同, 这就给出了有限生成交换群的分类. 下面我们考虑有限交换群(即秩为 0) 的分类问题.

定理3.5.2 设自然数 n 有分解 $n=p_1^{m_1}p_2^{m_2}\cdots p_s^{m_s}$, 其中 $p_1,p_2,\cdots,p_s$ 为不同的素数, $m_i>0$, 则在同构意义下 n 阶交换群的个数为

$$\prod_{i=1}^{s}\rho(m_i),$$

其中 $\rho(m_i)$ 表示 m_i 的不同分划的个数.

证 设 $|G|=n$, 由 Sylow 定理, 存在 G 的子群 G_i, $|G_i|=p_i^{m_i}$. 因 G 交换, 容易看出 $G=G_1\otimes G_2\otimes\cdots\otimes G_s$. 显然两个这样的群同构当且仅当其子群 G_i, $i=1,2,\cdots,s$ 都同构. 因此在同构意义下 n 阶交换群的个数为

$$\prod_{i=1}^{s}\Gamma(p_i^{m_i}),$$

其中 $\Gamma(p_i^{m_i})$ 表示在同构意义下 $p_i^{m_i}$ 阶交换群的个数.

现设 K 为一个 $p_i^{m_i}$ 阶交换群, 则 K 可以分解为

$$K=K_1\oplus\cdots\oplus K_t,$$

其中 $K_j\simeq\mathbb{Z}_{p^{e_j}}$, $e_j\in\mathbb{N}$, 且 $e_1\leqslant e_2\leqslant\cdots\leqslant e_t$, $e_1+e_2+\cdots+e_t=m_i$. 因此在同构意义下 $p_i^{m_i}$ 阶交换群的个数为 $\rho(m_i)$. □

最后我们给出几个例子.

例3.5.3 试决定同构意义下 p^2 阶群的个数, 其中 p 为素数.

我们先说明 p^2 阶群一定是交换群. 事实上, 若 $|H|=p^2$, 则 H 中非幺元的元素的阶只能是 p 或 p^2. 若 H 中存在 p^2 阶元, 则 H 是循环群. 否则 H 中所有非幺元都是 p 阶元. 任取 $a\in H$, 则 $\langle a\rangle\neq H$. 任取 $b\notin\langle a\rangle$, 则 b 为 p 阶元, 因此 $\langle a\rangle\cap\langle b\rangle=\{e\}$, 从而 $|H|=|\langle a\rangle||\langle b\rangle|$, 因此 $H=\langle a\rangle\langle b\rangle$. 又 $[H:\langle a\rangle]=[H:\langle b\rangle]=p$, 而 p 是 H 的最小素因子, 因此 $\langle a\rangle\lhd H$, $\langle b\rangle\lhd H$, 即 $H=\langle a\rangle\otimes\langle b\rangle$, 从而 H 是交换群.

上述推理实际上已经说明，同构意义下 p^2 阶群只有两种结构，即 $\mathbb{Z}_{p^2}$ 或 $\mathbb{Z}_p\otimes\mathbb{Z}_p$. 当然，一旦证明了 p^2 阶群是交换的，就可以用定理 3.5.2 得出这一结论.

例3.5.4 试给出阶为 100 的交换群的分类.

因 $100 = 2^2 \times 5^2$, 而 $\rho(2) = 2$, 故 100 阶交换群有 4 类，分别是 $\mathbb{Z}_4 \otimes \mathbb{Z}_{25}$, $\mathbb{Z}_4 \otimes \mathbb{Z}_5 \otimes \mathbb{Z}_5$, $\mathbb{Z}_2 \otimes \mathbb{Z}_2 \otimes \mathbb{Z}_{25}$, $\mathbb{Z}_2 \otimes \mathbb{Z}_2 \otimes \mathbb{Z}_5 \otimes \mathbb{Z}_5$.

习 题 3.5

1. 试给出 24 阶交换群的分类.
2. 试给出 16 阶交换群的分类.
3. 试决定同构意义下有多少个 72 阶交换群.
4. 试决定同构意义下 936 阶交换群的类数.
5. 试证明不存在自然数 n 使得在同构意义下 n 阶交换群的类数为 13.
6. 设 α 为复数，令 $\mathbb{Z}[\alpha]$ 为 $\mathbb{C}$ 中包含 α 和 $\mathbb{Z}$ 的最小子环. 试证明 α 为代数整数当且仅当 $\mathbb{Z}[\alpha]$ 是一个有限生成的交换群.
7. 试证明所有的代数整数构成复数域的一个子环.
8. (1) 设 $G = \mathbb{Z}_{p^e}$, p 为素数, $e > 0$. 记 G 中元素 g 的阶为 $o(g)$. 试证明：若 $l \leqslant e$, 则 $|\{g \in G\,|\,o(g)\,|\,p^l\}| = p^l$, 若 $l > e$, 则 $|\{g \in G\,|\,o(g)\,|\,p^l\}| = p^e$;

(2) 设 $H_1, H_2, \cdots, H_s$ 为有限交换群, q 为自然数，令 $m_j = |\{h \in H_j\,|\,o(h)\,|\,q\}|$, $G = H_1 \times \cdots \times H_s$, 则 $|\{g \in G\,|\,o(g)\,|\,q\}| = m_1 m_2 \cdots m_s$;

(3) 试决定 $\mathbb{Z}_4 \times \mathbb{Z}_8 \times \mathbb{Z}_{16}$ 中有多少个元素的阶能整除 4.

9. 设 p 为素数, $n > 0$, G 为 p^n 阶交换群. 试证明存在 G 的一组生成元 $g_1, g_2, \cdots, g_s$ 使得 $o(g_i) = \max\limits_{g\in G} o(g)$, $i = 1, 2, \cdots, s$.

训练与提高题

10. 设 G 为有限交换群, φ 为 G 到非零复数组成的乘法群 $\mathbb{C}^*$ 的非平凡同态. 试证明 $\sum\limits_{g\in G} \varphi(g) = 0$.
11. 设 G 为奇数阶交换群. 试证明任何 G 到非零有理数组成的乘法群 $\mathbb{Q}^*$ 的同态一定是平凡的.
12. 试给出 8 阶交换群的分类，并决定所有这些群到 $\mathbb{Q}^*$ 的同态.

3.6 线性变换的标准形

本节我们研究一般域上线性空间的线性变换的标准形. 设 V 为域 F 上的 n 维线性空间, $\mathcal{A}$ 为 V 上的线性变换. 我们的目标是寻找 V 中合适的基，使得 $\mathcal{A}$ 在这组基上的矩阵具有最简单的形式.

我们先处理一般情形, 即对 F 不作任何其他的假设. 前面我们已经知道, 这时 V 可以看作是 $F[\lambda]$ 上的模. 因 V 是有限维的, 故 V 是有限生成 $F[\lambda]$-模. 此外, 由高等代数中学过的 Hamilton-Cayley 定理, 有

$$f(\lambda)v = f(\mathcal{A})(v) = 0(v) = 0, \quad \forall v \in V,$$

其中 $f(\lambda)$ 是 $\mathcal{A}$ 的特征多项式. 这说明 V 是扭模. 因 $F[\lambda]$ 是欧几里得环, 所以我们可以利用主理想整环上有限生成扭模的结构理论来进行研究.

首先, 任取 V 作为 F 上线性空间的一组基 $v_1, \cdots, v_n$, 则 $v_1, \cdots, v_n$ 是 V 作为 $F[\lambda]$-模的一组生成元. 取定 $F[\lambda]^n$ 的一组基 $w_1, w_2, \cdots, w_n$, 则存在 $F[\lambda]^n$ 到模 V 的满同态 φ 使得 $\varphi(w_i) = v_i$. 因此作为 $F[\lambda]$-模, V 同构于自由模 $M = F[\lambda]^n$ 的商模 M/K, 其中 $K = \ker\varphi$ 是 M 的子模. 由定理 3.4.1, K 也是自由模. 我们先给出 K 的一组基.

定理3.6.1 设 V 为域 F 上的 n 维线性空间, $\mathcal{A}$ 为 V 上的线性变换, 且在 V 的一组基 $v_1, v_2, \cdots, v_n$ 下的矩阵为 $A = (a_{ij})_{n\times n}$. 又假定 φ 为如上定义的模同态, $K = \ker\varphi$, 则

$$u_i = \lambda w_i - \sum_{j=1}^{n} a_{ji} w_j, \quad i = 1, 2, \cdots, n$$

是 K 的一组基.

证 我们分三步来证明结论.

(1) $u_i \in K$, $i = 1, 2, \cdots, n$. 这是因为

$$\begin{aligned}\varphi(u_i) &= \varphi(\lambda w_i) - \varphi\left(\sum_{j=1}^{n} a_{ji} w_j\right) = \lambda\varphi(w_i) - \sum_{j=1}^{n} a_{ji}\varphi(w_j)\\ &= \lambda v_i - \sum_{j=1}^{n} a_{ji} v_j = \mathcal{A}(v_i) - \sum_{j=1}^{n} a_{ji} v_j\\ &= 0,\end{aligned}$$

其中最后一个等式成立是因为 $\mathcal{A}$ 在基 $v_1, \cdots, v_n$ 下的矩阵恰为 A.

(2) $u_1, \cdots, u_n$ 是 K 的一组生成元. 任取 $w \in K$, 因为 $w_1, \cdots, w_n$ 是自由模 $F[\lambda]^n$ 的一组基, 故存在 $g_1(\lambda), \cdots, g_n(\lambda) \in F[\lambda]$ 使得

$$w = \sum_{j=1}^{n} g_j(\lambda) w_j.$$

将 $g_j(\lambda)$ 写成 $g_j(\lambda) = h_j(\lambda)\lambda + c_j$, 其中 $h_j(\lambda) \in F[\lambda]$, $c_j \in F$, 则 $g_j(\lambda)w_j = h_j(\lambda)\lambda w_j + c_j w_j = h_j(\lambda) = h_j(\lambda)\left(u_j + \sum\limits_{k=1}^{n} a_{kj} w_k\right) + c_j w_j = h_j(\lambda)u_j + \sum\limits_{k=1}^{n} a_{kj} h_j(\lambda) w_k + c_j w_j$.

注意到如果 $\deg g_j(\lambda) \geqslant 1$, 则有 $\deg h_j(\lambda) = \deg g_j(\lambda) - 1$. 反复利用上述过程我们看出存在多项式 $f_k(\lambda) \in F[\lambda]$, 以及 $b_k \in F$, $k = 1, \cdots, n$, 使得

$$\sum_{j=1}^{n} g_j(\lambda) w_j = \sum_{k=1}^{n} f_k(\lambda) u_k + \sum_{k=1}^{n} b_k w_k.$$

于是由 $\varphi(u_k) = 0$ 我们得到

$$0 = \varphi(w) = \sum_{k=1}^{n} f_k(\lambda) \varphi(u_k) + \sum_{k=1}^{n} b_k \varphi(w_k) = \sum_{k=1}^{n} b_k v_k = 0,$$

但是 $v_1, \cdots, v_n$ 是 V 作为 F-线性空间的一组基, 故 $b_1 = b_2 = \cdots = b_n = 0$. 于是

$$w = \sum_{j=1}^{n} f_j(\lambda) u_j.$$

故 $u_1, \cdots, u_n$ 是 K 的生成元.

(3) $u_1, \cdots, u_n$ 在自由模 $F[\lambda]^n$ 中线性无关. 如果 $\sum\limits_{j=1}^{n} l_j(\lambda) u_j = 0$, 其中 $l_1(\lambda), \cdots, l_n(\lambda) \in F[\lambda]$, 则有 $\sum\limits_{j=1}^{n} l_j(\lambda) \left(\lambda w_j - \sum\limits_{k=1}^{n} a_{kj} w_k \right) = 0$. 写成矩阵的形式就是

$$(w_1, \cdots, w_n) \begin{pmatrix} \lambda l_1(\lambda) \\ \lambda l_2(\lambda) \\ \vdots \\ \lambda l_n(\lambda) \end{pmatrix} = (w_1, \cdots, w_n) A \begin{pmatrix} l_1(\lambda) \\ l_2(\lambda) \\ \vdots \\ l_n(\lambda) \end{pmatrix}.$$

因 $w_1, \cdots, w_n$ 为 $F[\lambda]^n$ 的基, 故线性无关. 于是有

$$\lambda l_j(\lambda) = \sum_{k=1}^{n} a_{jk} l_k(\lambda), \quad j = 1, \cdots, n.$$

从这里我们可以推出 $l_1(\lambda), l_2(\lambda), \cdots, l_n(\lambda)$ 必须全为 0. 事实上, 如若不然, 取出 $l_1(\lambda), \cdots, l_n(\lambda)$ 中非零多项式中次数最高者, 设为 $l_q(\lambda)$, 则 $\lambda l_q(\lambda) \neq 0$, 且对任何 $1 \leqslant k \leqslant n$, $l_k(\lambda)$ 或为 0 或次数小于 $\deg \lambda l_q(\lambda)$, 但是 $\lambda l_q(\lambda)$ 却可以写成 $l_1(\lambda), \cdots, l_n(\lambda)$ 的 F-线性组合, 这是不可能的. 因此 $u_1, \cdots, u_n$ 线性无关. 至此定理证毕. □

现在我们利用定理 3.6.1 来研究 V 作为 $F[\lambda]$-模的结构, 并找出 V 的一组基使得 $\mathcal{A}$ 的矩阵具有最简单的形式. 注意到 K 的基 $u_1, u_2, \cdots, u_n$ 在 $F[\lambda]^n$ 的基 $w_1, w_2, \cdots, w_n$ 下的矩阵为 $\lambda I_n - A$. 因此只需求出矩阵 $\lambda I_n - A$ 的不变因子或初等因子就可以完全确定模 V 的结构, 这就是高等代数中通过研究 λ-矩阵而得到 Jordan 标准形的理论依据.

现在我们就来看看矩阵 $\lambda I_n - A$, 显然, 其 n 阶行列式因子 $\Delta_n(\lambda I_n - A)$ 是一个首一的 n 次多项式, 称为 A (或 $\mathcal{A}$) 的特征多项式. 于是 $\lambda I_n - A$ 的标准形一定是形如 $\mathrm{diag}(1,\cdots,1,d_1(\lambda),\cdots,d_s(\lambda))$ 的矩阵. 于是作为 $F[\lambda]$ 模, V 同构于循环模的直和:

$$V = F[\lambda]x_1 \oplus F[\lambda]x_2 \oplus \cdots \oplus F[\lambda]x_s,$$

其中 $\mathrm{ann}x_j = \langle d_j(\lambda)\rangle$.

现在我们来研究上面分解中出现的循环模 $V_j = F[\lambda]x_j$. 作为子模, V_j 是 $\mathcal{A}$ 的不变子空间, 因此可以设 $\mathcal{A}_j = \mathcal{A}|_{V_j}$, 然后直接研究 $\mathcal{A}_j$ 在 V_j 上的标准形. 为简单起见, 我们设 $s=1$, $V = F[\lambda]x$, 这时 $\mathrm{ann}(x) = \langle f(\lambda)\rangle$, 其中 $f(\lambda)$ 是 $\mathcal{A}$ 的特征多项式. 注意 $f(\lambda)x = 0$, 而且是使得上式成立的次数最小的多项式, 因此 $x, \lambda x, \cdots, \lambda^{n-1}x$ 线性无关, 从而形成的一组基. 设 $f(\lambda) = \lambda^n + a_1\lambda^{n-1} + \cdots + a_{n-1}\lambda + a_n$, 则有 $\mathcal{A}x = \lambda x$, $\mathcal{A}(\lambda x) = \lambda^2 x, \cdots, \mathcal{A}(\lambda^{n-2}x) = \lambda^{n-1}x$, 而

$$\mathcal{A}(\lambda^{n-1}x) = \lambda^n x = -a_1\lambda^{n-1}x - \cdots - a_{n-1}\lambda x - a_n x.$$

因此在基 $x, \lambda x, \cdots, \lambda^{n-1}x$ 下 $\mathcal{A}$ 的矩阵为

$$\begin{pmatrix} 0 & 0 & 0 & \cdots & 0 & -a_n \\ 1 & 0 & 0 & \cdots & 0 & -a_{n-1} \\ 0 & 1 & 0 & \cdots & 0 & -a_{n-2} \\ \vdots & \vdots & \vdots & & \vdots & \vdots \\ 0 & 0 & 0 & \cdots & 1 & -a_1 \end{pmatrix}. \tag{3.10}$$

上面的结论应用到一般情形就得到下面的结论.

定理3.6.2 设 V 为域 F 上的有限维线性空间, $\mathcal{A}$ 为 V 上的线性变换, 则存在 V 的一组基 $v_1, v_2, \cdots, v_n$ 使得 $\mathcal{A}$ 具有准对角矩阵

$$\begin{pmatrix} B_1 & & & \\ & B_2 & & \\ & & \ddots & \\ & & & B_s \end{pmatrix}$$

的形式, 其中 $B_j, j = 1, 2, \cdots, s$ 是形如 (3.10) 的矩阵.

一般我们将定理 3.6.2 中的矩阵称为 $\mathcal{A}$ 的**有理标准形**. 如果对域 F 不加任何条件, 一般情况下有理标准形就是 $\mathcal{A}$ 的矩阵最简单的形式了. 但是如果我们假设 F 是代数闭域(即任何 F 上次数大于零的多项式在 F 中有根), 则可以得到更为简单的标准形, 即 Jordan **标准形**.

在定理 3.6.2 中, 如果我们用初等因子对应的循环子模的分解来代替不变因子对应的分解, 则每个矩阵 B_i 对应的多项式都具有 $p_i^{r_i}(\lambda)$ 的形式, 其中 $p_i(\lambda)$ 是不可约多项式, $r_i \geqslant 1$. 如果我们进一步假设 $p_i(\lambda) = (\lambda - \lambda_i)$(这在 F 是特征为零的代数闭域时一定成立), 则可以在对应的子模 $V_i = F[x]x_i$ 中取基为

$$\varepsilon_1 = x_i, \varepsilon_2 = (\lambda - \lambda_i)x_i, \cdots, \varepsilon_{r_i} = (\lambda - \lambda_i)^{r_i - 1}x_i.$$

则有

$$\begin{aligned}
\mathcal{A}_i(\varepsilon_1) &= \lambda x_i = \lambda_i x_i + (\lambda - \lambda_i)x_i = \lambda_i \varepsilon_1 + \varepsilon_2, \\
\mathcal{A}_i(\varepsilon_k) &= \lambda(\lambda - \lambda_i)^{k-1}x_i = \lambda_i(\lambda - \lambda_i)^{k-1}x_i + (\lambda - \lambda_i)^k x_i \\
&= \lambda_i \varepsilon_k + \varepsilon_{k+1}, \quad k = 1, \cdots, r_i - 2, \\
\mathcal{A}_i(\varepsilon_{r_i}) &= \lambda(\lambda - \lambda_i)^{r_i - 1}x_i = \lambda_i(\lambda - \lambda_i)^{r_i - 1}x_i + (\lambda - \lambda_i)^{r_i}x_i \\
&= \lambda_i(\lambda - \lambda_i)^{r_i - 1}x_i = \lambda_i \varepsilon_{r_i}.
\end{aligned}$$

因此 $\mathcal{A}_i$ 在基 $\varepsilon_1, \cdots, \varepsilon_{r_i}$ 下的矩阵为

$$\begin{pmatrix}
\lambda_i & 0 & 0 & \cdots & 0 & 0 \\
1 & \lambda_i & 0 & \cdots & 0 & 0 \\
0 & 1 & \lambda_i & \cdots & 0 & 0 \\
\vdots & \vdots & \vdots & & \vdots & \vdots \\
0 & 0 & 0 & \cdots & 1 & \lambda_i
\end{pmatrix}.$$

上述形式的矩阵称为一个 **Jordan 块**. 总结起来, 我们有如下结论.

定理3.6.3 设 F 为特征为零的代数闭域, V 为 F 上 n 维线性空间, $\mathcal{A}$ 为 V 上的线性变换, 则存在 V 的一组基 $\alpha_1, \alpha_2, \cdots, \alpha_n$ 使得 $\mathcal{A}$ 在 $\alpha_1, \alpha_2, \cdots, \alpha_n$ 下的矩阵具有准对角矩阵

$$\begin{pmatrix}
J_1 & & & \\
& J_2 & & \\
& & \ddots & \\
& & & J_s
\end{pmatrix}$$

的形式, 其中 $J_1, J_2, \cdots, J_s$ 都是 Jordan 块.

因为复数域是特征为零的代数闭域, 所以高等代数中我们学过的 Jordan 标准形理论就是定理 3.6.3 的特例.

由定理 3.6.3 可以导出代数闭域上的方阵在相似变换下的标准形, 请读者自己完成. 我们最后给出几个例子来说明本节的主要结果.

例3.6.4 设 V 为 $\mathbb{Q}$ 上 4 维线性空间, $\alpha_1,\alpha_2,\alpha_3,\alpha_4$ 为一组基. 设 V 上线性变换 $\mathcal{A}$ 在 $\alpha_1,\alpha_2,\alpha_3,\alpha_4$ 下的矩阵为

$$A=\begin{pmatrix}-1&2&-1&0\\-2&-1&0&-1\\0&0&-1&2\\0&0&-2&-1\end{pmatrix},$$

则

$$M(\lambda)=\lambda I_4-A=\begin{pmatrix}\lambda+1&-2&1&0\\2&\lambda+1&0&1\\0&0&\lambda+1&-2\\0&0&2&\lambda+1\end{pmatrix}.$$

为了求出 $\mathcal{A}$ 的有理标准形, 我们考虑上述矩阵的不变因子. 显然, $M(\lambda)$ 的 1,2 阶行列式因子为 $\Delta_1=\Delta_2=1$. 又注意到

$$M(\lambda)\begin{pmatrix}123\\234\end{pmatrix}=4(\lambda+1)^2,$$

$$M(\lambda)\begin{pmatrix}123\\134\end{pmatrix}=4-(\lambda+1)^2.$$

显然上述两个多项式互素, 因此 $\Delta_3=1$. 而 $\Delta_4=\det M(\lambda)=((\lambda+1)^2+4)^2$. 于是我们得到 $M(\lambda)$ 的不变因子为 $d_1=d_2=d_3=1$, $d_4=((\lambda+1)^2+4)^2=\lambda^4+4\lambda^3+14\lambda^2+20\lambda+25$. 由定理 3.6.1, 存在 V 的一组基 $\beta_1,\beta_2,\beta_3,\beta_4$ 使得 $\mathcal{A}$ 在 $\beta_1,\beta_2,\beta_3,\beta_4$ 下的矩阵为

$$\begin{pmatrix}0&0&0&-25\\1&0&0&-20\\0&1&0&-14\\0&0&1&-4\end{pmatrix}.$$

这就是线性变换 $\mathcal{A}$ 的有理标准形.

例3.6.5 我们将例 3.6.4 中的有理数域换成实数域. 自然会得到同样的有理标准形, 但是在实数域上另一种标准形也是非常方便的. 考虑矩阵

$$B=\begin{pmatrix}B_2&0\\I_2&B_2\end{pmatrix},$$

其中 $B_2=\begin{pmatrix}0&-5\\1&-2\end{pmatrix}$. 容易算出 λI_4-B 的不变因子也是 $d_1=d_2=d_3=1$, $d_4=((\lambda+1)^2+2)^2$. 因此存在 V 的一组基 $\gamma_1,\gamma_2,\gamma_3,\gamma_4$ 使得 $\mathcal{A}$ 在 $\gamma_1,\gamma_2,\gamma_3,\gamma_4$ 下

的矩阵为 B. 这一例子可以推广到实数域上一般的有限维线性空间的线性变换. 也就是说, 如果 V 是 n 维实线性空间, $\mathcal{A}$ 为 V 上线性变换. 设 $\mathcal{A}$ 的初等因子为

$$(\lambda-\lambda_1)^{m_1},\cdots,(\lambda-\lambda_s)^{m_s},(\lambda^2-a_1\lambda+b_1)^{l_1},\cdots,(\lambda^2-a_t\lambda+b_t)^{l_t},$$

其中 $\lambda_i,a_k,b_k\in\mathbb{R}$, $m_i,l_j>0$, $1\leqslant i\leqslant s$, $1\leqslant j,k\leqslant t$, 且 $a_k^2-4b_k<0$, $1\leqslant k\leqslant t$, 则存在 V 的一组基使得在该基下 $\mathcal{A}$ 的矩阵具有下面的形式:

$$\begin{pmatrix} J_1 & & & & & \\ & \ddots & & & & \\ & & J_s & & & \\ & & & B_1 & & \\ & & & & \ddots & \\ & & & & & B_t \end{pmatrix},$$

其中

$$J_i=\begin{pmatrix} \lambda_i & & & \\ 1 & \lambda_i & & \\ & \ddots & \ddots & \\ & & 1 & \lambda_i \end{pmatrix}\in\mathbb{R}^{m_i\times m_i}$$

为 Jordan 块, 而

$$B_i=\begin{pmatrix} A_i & & & \\ I_2 & A_i & & \\ & \ddots & \ddots & \\ & & I_2 & A_i \end{pmatrix}\in\mathbb{R}^{2l_i\times 2l_i},$$

这里 $A_i=\begin{pmatrix} 0 & -b_i \\ 1 & a_i \end{pmatrix}$. 这一结论的证明留作习题.

思考题3.6.6　试找出上述例子中 V 的基使得 $\mathcal{A}$ 具有对应的标准形.

习　题　3.6

1. 设 $\mathcal{A}$ 为 3 维复线性空间 V 上的线性变换, $\mathcal{A}$ 在某组基下的矩阵为

$$\begin{pmatrix} 1 & 3 & 5 \\ 0 & 1 & 3 \\ 0 & 0 & 3 \end{pmatrix},$$

试问 V 作为 $\mathbb{C}[\lambda]$-模是否为循环模?

2. 试证明例 3.6.5 中的结论.

3. 设 $\mathcal{A}$ 为域 F 上 n 维线性空间 V 上的线性变换, 且存在 $k \in \mathbb{N}$ 使得 $\mathcal{A}^k = 0$. 证明存在 V 的一组基使得在这组基下 $\mathcal{A}$ 的矩阵为准对角矩阵 $\operatorname{diag}(N_1, N_2, \cdots, N_s)$, 其中 N_i, $i = 1, 2, \cdots, s$ 为对角线上元素为 0 的 Jordan 块.

4. 设 F 为域, 试证明 F 上两个 $n \times n$ 矩阵相似当且仅当在 $F[\lambda]^{n\times n}$ 中 $\lambda I_n - A$ 与 $\lambda I_n - B$ 具有相同的不变因子.

5. 试证明对任何域 F 上的 $n \times n$ 矩阵 A, A 与 A' 相似.

6. 设 $\mathcal{A}$ 为 7 维复线性空间 V 上的线性变换, 且满足 $\mathcal{A}^4 = \mathrm{id}$, 试决定 $\mathcal{A}$ 的所有可能的 Jordan 标准形.

7. 设 V 为 5 维复线性空间, $\mathcal{A}$ 为 V 上线性变换, 满足条件 $(\mathcal{A} - 2\,\mathrm{id})^3 = 0$, 试决定 $\mathcal{A}$ 的所有可能的 Jordan 标准形.

8. 试问在相似意义下, 满足条件 $(A - I_n)^n = 0$ 的 $(2n+1)\times(2n+1)$ 复矩阵一共有多少类?

9. 设 F 为特征为零的代数闭域, 试证明 F 上任何一个 Jordan 块都能写成两个对称矩阵的乘积.

10. 试证明任何一个特征为零的代数闭域 F 上的方阵都能写成 F 上两个对称矩阵的乘积.

11. 设 $\mathcal{A}$ 为实线性空间 V 上的线性变换, 试证明存在 V 的一组基使得在这组基下 $\mathcal{A}$ 的矩阵具有分块矩阵

$$\begin{pmatrix} B_1 & B_2 \\ 0 & B_3 \end{pmatrix}$$

的形式, 其中 B_1 为 1 阶或 2 阶方阵.

训练与提高题

12. (Weyr 定理)试证明特征为零的代数闭域上两个 $n \times n$ 矩阵 A, B 相似当且仅当对任何 $a \in \mathbb{C}$ 及 $k \in \mathbb{N}$, $(aI_n - A)^k$, $(aI_n - B)^k$ 具有相同的秩.

13. 试 V 为域 F 上线性空间, 对于向量组 $\gamma_1, \gamma_2, \cdots, \gamma_s$, 定义

$$W_{\{\gamma_1,\gamma_2,\cdots,\gamma_s\}} = \left\{ (a_1, a_2, \cdots, a_s) \in F^s \,\middle|\, \sum_{j=1}^{s} a_i \gamma_i = 0 \right\}.$$

现设 $\{\alpha_1, \alpha_2, \cdots, \alpha_t\}$, $\{\beta_1, \beta_2, \cdots, \beta_t\}$ 为 V 中两组向量组, 试证明存在 V 上线性变换 $\mathcal{A}$ 使得 $\mathcal{A}(\alpha_j) = \beta_j$, $j = 1, 2, \cdots, t$ 的充分必要条件是 $W_{\{\alpha_1,\alpha_2,\cdots,\alpha_t\}} \subseteq W_{\{\beta_1,\beta_2,\cdots,\beta_t\}}$, 而存在 V 上可逆线性变换 $\mathcal{A}$ 使得 $\mathcal{A}(\alpha_j) = \beta_j$, $j = 1, 2, \cdots, t$ 的充分必要条件是 $W_{\{\alpha_1,\alpha_2,\cdots,\alpha_t\}} = W_{\{\beta_1,\beta_2,\cdots,\beta_t\}}$.

3.7 本章小结

本章我们介绍了模论的基本概念, 核心内容是主理想整环上的有限生成模的结

构理论. 从最后介绍的两个模论的应用大家可以看出模论的巨大威力. 事实上, 数学中很多非常抽象和复杂的研究对象都可以化为模的语言来表述, 例如, 群的表示、代数的表示等. 模论甚至在微分几何、拓扑学等领域都能找到重要应用, 因此本节的内容是从事基础数学研究的人员必需的基础.

模论进一步的研究主要包括结构理论和一些特殊模的研究, 例如, 内射模、射影模、Noether 模、Artin 模等, 感兴趣的读者可以自己阅读相关的参考文献.

第4章 域

域的概念萌芽于 19 世纪初 Abel 和 Galois 关于方程根式解的研究工作中. 1871 年, Dedekind 首先引入了数域. 1881 年, Kronecker 定义了有理函数域. 1893 年, H. M. Weber 给出了域的抽象定义. 1910 年, E. Steinitz 研究了域的性质, 给出了素域、完备域等概念. 1928 年至 1942 年, E. Artin 系统地研究了群与域的关系, 用现代的方法处理了 Galois 理论. 本章将介绍 Galois 理论的基本思想及其在尺规作图、方程根式解等方面的应用.

4.1 域的基本概念

在高等代数中我们接触到很多含有非零元并且在加、减、乘、除四则运算下封闭的复数集的子集, 即数域, 如有理数域 $\mathbb{Q}$, 实数域 $\mathbb{R}$, 复数域 $\mathbb{C}$, $\mathbb{Q}(\sqrt{2})$, $\mathbb{Q}(\sqrt{-1})$. 任何数域都包含有理数域, 也包含于复数域. 这些都是更一般的概念 —— 域的特例. 在高次方程求根公式的探索过程中, 数学家们逐渐发展了域的理论, 并意识到域的重要用途. 我们先回忆一下域的定义.

定义4.1.1 *若 F 是含有非零元的整环, 且 F 的每个非零元都存在逆元, 则称 F 为*__域__.

这一定义与我们在第 2 章的定义是等价的, 也就是说, 域是这样的幺环, 它的所有非零元在环的乘法下构成一个 Abel 群. 因此域首先是一个加法群, 于是可以定义减法: $a-b=a+(-b)$, 其中 $-b$ 是 b 在加法下的负元; 其次, 域的非零元构成乘法群, 因此我们可以定义除法 $a/b=ab^{-1}$ $(b\neq 0)$. 换句话说, 域是一个可以作加、减、乘、除四则运算的集合, 因此域是数域的自然推广.

由于域中的非零元都可逆, 域的任何非零理想都含有逆元, 因此必为域本身. 另一方面, 对于整环上的任何非可逆元 $a\neq 0$, 主理想 $\langle a\rangle$ 是非平凡理想. 换言之, 我们有如下结论.

引理4.1.2　设 F 是一个非零整环, 则 F 是域当且仅当是 F 只有平凡理想.

对于一般的整环 R, 若 A 为 R 的一个极大理想, 则商环 R/A 只有平凡理想, 故是域. 因此, 构造商环是得到域的一个有效办法. 利用这个方法我们可以得到一些新的域.

例4.1.3　(1) 设 p 是一个素数, 则 $p\mathbb{Z}$ 是 $\mathbb{Z}$ 的极大理想. 因此 $\mathbb{F}_p = \mathbb{Z}/p\mathbb{Z} = \{\bar{0}, \cdots, \overline{p-1}\}$ 是一个有 p 个元的域. 特别地, $p=2$ 时得到两个元的域 $\mathbb{F}_2$, 这是元个数最少的域. 我们称只有有限个元的域为**有限域**或 **Galois 域**. 对有限域的研究详见 4.7 节.

(2) 设 F 为数域, $f(x) \in F[x]$ 为不可约多项式, 则 $\langle f(x)\rangle$ 为极大理想, 因此 $F[x]/\langle f(x)\rangle$ 为一个域.

值得注意的是, 例 4.1.3 (1) 中的域在前面记为 $\mathbb{Z}_p$, 它在群论和环论中都出现过, 本章为了强调我们研究的是域, 因此采用这一新的记号.

在深入研究域的结构之前, 我们需要解决一个问题: 什么情况下, 两个域本质上是一样的? 不一样的两个域是否又有联系? 为此, 我们需要域的同态和同构的概念. 因为任何一个域都是一个环, 我们只需将环的同态和同构的概念应用到这一特殊情形就可以了. 为了避免零同态, 对域的同态稍微作一点限制.

定义4.1.4　设 F, E 为域, 称映射 $\varphi: F \to E$ 为**域同态**, 如果 φ 是一个环同态, 即

$$\varphi(\alpha+\beta) = \varphi(\alpha) + \varphi(\beta), \quad \varphi(\alpha\beta) = \varphi(\alpha)\varphi(\beta), \quad \alpha, \beta \in F,$$

而且满足 $\varphi(1_F) = 1_E$, 其中 $1_F, 1_E$ 分别是 F, E 的乘法幺元. 在不会混淆的情况下, 我们省略下标. 域同态的全体记作 $\mathrm{Hom}\,(F, E)$. 称域同态 φ 是**域同构**, 如果 φ 是双射.

如果 $F = E$, 则称 φ 为 E 的**自同态**. 进一步, 若 φ 还是同构, 则称 φ 为**自同构**. 记 $\mathrm{Aut}\,(E)$ 为 E 的所有自同构的全体.

注记4.1.5　注意到域同态的复合仍是域同态, 即若 $\varphi: F \to E, \psi: E \to K$ 都是域同态, 则 $\psi \circ \varphi: F \to K$ 也是域同态. 特别地, 容易验证 $\mathrm{Hom}\,(E, E)$ 是一个幺半群, 而 $\mathrm{Aut}\,(E)$ 是一个群, 称为 E 的**自同构群**.

首先我们来看一些域同态和域同构的例子.

例4.1.6　设 $F = \mathbb{Q}(\sqrt{2}), E = \mathbb{C}$, 且 $\varphi: F \to \mathbb{C}$ 为域同态, 则 $\varphi^2(\sqrt{2}) = \varphi((\sqrt{2})^2) = \varphi(2) = 2$. 于是 $\varphi(\sqrt{2}) = \pm\sqrt{2}$. 容易验证 $\varphi(\sqrt{2})$ 的这两个取值都唯一确定了一个域同态, 且同态像都是 F. 因此, $\mathrm{Hom}\,(\mathbb{Q}(\sqrt{2}), \mathbb{C})$ 有两个元, 而 $\mathrm{Aut}\,(\mathbb{Q}(\sqrt{2}))$ 为二阶群.

例4.1.7　定义 $\varphi: \mathbb{Q}[x] \to \mathbb{Q}(\sqrt[3]{2})$ 为 $\varphi(f(x)) = f(\sqrt[3]{2})$. 容易验证 φ 是个环的满同态, 其核为 $\ker\varphi = \langle x^3 - 2\rangle$. 由于 $x^3 - 2$ 不可约, 故 $\langle x^3 - 2\rangle$ 是 $\mathbb{Q}[x]$ 的极大理

想. 于是, $F=\mathbb{Q}[x]/\langle x^3-2\rangle$ 是一个域, 且 φ 诱导的映射 $\bar{\varphi}:F\to\mathbb{Q}(\sqrt[3]{2})$ 是域同构. 可以验证: $\bar{\varphi}$ 是 $\mathrm{Hom}\,(F,\mathbb{Q}(\sqrt[3]{2}))$ 的唯一元.

例4.1.8 设 $F=\mathbb{Q}(\sqrt[3]{2})$, $\varphi:F\to\mathbb{C}$ 为域同态, 则$\varphi(\sqrt[3]{2})^3=\varphi((\sqrt[3]{2})^3)=2$. 因此 $\varphi(\sqrt[3]{2})$ 是 2 的立方根, 可以取 $\sqrt[3]{2},\sqrt[3]{2}\omega,\sqrt[3]{2}\omega^2$. 这里$\omega=\dfrac{-1+\sqrt{-3}}{2}$ 为三次单位根. 由于 $\sqrt[3]{2}$ 是不可约多项式 x^3-2 的根, 于是利用例 4.1.7 可知 $\mathbb{Q}[x]/\langle x^3-2\rangle$ 与 $\mathbb{Q}(\sqrt[3]{2})$, $\mathbb{Q}(\sqrt[3]{2}\omega)$, $\mathbb{Q}(\sqrt[3]{2}\omega^2)$ 都同构. 于是 $\varphi(\sqrt[3]{2})$ 的三个取值恰可以定义三个不同的域同态. 其中 $\varphi(\sqrt[3]{2})=\sqrt[3]{2}$ 定义的是 $\mathbb{Q}(\sqrt[3]{2})$ 上的恒等变换, 这也是 $\mathrm{Aut}\,(\mathbb{Q}(\sqrt[3]{2}))$ 中的唯一元. 于是, $\mathrm{Hom}\,(\mathbb{Q}(\sqrt[3]{2}),\mathbb{C})$ 含有 3 个元, 而 $\mathrm{Aut}\,(\mathbb{Q}(\sqrt[3]{2}))$ 只有恒等变换一个元.

由环的同态基本定理, 域同态 $\varphi:F\to E$ 的核 $\mathrm{Ker}\,\varphi$ 是 F 的理想, 故 $\mathrm{Ker}\,\varphi$ 只能为 F 和 $\{0\}$. 若 $\mathrm{Ker}\,\varphi=\{0\}$, 必有 $\varphi(1_F)=1_E$. 若 $\mathrm{Ker}\,\varphi=F$, 则 φ 是个零映射, 这是平凡的情况, 因此我们在定义中增加了 $\varphi(1_F)=1_E$, 排除了这种情形. 因此我们有如下结论.

引理4.1.9 域同态 $\varphi:F\to E$ 一定是单射.

由此引理可知, 域同构的定义中只需要满射即可. 进一步, $F\cong\varphi(F)$, 即 $\varphi(F)$ 作为 E 的子集也有域的结构. 于是给出如下定义.

定义4.1.10 设 E 是一个域, F 是 E 的一个子集. 若 F 在 E 的运算下也是一个域, 则称 F 是 E 的**子域**, E 为 F 的**扩域**或**扩张**, 记作 E/F.

E 的子域 F 是个含有非零元的子环, 且其中每个非零元的逆元也在 F 中, 或者说 F 是 E 中含非平凡元的四则运算封闭的子集. 回顾数域的概念, 两者完全一致. 数域实际上就是复数域的子域. 而每个数域都包含有理数域 $\mathbb{Q}$, 因此也是 $\mathbb{Q}$ 的扩张. 对于一般的域同态 $\varphi:F\to E$, 由于 $F\cong\mathrm{Im}\,\varphi$, 我们可以把 F 看作 E 的子域或 E 是 F 的扩张.

容易验证, 域 E 的任意多个子域的交仍是 E 的子域. 特别地, 域 E 的所有子域的交是 E 的唯一的最小子域. 这个最小子域没有任何非平凡子域. 我们称不包含任何非平凡子域的域为**素域**. 于是每个域都包含一个素域作为子域, 或者说任何域都是一个素域的扩张.

为了研究素域的结构, 考虑映射

$$\varphi:\mathbb{Z}\to E,\quad \varphi(n)=n\cdot 1_E.$$

容易验证 φ 是环同态. 由于 E 是域, 自然是整环, 因此, $\mathrm{Ker}\,\varphi$ 是 $\mathbb{Z}$ 的素理想. 而 $\mathbb{Z}$ 的素理想为 $\langle p\rangle$, 其中 $p=0$ 或者 p 是素数. 若 p 为素数, 则 $\langle p\rangle$ 也是 $\mathbb{Z}$ 的极大理想, 故 $\mathrm{Im}\,\varphi\simeq\mathbb{Z}/\langle p\rangle$ 为域. 若 $p=0$, 则 φ 为单射, 于是 φ 可以延拓为

$$\bar{\varphi}:\mathbb{Q}\to E,\quad \bar{\varphi}(m/n)=(m\cdot 1)(n\cdot 1)^{-1}.$$

容易验证 $\bar{\varphi}$ 的定义是合理的且为域同态. 因此, 每个域都包含一个同构于 $\mathbb{Q}$ 或者某个 $\mathbb{F}_p$ 的子域. 特别地, 我们有如下结论.

定理4.1.11 任何一个素域一定同构于 $\mathbb{Q}$ 或某个 $\mathbb{F}_p$.

前面我们定义了无零因子环的特征的概念, 而域显然是无零因子环, 因此特征的定义也适合域. 上面的结论可以用特征描述如下.

引理4.1.12 如果 F 包含的素域与 $\mathbb{Q}$ 同构, 则 F 的**特征**为零; 如果 F 包含的素域与 $\mathbb{F}_p$ 同构, 则 F 的**特征**为 p.

对于任何域同态 $\sigma: F \to E$, σ 自然建立了 F 的素域与 E 的素域之间的同构, 因此 F 与 E 具有相同的特征. 特别地, 不妨设 F 和 E 都是同一个素域 Π 上的扩张, 由 $\varphi(1) = 1$ 及 Π 是素域, 我们有如下结论.

推论4.1.13 设 E 和 F 都是素域 Π 的扩张, $\varphi: F \to E$ 为域同态, 则对任意 $a \in \Pi$ 有 $\varphi(a) = a$, 即 $\varphi|_{\Pi} = \mathrm{id}_{\Pi}$.

既然每个域都包含一个唯一的素域, 要找出所有的域, 我们只需找出素域的所有的扩张就可以了. 但是实践表明, 研究素域的扩张并不比研究一般域的扩张来得简单. 事实上, 回顾一下高等代数中的多项式理论, 有理系数多项式处理起来就要比复系数或实系数多项式困难得多, 这提示我们素域上的多项式一般来说是非常复杂的, 而研究域的扩张不可避免地要处理多项式. 由于这个原因, 我们从一般域的扩张进行研究.

下面我们将数域上的线性空间的概念推广到一般域上. 数域上的线性空间的一般结论都可以推广到一般的域上. 从线性空间角度来看待域扩张会为我们的研究增加新的工具.

定理4.1.14 设 E 是 F 的扩域, 则 E 是 F 上的线性空间, 简称 E 为 F-线性空间.

这个定理的证明与 $\mathbb{R}$ 是 $\mathbb{Q}$ 上或者 $\mathbb{C}$ 是 $\mathbb{R}$ 上的线性空间的证明类似, 不再赘述. 有了这个定理, 我们就可以利用线性空间中的方法和技巧来研究域论的问题. 首先引入如下定义.

定义4.1.15 设 E 为 F 的扩张, E 作为 F-线性空间的维数称为 E 对 F 的**扩张次数**, 记为 $[E:F]$ 或 $|E/F|$. 若 $[E:F] < \infty$, 则称 E 为 F 的**有限扩张**或 n 次扩张 $(n = [E:F])$, 否则称 E 为 F 的**无限扩张**. 当 $[E:F] < \infty$ 时, E 作为 F-线性空间的一组基称为 E 的一组 F-基.

例如, $\mathbb{C}$ 是 $\mathbb{R}$ 上的二次扩张, 而 $\mathbb{R}$ 为 $\mathbb{Q}$ 上的无限扩张, $\mathbb{Q}(\sqrt{-1})$ 是 $\mathbb{Q}$ 的二次扩张.

定理4.1.16 若 K/F, E/K 都是有限扩张, 则 E/F 也是有限扩张, 且

$$[E:F] = [E:K][K:F].$$

证 设 $[E:K]=n,[K:F]=m$. 取定 E 的一组 K-基 $\alpha_1,\alpha_2,\cdots,\alpha_n$, 以及 K 的一组 F-基为 $\beta_1,\beta_2,\cdots,\beta_m$. 我们证明集合

$$S=\{\alpha_i\beta_j|\, i=1,2,\cdots,n,j=1,2,\cdots,m\}$$

构成 E 的一组 F-基. 对任意 $\gamma\in E$, 存在 $a_1,a_2,\cdots,a_n\in K$ 使得 $\gamma=a_1\alpha_1+\cdots+a_n\alpha_n$. 又 $a_i\in K$, 故存在 $b_{ij}\in F$, $i=1,2,\cdots,n$, $j=1,2,\cdots,m$ 使

$$a_i=b_{i1}\beta_1+b_{i2}\beta_2+\cdots+b_{im}\beta_m,\quad i=1,2,\cdots,n.$$

将 α_i 的表达式代入 γ 的表达式, 可以看出 S 是 E 作为 F 上线性空间的生成元. 此外, 设

$$\sum_{i=1}^{n}\sum_{j=1}^{m}c_{ij}\alpha_i\beta_j=0,\quad c_{ij}\in F,$$

则 $\sum\limits_{i=1}^{n}\left(\sum\limits_{j=1}^{m}c_{ij}\beta_j\right)\alpha_i=0$, 且 $\sum\limits_{j=1}^{m}c_{ij}\beta_j\in K$. 因为 $\alpha_1,\cdots,\alpha_n$ 是 K-线性无关的, 故

$$\sum_{j=1}^{m}c_{ij}\beta_j=0,\quad i=1,2,\cdots,n.$$

又由于 $\beta_1,\cdots,\beta_m$ 是 F-线性无关的, 于是对任何 i,j, $c_{ij}=0$. 从而 S 是 F-线性无关的. 这说明 S 构成 E 的一组 F-基. 因 $|S|=mn$, 定理得证. □

通常称定理中的 K 是扩张 E/F 的**中间域**, 或称 K/F 是 E/F 的**子扩张**.

注记4.1.17 在线性空间中有类似的命题, 如复数域上的 n 维线性空间可以看作实数域上的 $2n$ 维线性空间. 此外定理中的条件“有限”可以去掉. 如果其中一个扩张是无限扩张, 则等号两端都是无穷, 仍然成立.

思考题4.1.18 设 E 为域 F 的有限扩张. 如果将 F, E 都看成 Abel 群, 则作为 E 的子群, F 在 E 中有指数的概念. 那么 F 在 E 中的指数和 E 作为 F 的扩张的次数是否相等?

习 题 4.1

1. 判断下列各商环是否为域, 并求其特征:

(1) $\mathbb{Z}[\sqrt{-1}]/\langle 7\rangle$; (2) $\mathbb{Z}[\sqrt{-1}]/\langle 5\rangle$; (3) $\mathbb{Z}[\sqrt{-1}]/\langle 2+\sqrt{-1}\rangle$.

2. 设域 F 的特征为 $p>0$, 证明:

(1) 映射 $\mathrm{Fr}(x)=x^p$ 是 F 的自同态;

(2) $(a_1+a_2+\cdots+a_r)^p=a_1^p+a_2^p+\cdots+a_r^p$;

(3) 对任意 $n\in\mathbb{N}$, $(a\pm b)^{p^n}=a^{p^n}\pm b^{p^n}$;

(4) $(a-b)^{p-1}=\sum\limits_{i=0}^{p-1}a^ib^{p-1-i}$.

3. 设 E 是有限域, F_p 是 E 的素域, 证明 E/F_p 为有限扩张. 设 $n=[E:F_p]$, 试求 E 的元素个数.

4. 求下列域扩张的次数:

(1) $[\mathbb{Q}(\sqrt{2}+\sqrt{3}):\mathbb{Q}]$; (2) $[\mathbb{Q}(\sqrt{2}+\sqrt{3}):\mathbb{Q}(\sqrt{3})]$.

5. 试证明 $\mathbb{Q}[\sqrt{2}+\sqrt{3}]=\mathbb{Q}[\sqrt{2},\sqrt{3}]$.

6. 试问 $\mathbb{Q}[\sqrt{5}]$ 和 $\mathbb{Q}[\sqrt{-5}]$ 是否同构?

7. 设 $\alpha\in\mathbb{C}$ 是多项式 $x^3-3x^2+15x+6$ 的一个根.

(1) 求证 $[\mathbb{Q}(\alpha):\mathbb{Q}]=3$;

(2) 将 $\alpha^4,(\alpha-2)^{-1},(\alpha^2-\alpha+1)^{-1}$ 表示成 $1,\alpha,\alpha^2$ 的 $\mathbb{Q}$-线性组合.

8. 设 $\varphi:F\to E$ 为域同态.

(1) 证明: F 和 E 有相同的特征;

(2) 设 Π 为素域, F, E 是 Π 的扩张, 证明: 对任意 $f\in\mathrm{Hom}\,(F,E)$, $k\in\Pi$, $\alpha\in F$, 有 $f(k\alpha)=kf(\alpha)$.

9. 设 K 是域 F 的有限扩张且 E 的子环 D 包含 F. 证明 D 是域.

10. 证明: $\mathbb{R}/\mathbb{Q}$ 是无限扩张.

11. 设 E 是整环 R 的分式域. 对任意 R 的自同构 σ 定义 $\tilde{\sigma}(ab^{-1})=\sigma(a)(\sigma(b))^{-1}$. 证明: $\tilde{\sigma}$ 是 E 的自同构.

12. 证明 $x^3+x+1\in F_2[x]$ 是不可约多项式且域 $E=F_2[x]/\langle x^3+x+1\rangle$ 含有 8 个元素, 并写出 E 的加法表与乘法表.

训练与提高题

13. 设 $\alpha\in\mathbb{C}$ 是一个 n 次不可约有理多项式 $f(x)$ 的根.

(1) 证明: $\mathbb{Q}(\alpha)=\{a_0+a_1\alpha+\cdots+a_{n-1}\alpha^{n-1}|a_0,a_1,\cdots,a_{n-1}\in\mathbb{Q}\}$ 是一个域, 且 $[\mathbb{Q}(\alpha):\mathbb{Q}]=n$;

(2) 试求 $\mathrm{Hom}\,(\mathbb{Q}(\alpha),\mathbb{C})$.

4.2 代数扩张

域的扩张理论是在代数方程求 (根式) 解的过程中产生的. 我们先来考虑一个基本的问题: 对于扩张 E/F, E 中哪些元是 F 上某些非零多项式 $f(x)$ 的根?

与对素域的研究一样, 我们使用同态的方法来探索这一问题. 设 E 是 F 的扩域, $\alpha\in E$, 考虑映射:

$$\varphi:F[x]\to E,\quad g(x)\mapsto g(\alpha).\tag{4.1}$$

容易验证 φ 是一个环同态, 自然 $\operatorname{Ker}\varphi$ 是 $F[x]$ 的理想, 且 $\operatorname{Ker}\varphi$ 是 $F[x]$ 中所有以 α 为根的多项式的全体, 其中的多项式称为 α 的**零化多项式**. 由环的同态基本定理可得 $F[x]/\operatorname{Ker}\varphi \cong \operatorname{Im}\varphi$. 由于 E 是域, 自然也是整环, 故 $\operatorname{Im}\varphi$ 也是整环, 从而, $\operatorname{Ker}\varphi$ 是 $F[x]$ 的素理想. 又由 $F[x]$ 是主理想整环可得 $\operatorname{Ker}\varphi = \langle f_\alpha(x)\rangle$, 其中 $f_\alpha(x)$ 为 0 或者是 F 上的一个首一不可约多项式. 若 $f_\alpha(x) \neq 0$, 称 α 为 F 上的**代数元**, $f_\alpha(x)$ 为 α 在 F 上的**最小多项式**, 也记为 $\operatorname{Irr}(\alpha, F)$, 它的次数称为 α 在 F 上的**次数**, 记为 $\deg(\alpha, F)$. 如果 $f_\alpha(x) = 0$, 则称 α 为 F 上的**超越元**. 换言之, F 上的代数元是 F 上某个非零多项式的根, 而超越元不是任何非零多项式的根. 这样, 由 (4.1) 我们可以得到域同态

$$\begin{cases} \varphi : F(x) \to E, & \alpha \text{ 是 } F \text{ 上的超越元}, \\ \varphi : F[x]/\langle f_\alpha(x)\rangle \to E, & \alpha \text{ 是 } F \text{ 上的代数元}. \end{cases}$$

容易看出 $2, \sqrt{2}, \sqrt[3]{2}, \sqrt{-1}$ 都是 $\mathbb{Q}$ 上代数元 (称为**代数数**). 1874 年, Cantor 证明了 $\mathbb{Q}$ 上的代数数是可数的(即与自然数集存在一一对应), 而超越数比代数数要多得多. 但是要证明某个数是超越数相当困难. 1844 年, 法国数学家 Liouville 首先证明了一类数 (现称为 Liouville 数) 都是超越数, 并给出了具体构造. 随后, Hermite 在 1873 年证明了 e 的超越性; 而 Lindemann 在 1882 年证明了 π 的超越性. 1900 年, Hilbert 把证明一些数的超越性问题纳入了他的著名的 23 问题中的第七个问题: 若 α, β 都是代数数, 且 $\alpha \neq 0, 1$, $\beta \notin \mathbb{Q}$, 则 α^β 是超越数. 这个问题于 1934 年被 A. O. Gelfand 与 T. Schneider 独立证明.

在扩张 E/F 中, F 的代数元总是存在的, 例如, F 中的任何元都是 F 上的代数元; 然而, 超越元未必存在. 一般地, 我们有如下结论.

引理4.2.1 设 E/F 为有限扩张, 则 E 中所有元都是 F 上的代数元.

证 设 $[E:F] = n$, 则对任意 $\alpha \in E$, $1, \alpha, \cdots, \alpha^n$ 是线性相关的, 即存在不全为零的 $a_0, a_1, \cdots, a_n \in F$ 使得 $a_0 + a_1\alpha + \cdots + a_n\alpha^n = 0$. 因此, α 是 F 上代数元. □

为了方便, 我们引入如下定义.

定义4.2.2 设 E 为域 F 的扩张, 若 E 中的每个元都是 F 上的代数元, 则称 E 为 F 的**代数扩张**. 否则, 称 E 为 F 的**超越扩张**.

于是, 有限扩张是代数扩张. 特别地, 对任意不可约多项式 $f(x) \in F[x]$, $F[x]/\langle f(x)\rangle$ 是 F 上的代数扩张; 而 $\mathbb{R}/\mathbb{Q}$, $\mathbb{C}/\mathbb{Q}$ 都是超越扩张. 一般情况下, 如何判断一个扩张是代数扩张呢? 那就需要判断什么样的元是代数元. 对于扩张 E/F, E 中所有 F 上代数元的全体是否构成一个域呢? 换句话说, F 上的两个代数元的和、差、积、商(分母不为零)是否仍为 F 上的代数元? 要按照定义验证扩张 E/F 的每个元都是代数元是不现实的, 我们需要一些有效的判别法则. 为此, 我们需要一些准备

工作. 首先引入一个定义.

定义4.2.3 设 E 是 F 的扩张, S 是 E 的一个子集, 则 E 中所有包含 $F\cup S$ 的子域之交仍然为一个域, 它是 E 中包含 $F\cup S$ 的最小子域, 称为 **S 在 F 上生成的域**, 记为 $F(S)$.

扩域 E 本身可以看成由 F 添加一个集合所得, 只需令 $S=E$ 即可. 同样 E 的任何包含 F 的子域也可以看成由 F 添加某个集合而得. 因此研究域的扩张我们只需研究非空集合在一个域上生成的域即可.

让我们看一下 $F(S)$ 的结构. 用 $F[S]$ 表示由下列形式的一切有限和

$$\sum_{i_1,i_2,\cdots,i_n\geqslant 0} a_{i_1i_2\cdots i_n}\alpha_1^{i_1}\alpha_2^{i_2}\cdots\alpha_n^{i_n},\quad \alpha_j\in S,\quad a_{i_1i_2\cdots i_n}\in F,\quad j=1,2,\cdots,n$$

构成的集合. 换句话说, $F[S]$ 是将 F 上的所有多元多项式中的自变量用 S 中的元代入而得到的值的集合. 容易看出 $F[S]$ 是 E 的子环, 因此 $F[S]$ 是整环. 我们断言 $F(S)$ 恰为 $F[S]$ 的分式域. 事实上, $F[S]$ 的分式域显然包含 $F\cup S$, 从而包含 $F(S)$. 此外, 包含 $F\cup S$ 的任何域必然包含 $F[S]$. 而一个整环的分式域是包含该整环的最小域, 故 $F(S)$ 包含 $F[S]$ 的分式域. 因此 $F(S)$ 就是 $F[S]$ 的分式域. 当 $S=\{\alpha_1,\alpha_2,\cdots,\alpha_n\}$ 是有限集合时, 我们记 $F[S]$ 为 $F[\alpha_1,\alpha_2,\cdots,\alpha_n]$. 特别地, 若 $S=\{\alpha\}$, 则 $F[\alpha]=\{f(\alpha)|f(x)\in F[x]\}$.

由非空集合生成的扩域有如下一些基本性质.

命题4.2.4 设 E 为域 F 的扩域, $S\subset E$, 则

(1) $F(S)=\bigcup\limits_{S'\subset S}F(S')$, 其中 S' 取遍 S 的所有有限子集.

(2) 若 $S=S_1\cup S_2$, 则 $F(S)=F(S_1)(S_2)=F(S_2)(S_1)$.

证 (1) 显然对任何有限子集 $S'\subset S$, 有 $F(S')\subseteq F(S)$. 故 $\bigcup\limits_{S'\subset S}F(S')\subseteq F(S)$. 反之, 对任意 $a\in F(S)$, 存在 $f,g\in F[S]$, $g\neq 0$, 使得 $a=fg^{-1}$. 由于 f,g 的表达式都是有限和的形式, 因此存在 S 的有限子集 S' 使得 $f,g\in F[S']$. 于是 $a\in F(S')$. 故 (1) 成立.

(2) 只需证明 $F(S)=F(S_1)(S_2)$. 由于域 $F(S_1)(S_2)$ 包含 F, S_1, S_2, 而 $F(S)$ 是 E 中包含 F, S 的最小子域, 故 $F(S)\subseteq F(S_1)(S_2)$.

另一方面, $F(S_1)(S_2)$ 是包含 $F(S_1)$, S_2 的最小子域, 而域 $F(S_1\cup S_2)$ 显然包含 $F(S_1)$, S_2, 故 $F(S_1)(S_2)\subseteq F(S_1\cup S_2)$. 于是 (2) 成立. □

利用归纳法不难得到如下结论.

推论4.2.5 $F(\alpha_1,\alpha_2,\cdots,\alpha_n)=F(\alpha_1)(\alpha_2)\cdots(\alpha_n)$.

对于扩张 E/F, E 总是通过在 F 中添加若干元生成的. 若 $E=F(S)$ 是代数扩张, 自然的集合 S 中每个元都是 F 上的代数元; 反之也是对的. 我们首先考虑只有有限个生成元的情况.

定理4.2.6 设 $E=F(\alpha_1,\alpha_2,\cdots,\alpha_n)$, 则下列条件等价.

(1) E 是 F 的代数扩张;

(2) $\alpha_1,\alpha_2,\cdots,\alpha_n$ 是 F 上的代数元;

(3) E 是 F 的有限扩张.

证 (3)⇒(1)⇒(2) 是明显的. 又注意到 $F(\alpha_1,\alpha_2,\cdots,\alpha_n)=F(\alpha_1)(\alpha_2)\cdots(\alpha_n)$, 由定理 4.1.16 可知 $[E:F]=[F(\alpha_1):F][F(\alpha_1,\alpha_2):F(\alpha_1)]\cdots[E:F(\alpha_1,\cdots,\alpha_{n-1})]$, 故 $[E:F]$ 有限. □

特别地, 对于扩张 E/F 中的两个代数元 α,β, 我们有 $F(\alpha,\beta)$ 是代数扩张, 因此可得如下结论.

推论4.2.7 域 F 上的两个代数元的和、差、积、商(分母不为零)仍为 F 上的代数元.

思考题4.2.8 设 $\alpha,\beta\in E$ 都是 F 上的代数元, 其最小多项式为 $\mathrm{Irr}(\alpha,F),\mathrm{Irr}(\beta,F)$, 是否可以构造出 $\alpha+\beta$, $\alpha\beta$ 的最小多项式或者零化多项式?

对于一般的扩张 $E=F(S)$, 我们知道 E 的元都是由 F 和 S 中元的和、差、积、商得到的, 利用推论 4.2.7 我们有如下结论.

推论4.2.9 设 $E=F(S)$, 其中 S 的元都是 F 上的代数元, 则 E 是 F 的代数扩张.

现在我们可以证明关于代数数论的一个很重要的结论了, 即**代数扩张的传递性**.

定理4.2.10 若 $E/K,K/F$ 都是代数扩张, 则 E/F 也是代数扩张.

证 设 $\alpha\in E$, 由于 α 是 K 上的代数元, 存在不全为零的 $a_1,a_2,\cdots,a_n\in K$ 使得

$$a_1+a_2\alpha+\cdots+a_n\alpha^{n-1}=0.$$

因此 α 是 $F(a_1,\cdots,a_n)$ 上的代数元. 又 K 是 F 的代数扩张, 故 $F(a_1,\cdots,a_n)$ 是 F 的有限扩张, 从而 $F(a_1,\cdots,a_n,\alpha)$ 是 F 的有限扩张, 自然也是代数扩张, 故 α 为 F 上的代数元. □

对于一般的扩张 E/F, 我们令 E_0 为 E 中 F 上的代数元的全体. 由推论 4.2.7 知 E_0 是域, 称为 F 在 E 中的**代数闭包**. 闭包的含义不仅在于 F 的代数元都含于 E_0, 实际上 E_0 在 E 中也没有其他代数元. 利用代数扩张的传递性, 不难得到如下结论.

定理4.2.11 设 E 为 F 的扩张, E_0 为 F 在 E 中的代数闭包, 则 E_0 是含于 E 的 F 的最大代数扩张, 且对任意 $\delta\in E\backslash E_0$, 即 $\delta\in E$ 且 $\delta\notin E_0$, δ 是 E_0 的超越元.

例4.2.12 有理数域 $\mathbb{Q}$ 作为复数域 $\mathbb{C}$ 的子域, 其在 $\mathbb{C}$ 中的代数闭包记为 $\bar{\mathbb{Q}}$,

它是 $\mathbb{Q}$ 在 $\mathbb{C}$ 中的所有代数扩张的并, 包含所有有理系数多项式在复数域上的根. 对于这个域的结构的研究是数论中的重要课题.

我们称 E/F 为**纯超越扩张**如果任意 $\alpha \in E\backslash F$ 都是 F 上的超越元. 上面的定理告诉我们, 对域扩张 E/F 的研究可以分两步进行: 首先考虑代数扩张 E_0/F, 再考虑纯超越扩张 E/E_0. 而不管是超越扩张还是代数扩张的研究都可以归结为添加有限集合的扩张, 而添加有限集合的扩张又可以归结为添加一个元的扩张. 添加一个元的扩张是最基本也是很重要的扩张. 由 F 添加一个元的扩张 $F(\alpha)$ 称为 F 的**单扩张**. 如果 α 是 F 上的代数元, 称 $F(\alpha)$ 为 F 的**单代数扩张**; 否则称 $F(\alpha)$ 为 F 的**单超越扩张**. 前面关于同态 (4.1) 的讨论可以总结如下.

定理4.2.13 (1) 域 F 的单代数扩张 $F(\alpha)$ 必同构于 $F[x]/\langle f_\alpha(x)\rangle$.

(2) 域 F 的单超越扩张都同构于 $F(x)$.

从这个定理可以看出, 域 F 上的单超越扩张在同构意义下是唯一的, 而单代数扩张的内容要丰富得多. 后者及一般的代数扩张是代数数论研究的重要内容. 此外, 单代数扩张都对应于 $F[x]$ 中的一个首一不可约多项式. 值得注意的是, 单代数扩张对应的首一不可约多项式并不是唯一的, 因为单代数扩张的生成元并不唯一, 而不可约多项式会随着生成元的变化而变化. 例如, 容易验证 $\mathbb{Q}(\sqrt{2}) = \mathbb{Q}(\sqrt{2}+1)$, 而 $\mathrm{Irr}(\sqrt{2},\mathbb{Q}) = x^2-2$, $\mathrm{Irr}(\sqrt{2}+1,\mathbb{Q}) = x^2-2x-1$.

习 题 4.2

1. 对下列每个 $\alpha \in \mathbb{C}$, 求 $\mathrm{Irr}(\alpha,\mathbb{Q})$:

(1) $1+\sqrt{-1}$;

(2) $\sqrt{2}+\sqrt{-1}$;

(3) $\sqrt{1+\sqrt[3]{2}}$;

(4) $\sqrt{\sqrt[3]{2}-\sqrt{-1}}$.

2. 求下列域扩张的次数:

(1) $[\mathbb{Q}(\sqrt{2},\sqrt{-1}):\mathbb{Q}]$;

(2) $[\mathbb{Q}(\sqrt{2},\sqrt[3]{2}):\mathbb{Q}]$;

(3) $[\mathbb{Q}(\sqrt[3]{2},\sqrt[3]{6},\sqrt[3]{24}):\mathbb{Q}]$;

(4) $[\mathbb{Q}(\sqrt{2},\sqrt{6}):\mathbb{Q}(\sqrt{3})]$.

3. 分别求 $\sqrt{2}+\sqrt{3}$ 在域 $\mathbb{Q}$, $\mathbb{Q}(\sqrt{2})$, $\mathbb{Q}(\sqrt{6})$ 上的最小多项式.

4. 设 E 是域 F 的扩张且 $[E:F]=p$ 为素数, 证明: $E=F(\alpha)$, 其中 α 是 E 中任何不属于 F 的元.

5. 设 $F(\alpha)$ 是 F 的单代数扩张, $\deg(\alpha,F)=n$, 证明: $F(\alpha)$ 是 n 维 F-线性空间, 且 $1, \alpha,\cdots,\alpha^{n-1}$ 是 $F(\alpha)$ 的一组基.

6. 试证明对任何正整数 n, 存在 $\mathbb{Q}$ 的代数扩张 K 使得 $[K:\mathbb{Q}]=n$.

7. 设 E 是域 F 的扩张, $\alpha,\beta\in E$ 都是 F 上的代数元, $\deg(\alpha,F)$ 与 $\deg(\beta,F)$ 互素. 证明: $\mathrm{Irr}(\alpha,F)$ 是 $F(\beta)[x]$ 中不可约多项式, 从而 $[F(\alpha,\beta):F]=\deg(\alpha,F)\deg(\beta,F)$.

8. 设 E 是域 F 的扩张, $\alpha\in E$ 是 F 上的代数元且 $\deg(\alpha,F)$ 是奇数. 证明 $F(\alpha^2)=F(\alpha)$.

9. 若 $a,b\in\mathbb{Q}$ 满足 $\sqrt{a}+\sqrt{b}\neq 0$, 证明:

$$\mathbb{Q}(\sqrt{a},\sqrt{b})=\mathbb{Q}(\sqrt{a}+\sqrt{b}).$$

10. 设 $E=\mathbb{F}_p(t)$ 为 $\mathbb{F}_p$ 的单超越扩张.

(1) 证明: $x^p-t\in E[x]$ 不可约;

(2) 设 θ 是 x^p-t 的一个根, 试将 x^p-t 在 $E(\theta)$ 上分解为不可约多项式之积.

11. 设 u 是域 F 的某扩张中的元, 并且 x^n-a 是 u 在 F 上的最小多项式. 对于 $m|n$, 求 u^m 在域 F 上的最小多项式.

12. 设 E/F 为代数扩张, D 为 E 的子环且 $F\subseteq D$, 求证 D 为域. 特别地, 如果 $\alpha_1,\alpha_2,\cdots,\alpha_n$ 都是 F 上代数元, 则 $F[\alpha_1,\alpha_2,\cdots,\alpha_n]=F(\alpha_1,\alpha_2,\cdots,\alpha_n)$.

13. 设 $F(x)$ 为 F 的单超越扩张, $u\in F(x)$, $u\notin F$, 证明 x 是域 $F(u)$ 上的代数元.

训练与提高题

14. 设 E 为 F 的扩张, 证明:

(1) $\alpha\in E$ 为 F 上的代数元当且仅当 α 是某个 F 上方阵的特征值;

(2) 若 $\alpha,\beta\in E$ 都是 F 上的代数元, 则其和、差、积、商(除数非零)也是某个方阵的特征值, 从而也是代数元.

15. 试证明域 F 的单超越扩张 $F(x)$ 是 F 的纯超越扩张.

4.3 尺规作图

在继续对域论的深入研究之前, 我们先来看看目前所学的浅显的域论知识的一个应用——解决古希腊三大作图难题. 这在 Galois 创立他的理论以前是千年难题, 但对于域论来说只不过是牛刀小试.

古希腊的毕达哥拉斯学派崇尚 “万物皆数”, 并认为整数以及两个整数的比就足以描述世界. 然而 Hippasus 却发现单位正方形的对角线的长度 $\sqrt{2}$ 不是两个整数的比. 这个发现引起了极大的恐慌, 史称第一次数学危机. 不过古希腊人对尺规作图很有研究, 单位正方形可以用尺规作图得到, 自然 $\sqrt{2}$ 也可以得到. 那么, 利用尺规作图是否可以得到所有的数足以描述我们的世界呢? 古希腊人提出了与之相关的尺规作图三大难题: 三等分角、化圆为方和倍立方问题.

顾名思义, 尺规作图是指用直尺和圆规作图. 当然, 直尺是没有刻度的但假定可以无限延长, 圆规也可以画出任意给定半径的圆. 尺规作图是在平面上进行的.

我们知道, 平面是一个 2 维的实线性空间. 任取平面上点 O 为原点且取定单位长度建立直角坐标系, 则平面上的点和复数 $a+b\sqrt{-1}$ 对应. 从单位长度出发, 可以用尺规作图得到的点对应的数称为**可构造数**. 自然的问题是哪些复数是可构造数?

定理4.3.1 可构造数的全体是一个数域, 即若 a,b 都是可构造数, 则 $a+b, -a, ab$ 和 $a/b\ (b\neq 0)$ 都是可构造数. 进一步, 若 a 是可构造数, 则 $\sqrt{a}$ 也是可构造数.

因为复数 $x+y\sqrt{-1}$ 是可构造的当且仅当 $x,y\in\mathbb{R}$ 可构造, 只需要对可构造实数证明即可. 这样就只涉及简单的平面几何知识, 留给读者.

那么到底什么样的数是可构造的呢? 我们先来分析一下尺规作图可以做什么. 从两个已知点出发, 利用直尺可以作出其中任何两点确定的直线, 利用圆规可以作出以其中任何一个点为圆心, 任何两点的距离为半径的圆. 我们所得到的新的点实际上就是这些直线和圆的交点.

建立直角坐标系, 选定单位长度, 我们就可以作出 x 轴和 y 轴上坐标是整数乃至有理数的点 (称为有理点), 即可以构造出 $\mathbb{Q}$ 的扩域 $\mathbb{Q}(\sqrt{-1})$. 假设 $\mathbb{Q}$ 的扩域 K 已经作出, 不妨设 $\sqrt{-1}\in K$, 此时 $K=\{a+b\sqrt{-1}|a,b\in F\}$, 其中 $F=K\cap\mathbb{R}$, 即 K 中点的坐标都在域 F 中. 那么以 K 为出发点, 直尺可以作出以 K 中两点确定的直线, 其方程为

$$ax+by+c=0,\quad a,b,c\in F.$$

而圆规可作出的圆的方程为

$$(x-d)^2+(y-e)^2=r^2,\quad d,e,r\in F.$$

下一个可构造点只能是所有这样的直线和圆的交点, 不外乎三种情况.

(1) 直线和直线的交点. 利用 Cramer 法则可知交点坐标仍是 F 中元, 即交点属于 K, 并没有得到新的点.

(2) 直线和圆的交点, 即交点坐标是 F 系数方程组

$$\begin{cases} ax+by+c=0, \\ (x-d)^2+(y-e)^2=r^2 \end{cases}$$

的解, 则 x 是一个至多二次的方程的解, 故 $[F(x):F]\leqslant 2$. 利用直线方程知 $y\in F(x)$. 于是 $x+y\sqrt{-1}\in K(x)$.

(3) 圆和圆的交点, 其坐标是 F 系数方程组

$$\begin{cases} (x-d_1)^2+(y-e_1)^2=r_1^2, \\ (x-d_2)^2+(y-e_2)^2=r_2^2 \end{cases}$$

的解. 将上面两个方程相减就得到一个直线方程, 于是可以转化为直线和圆的交点.

因此，任何一个由 K 经过直线和圆的交点得到的新的可构造数在 K 的某个二次扩张中. 于是我们有下面的定理.

定理4.3.2 复数 α 是可构造数当且仅当存在二次扩张序列

$$\mathbb{Q} = K_0 \subset K_1 \subset \cdots \subset K_r,$$

使得 $\alpha \in K_r$, 其中 $K_i/K_{i-1}(i = 1, \cdots, r)$ 都是二次扩张.

证 只需证明充分性. 设 K 可作出, E 是 K 的二次扩张. 对任意 $\alpha \in E$, $\alpha \notin K$, 设 $\operatorname{Irr}(\alpha, K) = x^2 + bx + c$, 则 $\alpha = \dfrac{-b \pm \sqrt{b^2 - 4c}}{2}$. 由定理 4.3.1 可知 α 可构造. □

一个简单而有用的推论如下.

推论4.3.3 可构造数 z 是 $\mathbb{Q}$ 上的代数元, 且 $\operatorname{Irr}(z, \mathbb{Q})$ 是 2^l $(l \in \mathbb{N})$ 次多项式.

证 可构造数包含于 $\mathbb{Q}$ 的某个有限扩张中, 自然是 $\mathbb{Q}$ 的代数元. 设 $\deg \operatorname{Irr}(z, \mathbb{Q}) = n$, 则 $[\mathbb{Q}(z)/\mathbb{Q}] = n$. 而由上述定理知, 存在 $K_r \supseteq \mathbb{Q}(z)$ 且 $[K_r : \mathbb{Q}] = 2^r$. 因此 $n | 2^r$. □

现在我们可以利用上述讨论给出古代三大尺规作图难题的否定回答.

三等分任意角 给定任意角, 利用尺规将其三等分. 作一个角 θ 即相当于作出 $\cos\theta$. 因此, 已知 3θ 求作 θ, 就是已知 $\cos 3\theta$ 求作 $\cos\theta$. 由三倍角公式

$$\cos 3\theta = 4\cos^3\theta - 3\cos\theta,$$

令 $\theta = 20°$, 此时 $\cos 3\theta = \dfrac{1}{2}$. 容易看出 $4x^3 - 3x - \dfrac{1}{2}$ 不可约. 于是 $\cos 20°$ 含在 $\mathbb{Q}$ 的一个三次根式扩张中, 不是可构造数, 从而 $60°$ 角不能用尺规作图三等分. 当然, 这并不排除用尺规作图可以三等分某些特殊角, 例如, 三等分 $90°$ 角、$45°$ 角等.

倍立方 求作一个正立方体使其体积是已知立方体体积的 2 倍. 这个问题本质上就是要求作一个边长为 $\sqrt[3]{2}$ 的正立方体. 然而 $\sqrt[3]{2}$ 不是可构造数, 因为其最小多项式为 $x^3 - 2$.

化圆为方 求作一个正方形, 使其面积等于已知圆的面积. 考虑单位圆, 即要求作一个边长为 $\sqrt{\pi}$ 的正方形. 而 $\sqrt{\pi}$ 是 $\mathbb{Q}$ 上的超越元, 不可构造. 所以, 用尺规作图解决化圆为方问题是不可能的.

思考题4.3.4 如果我们利用的直尺是有刻度的, 试问是否可以三等分任意角? 如何三等分?

更广一些的尺规作图问题是从已知图形出发去求作指定图形. 而已知图形的条件都可以转化为点的条件(例如, 一个已知圆可转化为圆心及圆上一点这两个已知点), 求作指定图形也可以转化为求作某些特殊点.

例如, 给定平面点集 $\mathcal{S} = \{P_1, \cdots, P_n, P_{n+1}, P_{n+2}\}$, $n \in \mathbb{N}$. 我们以点 P_1 为原点建立直角坐标系使得 P_2 的坐标为 $(1, 0)$. 这样给定的平面点集为 $\mathcal{S} =$

$\{0,1,z_1,\cdots,z_n\}$. 自然这些复数的实部和虚部是已知的, 或者说 $\bar{z}_1,\cdots,\bar{z}_n$ 是已知的. 这样的尺规作图问题就转化成以

$$F=\mathbb{Q}(z_1,\cdots,z_n,\bar{z}_1,\cdots,\bar{z}_n)$$

为出发点了. 类似于上面的讨论, 我们容易得到如下结论.

定理4.3.5 任给复数 $z_i, i=1,\cdots,n$, 并记 $\bar{z}_i$ 是 z_i 的共轭复数, 记

$$F=\mathbb{Q}(z_1,\cdots,z_n,\bar{z}_1,\cdots,\bar{z}_n).$$

则复数 z 可用尺规从数集 $\mathcal{S}=\{0,1,z_1,\cdots,z_n\}$ 作出的充要条件是存在二次扩张序列

$$F=F_1\subset F_2\subset\cdots\subset F_t=K$$

使 $z\in K$.

解决尺规作图问题可算是域扩张尤其是代数扩张的应用的牛刀小试, 代数扩张的威力远不仅于此. 这一理论起源于对方程求根公式的探索, 并彻底解决了这一问题. 这是本章余下部分的核心内容.

习 题 4.3

1. 证明: 正五边形可以用尺规作图作出. 并探讨作图方法.
2. 正 9 边形是否可以通过尺规作图得到?
3. 设 $a,b>0$ 可构造, 证明: $ab, a/b$ 也可构造.
4. 试判断是否可以用尺规作图三等分 $\arccos\dfrac{11}{16}$ 角.
5. 试证明 $\arccos\dfrac{6}{11}$ 不可以用尺规三等分.
6. 设 $n=pq$, 其中 p,q 为互素的正整数. 证明: 如果正 p,q 边形可以用尺规作图得到, 则正 n 边形也可以用尺规作图得到.

训练与提高题

7. 证明: 正 17 边形可以由尺规作图得到.

4.4 分 裂 域

从本节开始, 回到方程求根问题的探索. 在这个过程中, 我们会逐步体会历史上杰出数学家们对这个问题的探索轨迹: 新的数学概念、方法的提出以及新的问题

的提出和解决. 代数基本定理告诉我们, n 次复系数多项式有 n 个复根. 然而在复数出现之前, 很多方程并没有(实数) 解. 数学家们在研究中发现把实数扩大成复数会给研究工作带来很大的方便, 进一步发现实系数多项式在实数域的扩张 $\mathbb{C}$ 上总是有根的. 更一般地, 我们考虑如下问题.

问题4.4.1 对域 F 上的任何非常数多项式 $f(x)$, 是否一定存在扩张 E/F 使得 E 中包含 $f(x)$ 的一个根?

不妨设 $f(x)$ 首一不可约. 如果存在扩张 E 包含 $f(x)$ 的根 α, 即有 $f(\alpha)=0$, 因此由环同态 (4.1) 可得 $F[x]/\langle f(x)\rangle$ 同构于 E 的子域 $F(\alpha)$. 不妨取 $E=F[x]/\langle f(x)\rangle$, 则 $\alpha=x+\langle f(x)\rangle\in E$ 为 E 的生成元, 即 $E=F(\alpha)$ 且 $\mathrm{Irr}(\alpha,F)=f(x)$. 也就是说, α 是 $f(x)$ 在 E 中的一个根. 因此, 我们实际上证明了如下结论.

引理4.4.2 设 $f(x)\in F[x]$, $\deg f(x)>0$, 则存在 F 的有限扩张 E 使得 $f(x)$ 在 E 中有一个根.

进一步, 我们自然应该考虑如下问题.

问题4.4.3 如果 $\deg f(x)=n$, 是否存在 F 的扩张 E 使得 E 中包含 $f(x)$ 的 n 个根, 从而 $f(x)$ 在 E 中**分裂**, 即 $f(x)$ 在 $E[x]$ 中可以分解为一次因式的乘积:

$$f(x)=(x-\alpha_1)(x-\alpha_2)\cdots(x-\alpha_n),\quad \alpha_i\in E,\quad i=1,2,\cdots,n?$$

这样的扩张本质上是否具有唯一性?

如果这样的扩张 E 存在, 且 $E=F(\alpha_1,\alpha_2,\cdots,\alpha_n)$, 称 E 为 $f(x)\in F[x]$ 在 F 上的一个**分裂域**. Kronecker 对分裂域存在性给予了肯定的回答.

定理4.4.4 设 $f(x)$ 是域 F 上的次数大于零的多项式, 则 $f(x)$ 的分裂域存在.

证 对 $\deg f(x)$ 归纳. 当 $\deg f(x)=1$ 时, F 就是 $f(x)$ 的分裂域. 设 $\deg f(x)=n-1$ 时结论成立. 当 $\deg f(x)=n$ 时, 由引理 4.4.2 知存在有限扩张 K 含有 $f(x)$ 的根 α_1. 不妨设 $K=F(\alpha_1)$, 则作为 $K[x]$ 中的多项式 $f(x)$ 有分解

$$f(x)=(x-\alpha_1)f_1(x),\quad f_1(x)\in K[x].$$

自然 $\deg f_1(x)=n-1$. 于是由归纳假设, 存在 $f_1(x)$ 在 K 上的分裂域 $E=K(\alpha_2,\cdots,\alpha_n)$. 因此在 E 上有

$$f(x)=(x-\alpha_1)(x-\alpha_2)\cdots(x-\alpha_n).$$

又由于

$$E=K(\alpha_2,\cdots,\alpha_n)=F(\alpha_1)(\alpha_2,\cdots,\alpha_n)=F(\alpha_1,\alpha_2,\cdots,\alpha_n),$$

故 E 是 $f(x)$ 在 F 上的分裂域. □

利用这个定理不难得到如下推论.

推论4.4.5　设 E 是 $f(x) \in F[x]$ 的分裂域且 $\deg f(x) = n$, 则 $[E:F] \leqslant n!$.

推论4.4.6　设 E 是 $f(x) \in F[x]$ 的分裂域且 K 是 E/F 的中间域, 则 E 也是 $f(x) \in K[x]$ 的分裂域.

首先来看几个分裂域的例子.

例4.4.7　设 $f(x) = x^3 - 2 \in \mathbb{Q}[x]$, 令 $\omega = \dfrac{-1+\sqrt{-3}}{2}$, 则 $\sqrt[3]{2}, \sqrt[3]{2}\omega, \sqrt[3]{2}\omega^2$ 是 $f(x)$ 的三个复根. 于是, $\mathbb{Q}(\sqrt[3]{2}, \sqrt[3]{2}\omega, \sqrt[3]{2}\omega^2)$ 是 $f(x)$ 的分裂域. 容易看出, $\mathbb{Q}(\sqrt[3]{2}, \sqrt[3]{2}\omega, \sqrt[3]{2}\omega^2) = \mathbb{Q}(\sqrt[3]{2}, \omega)$.

例4.4.8　设 $f(x) = x^p - 1 \in \mathbb{Q}[x]$, 其中 p 为素数. 因为 $x^p - 1 = (x-1)(x^{p-1} + x^{p-2} + \cdots + x + 1)$, 故 $x^{p-1} + x^{p-2} + \cdots + x + 1$ 的分裂域即为 $(x^p - 1)$ 的分裂域. 由于 p 为素数, 故 $x^{p-1} + x^{p-2} + \cdots + x + 1$ 在 $\mathbb{Q}[x]$ 上不可约. 设 α 是它的一个根, 则其他根为 $\alpha^2, \cdots, \alpha^{p-1}$. 于是 $x^p - 1$ 的分裂域为 $\mathbb{Q}(\alpha)$, 且 $[\mathbb{Q}(\alpha):\mathbb{Q}] = p - 1$.

解决了分裂域的存在性问题, 我们继续考虑唯一性问题, 即如果存在 $f(x)$ 的两个分裂域 $E, \bar{E}$, 是否存在同构 $\sigma: E \to \bar{E}$? 以下构造同构的过程对我们以后的研究极为重要, 因为这个过程不仅可以给出了域的自同构群的计算方法, 而且对于构造一般的域同态也很有帮助.

设 $E, \bar{E}$ 是 $f(x) \in F[x]$ 的两个分裂域, 其中 $E = F(\alpha_1, \cdots, \alpha_n)$. 要建立 E 与 $\bar{E}$ 之间的同构 σ, 我们自然会要求 $\sigma|_F = \mathrm{id}_F$, 这样只需定义出 $\alpha_1, \cdots, \alpha_n$ 在 σ 的像, 从而得到 E 到 $\bar{E}$ 的映射并且验证这是一个同构. 当然, 同时考虑 n 个元的像是不明智的, 我们首先考虑 α_1 的像 $\bar{\alpha}_1$, 这样就可以建立 $F_1 = F(\alpha_1)$ 到 $\bar{E}$ 的域同态 σ_1, 实际上也是 F_1 到 $\bar{F}_1 = F(\bar{\alpha}_1)$ 之间的同构; 再从 σ_1 出发, 考虑 α_2 的像 $\bar{\alpha}_2$, 这样可以建立 $F_2 = F_1(\alpha_2)$ 到 $\bar{E}$ 的域同态 σ_2, 自然也是 F_2 到 $\bar{F}_2 = \bar{F}_1(\bar{\alpha}_2)$ 的同构; 以此类推即可以建立 E 到 $\bar{E}$ 之间的同态, 即有下图:

$$
\begin{array}{ccccccccc}
F & \longrightarrow & F_1 & \longrightarrow & F_2 & \longrightarrow & \cdots & \longrightarrow & E \\
\downarrow{\scriptstyle \mathrm{id}} & & \downarrow{\scriptstyle \sigma_1} & & \downarrow{\scriptstyle \sigma_2} & & & & \downarrow{\scriptstyle \sigma} \\
F & \longrightarrow & \bar{F}_1 & \longrightarrow & \bar{F}_2 & \longrightarrow & \cdots & \longrightarrow & \bar{E}
\end{array}
$$

这个过程中的关键是如下问题.

问题4.4.9　如何将 F_i 到 $\bar{E}$ (或 $\bar{F}_i$) 的域同态 σ_i 开拓成 $F_{i+1} = F_i(\alpha_{i+1})$ 到 $\bar{E}$ (或 $\bar{F}_{i+1}$) 的域同态 σ_{i+1}? 这里, $F_0 = F$, 且开拓的意义是要求 $\sigma_{i+1}|_{F_i} = \sigma_i$.

我们先做一些准备工作. 回忆一下, 环论中我们介绍过多项式环的若干性质, 这些结果当然适用于域这一特殊情形. 特别地, 设 $\varphi: K \to \bar{K}$ 为域同构, 对任意 $a \in K$, 记 $\varphi(a) = \bar{a}$. 对任意 $f(x) = \sum\limits_{i=0}^{n} a_i x^i \in K[x]$, 定义

$$\varphi(f(x)) = \bar{f}(x) = \sum_{i=0}^{n} \bar{a}_i x^i.$$

我们已经证明 φ 是 $K[x]$ 到 $\bar{K}[x]$ 的同构. 此外, 容易验证如下引理.

引理4.4.10 $f(x)\in K[x]$ 不可约当且仅当 $\bar{f}(x)\in\bar{K}[x]$ 不可约.

进一步, 我们有如下结论.

引理4.4.11 设 $p(x)\in K[x]$ 不可约, α 为 $p(x)$ 在 K 的某个扩张上的根, $\bar{\alpha}$ 为 $\bar{p}(x)$ 在 $\bar{K}$ 的某个扩张上的根, 则

(1) 存在域同构 $\eta: K[x]/\langle p(x)\rangle\to\bar{K}[x]/\langle\bar{p}(x)\rangle$ 使得 $\eta|_K=\varphi$.

(2) 存在同构 $\sigma: K(\alpha)\to\bar{K}(\bar{\alpha})$ 使得 $\sigma|_K=\varphi$ 且 $\sigma(\alpha)=\bar{\alpha}$.

(3) 设 $\psi: K(\alpha)\to\bar{K}(\bar{\alpha})$ 为域同态使得 $\psi|_K=\varphi$, 则 $\psi(\alpha)$ 为 $\bar{p}(x)$ 的根.

证 (1) 设 $\bar{\pi}:\bar{K}[x]\to\bar{K}[x]/\langle\bar{p}(x)\rangle$ 为自然同态, 则 $\bar{\pi}\circ\varphi$ 是 $K[x]$ 到 $\bar{K}[x]/\langle\bar{p}(x)\rangle$ 的满同态, 容易验证其核为 $\langle p(x)\rangle$. 由环的同态基本定理可得所求同构 η. 容易验证 $\eta|_K=\varphi$.

(2) 由于 $K(\alpha)$ 与 $K[x]/\langle p(x)\rangle$ 存在自然的保持 K 中任何元素不变的同构, $\bar{K}(\bar{\alpha})$ 与 $\bar{K}[x]/\langle\bar{p}(x)\rangle$ 存在自然的 $\bar{K}$-同构, 结合 (1) 即得证.

(3) 设 $p(x)=x^k+a_1x^{k-1}+\cdots+a_k$. 由于 $p(\alpha)=0$, 则

$$0=\psi(p(\alpha))=\psi(\alpha)^k+\psi(a_1)\psi(\alpha)^{k-1}+\cdots+\psi(a_k)=\bar{p}(\psi(\alpha)).$$

因此, $\psi(\alpha)$ 是 $\bar{p}(x)$ 的根. □

利用上述引理, 我们容易得到如下命题.

命题4.4.12 设 $\sigma: K\to\bar{K}$ 是域同构, $K(\alpha)/K$ 是单代数扩张. 记 $p(x)=\mathrm{Irr}(\alpha,K)$, $\bar{p}(x)=\sigma(p(x))$. 若 $\bar{E}$ 是 $\bar{K}$ 的一个扩张, 且 $\bar{p}(x)$ 在 $\bar{E}$ 分裂, 则存在域同态 $\varphi: K(\alpha)\to\bar{E}$ 使得 $\varphi|_K=\sigma$. 这样的域同态的个数 $\leqslant[K(\alpha):K]$, 且等号成立当且仅当 $p(x)$ 在 E 中没有重根.

证 利用引理 4.4.11 可知, 域同态 φ 被 $\varphi(\alpha)$ 唯一确定, 而 $\varphi(\alpha)$ 一定是 $\bar{p}(x)$ 的根, $\bar{p}(x)$ 的不同根的个数最多为 $\deg\bar{p}(x)=\deg p(x)=[K(\alpha):K]$. 因此结论成立. □

有了这些准备工作, 我们现在可以讨论分裂域的唯一性问题.

定理4.4.13 设 $f(x)\in F[x]$, E 和 $\bar{E}$ 是 $f(x)$ 的两个分裂域, 则存在域同构 $\sigma: E\to\bar{E}$ 使得 $\sigma|_F=\mathrm{id}_F$. 进一步, 这样的域同构的个数 $\leqslant[E:F]$, 且等号成立当且仅当 $f(x)$ 的任何不可约因式在 E 中没有重根.

证 设在 $E[x]$ 中 $f(x)=(x-\alpha_1)\cdots(x-\alpha_n)$, 则 $E=F(\alpha_1,\cdots,\alpha_n)$. 记 $F_0=F$, $F_i=F(\alpha_1,\cdots,\alpha_i)=F_{i-1}(\alpha_i)$, $i=1,\cdots,n$. 从域同态 $\sigma_0=\mathrm{id}: F\to\bar{E}$ 出发, 利用上述命题, 存在开拓 $\sigma_i: F_i\to\bar{E}$ 使得 $\sigma_i|_{F_{i-1}}=\sigma_{i-1}$, 且这样的 σ_i 至多有 $[F_i:F_{i-1}]$ 个. 这样得到的 $\sigma=\sigma_n$ 就是 E 到 $\bar{E}$ 的域同态. 于是在 $\bar{E}$ 中有

$$f(x)=(x-\sigma(\alpha_1))\cdots(x-\sigma(\alpha_n)).$$

由于 $\bar{E}$ 也是 $f(x)$ 的分裂域, 故 $\bar{E} = F(\sigma(\alpha_1), \cdots, \sigma(\alpha_n))$, 即 σ 为满射, 自然是域同构.

进一步, 这样的域同构 σ 的个数 $\leqslant [F_1 : F_0] \cdots [F_n : F_{n-1}] = [F_n : F_0] = [E : F]$. 如果 $f(x)$ 的不可约因式在 E 中没有重根, 自然每个开拓 σ_i 的个数恰为 $[F_i : F_{i-1}]$. 如果 $f(x)$ 的某个不可约因式有重根, 不妨设为 α_1, 则 σ_1 的个数小于 $[F_1 : F_0]$, 自然, σ 的个数小于 $[E : F]$. □

值得注意的是: 我们在证明中构造的 E 与 $\bar{E}$ 的同构映射 σ 满足 $\sigma|_F = \mathrm{id}_F$, 这在今后的应用中是很重要的, 因为 E 和 $\bar{E}$ 都是 F 上线性空间, 我们得到的 σ 不仅是域同构还是 F-线性空间的同构, 这样就可以利用线性空间和线性映射的理论来研究域论. 我们引入如下定义.

定义4.4.14 设 $E, \bar{E}$ 都是 F 的扩张, 若存在 E 到 $\bar{E}$ 上的域同态 φ 使得 $\varphi|_F = \mathrm{id}_F$, 则 φ 为 F-**同态**, F-同态的全体记为 $\mathrm{Hom}_F(E, \bar{E})$. 若 φ 是同构, 则称其为 F-**同构**. 此时, 称 $E, \bar{E}$ 为 F 的**等价扩张**.

思考题4.4.15 一个域 F 的两个扩张 $E, \bar{E}$ 如果同构, 是否一定是 F 的等价扩张?

我们在证明定理 4.2.13 时构造的同构都是 F-同构. 实际上, F-同态或同构在域论中很常见. 当我们考虑 F 上的不同扩张时, 自然要问不同扩张之间的关系是什么, 也就是要研究不同扩张之间的同态, 必然会要求这样的同态是 F-同态.

此外, 我们不仅构造了域同构, 还估计了域同构的个数. 我们很快会发现这对分裂域 E 的结构的研究起到关键作用, 并最终决定了 $f(x)$ 是否可用根式解. 而对域同构的个数起到决定作用的是多项式 $f(x)$ 的重根的情况, 为了后续研究的方便, 引入如下定义.

定义4.4.16 设 F 为域, 若不可约多项式 $p(x) \in F[x]$ 在其分裂域中无重根, 则称 $p(x)$ 在 F 上**可分**; 若 $f(x) \in F[x]$ 的每个不可约因式都可分, 则称 $f(x)$ 在 F 上**可分**, 否则称 $f(x)$ **不可分**.

并不是任何域上的不可约多项式都可分, 对此我们将在后面中专门讨论.

习 题 4.4

1. 求下列 $\mathbb{Q}[x]$ 中的多项式的分裂域及其分裂域的自同构的个数:
(1) x^2+3; (2) x^5-1; (3) x^3-2; (4) $(x^2-2)(x^3-2)$; (5) x^5-3.
2. 设 p 是素数, $\mathbb{F}_p(\alpha)$ 是 $\mathbb{F}_p$ 的单超越扩张. 求 $x^p - \alpha \in \mathbb{F}_p(\alpha)[x]$ 的分裂域 K.
3. 设 F 为有限域, 试证明一定存在 F 的代数扩张 E 使得 $E \neq F$.
4. 设 F 是特征不为 2 的域, 求证: F 的每个二次扩张均有形式 $F(\alpha)$, $\alpha^2 \in F$. 如果

Ch $F=2$, 结论是否成立?

5. 设 F 为域, $c \in F$, Ch $F=p \neq 0$. 求证: x^p-c 在 $F[x]$ 中不可约当且仅当 x^p-c 在 F 中无根.

训练与提高题

6. 设域 F 的特征为 $p>0, c \in F$. 证明: x^p-x-c 在 $F[x]$ 中不可约当且仅当 x^p-x-c 在 F 中无根. 如果 Ch $F=0$, 结论是否成立?

7. 设 F 是域, E 是 $F(x)$ 中 n 次多项式 $f(x)$ 在 F 上的分裂域. 求证 $[E:F]|n!$.

4.5 Galois 群

4.4 节我们证明了一个多项式 $f(x) \in F[x]$ 的分裂域在同构意义下是唯一的, 这个分裂域的自身结构与性质将会帮助我们了解 $f(x)$ 的根的情况. 从本节开始, 着重研究域扩张自身的问题. 我们先引入如下定义.

定义4.5.1 设 E 是 F 的扩张, E 到自身的 F-同态和 F-同构分别称为 E 的 F-**自同态**和 F-**自同构**. 所有 E 的 F-自同态的全体 $\mathrm{Hom}_F(E,E)$ 构成一个幺半群. 所有 E 的 F-自同构的全体构成一个群, 称为 E/F 的 **Galois 群**, 记为 $\mathrm{Gal}(E/F)$.

一般来说, F-自同态不一定是 F-自同构, 但这在我们感兴趣的很多情形中却是对的. 先证明一个引理.

引理4.5.2 设 E 为 F 的扩张, $\varphi \in \mathrm{Gal}(E/F)$. 令 R 为 $f(x) \in F[x]$ 在 E 中所有根的全体, 则 φ 是 R 的一个置换. 特别地, 若 α 是 E/F 的代数元, 则 $\varphi(\alpha)$ 也是代数元.

证 设 $f(x)=x^n+a_{n-1}x^{n-1}+\cdots+a_0$, $\alpha \in R$, 则 $f(\alpha)=0$. 由于 φ 是同构且 $\varphi(a_i)=a_i$, 于是有

$$\varphi(f(\alpha))=(\varphi(\alpha))^n+a_{n-1}(\varphi(\alpha))^{n-1}+\cdots+a_0=f(\varphi(\alpha))=0.$$

故 $\varphi(\alpha)$ 也是 $f(x)$ 的根, 从而 $\varphi(R) \subseteq R$. 由于 φ 是单射且 R 有限, 故 $\varphi|_R$ 可逆, 因此是 R 的一个置换.

任何代数元 α 自然是其最小多项式 $\mathrm{Irr}(\alpha,F)$ 的根, 而 $\sigma(\alpha)$ 也是该多项式的根, 因此是代数元. □

定义4.5.3 称扩张 E/F 中的两个代数元 α,β 是**共轭**的, 如果 α,β 是 F 上同一个不可约多项式的根, 即 $\mathrm{Irr}(\alpha,F)=\mathrm{Irr}(\beta,F)$.

引理4.5.4 (1) 设 E/F 是有限扩张, 则 $\mathrm{Hom}_F(E,E)=\mathrm{Gal}(E/F)$.

(2) 设 E/F 是代数扩张, 则 $\mathrm{Hom}_F(E,E)=\mathrm{Gal}(E/F)$.

证 设 $\varphi \in \mathrm{Hom}_F(E,E)$, 自然有 φ 是 E 上的线性变换. 若 E/F 是有限扩张,

则 E 是有限维的 F-线性空间, 其上的线性变换如果是单射则一定是满射, 从而是线性同构. 故 φ 是 F-自同构.

若 E/F 是代数扩张, 对任意 $\alpha \in E$, 设其最小多项式 $f_\alpha(x) \in F[x]$ 在 E 中的所有根为 $\alpha_1 = \alpha, \cdots, \alpha_n$. 令 $K = F(\alpha_1, \cdots, \alpha_n)$. 由引理 4.5.2 的证明知, φ 是根的置换, 故 $\varphi(K) \subset K$. 自然地, φ 可以看作 K 的 F-自同态因 K 是有限扩张, 由 (1) 知 $\varphi(K) = K$. 因此 $\alpha \in \mathrm{Im}(\varphi)$, 即 φ 是满射, 从而是同构. □

由推论 4.1.13, 当 $\mathbb{F}$ 是 E 的素域时, $\mathrm{Gal}(E/\mathbb{F})$ 实际上就是 $\mathrm{Aut}(E)$. 因此, 考虑扩张的自同构比单纯考虑域的自同构更广, 并且实际应用中我们更多的是考虑域扩张问题. 研究域扩张 $E/\mathbb{F}$ 的一个很重要的方法是研究其中的子扩张 K/F, 或者说是 $E/\mathbb{F}$ 的中间域. 如何求出所有的中间域呢? 这不是一个容易的问题. Galois 群在此起到了关键作用. 对任意 $\varphi \in \mathrm{Gal}(E/F)$, 定义

$$K = E^\varphi = \{\alpha \in E | \varphi(\alpha) = \alpha\}.$$

显然 $F \subseteq K$. 又对任何 $x, y \in K$, $\varphi(x+y) = \varphi(x) + \varphi(y) = x + y$, 即 $x + y \in K$. 同理 $xy \in K$, 因而 K 是一个中间域, 称为 φ 的**不变子域**. 实际上, K 不仅是 φ-不变的, 对任意 $m \in \mathbb{Z}$, K 也是 φ^m-不变的. 故 K 是 φ 生成的子群的不变子域. 更一般地, 考虑 $\mathrm{Gal}(E/F)$ 的任意子群 G, 则

$$K = E^G = \{\alpha \in E | \varphi(\alpha) = \alpha, \forall \varphi \in G\}$$

是 E/F 的中间域. 因此, 我们实际上得到的是 $\mathrm{Gal}(E/F)$ 的子群与 E/F 的中间域的关系. 那么, 子群和其不变子域的对应是否是一个一一对应呢? 为了解答这个问题, 我们需要逐步研究 Galois 群与域扩张的关系.

定理4.5.5 (Dedekind 无关性定理) 设 E 为 F 的扩张且 $\sigma_1, \cdots, \sigma_n \in \mathrm{Gal}(E/F)$ 互不相同, 则 $\sigma_1, \cdots, \sigma_n$ 作为 E 上的 F-线性变换是 E-线性无关的, 即若 $x_1, \cdots, x_n \in E$ 满足 $x_1\sigma_1 + \cdots + x_n\sigma_n = 0$, 则 $x_1 = \cdots = x_n = 0$.

证 当 $n = 1$ 时结论自然成立. 设 $n = k - 1$ 时结论成立, 即 $\mathrm{Gal}(E/F)$ 中任意 $k - 1$ 个不同的元一定 E-线性无关. 当 $n = k$ 时, 若 $\sigma_1, \cdots, \sigma_k$ E- 线性相关, 即存在 E 中不全为零的元 $a_1, \cdots, a_k$ 使得

$$a_1\sigma_1 + \cdots + a_k\sigma_k = 0. \tag{4.2}$$

自然对任意 i, $a_i \neq 0$, 否则 $\sigma_1, \cdots, \sigma_{i-1}, \sigma_{i+1}, \cdots, \sigma_k$ 线性相关, 与归纳假设矛盾. 不妨设 $a_k = 1$ (式 (4.2) 两边同乘以 a_k^{-1} 即可). 由于 $\sigma_1 \neq \sigma_k$, 存在 $a \in E$ 使得 $\sigma_1(a) \neq \sigma_k(a)$. 于是对任意 $x \in E$ 有

$$a_1\sigma_1(x) + \cdots + a_{k-1}\sigma_{k-1}(x) + \sigma_k(x) = 0. \tag{4.3}$$

又 $a_1\sigma_1(ax)+\cdots+\sigma_{k-1}(ax)+\sigma_k(ax)=0$, 即

$$a_1\sigma_1(a)\sigma_1(x)+\cdots+a_{k-1}\sigma_{k-1}(a)\sigma_{k-1}(x)+\sigma_k(a)\sigma_k(x)=0. \tag{4.4}$$

(4.3) 乘以 $\sigma_k(a)$ 减去 (4.4) 可得

$$a_1(\sigma_k(a)-\sigma_1(a))\sigma_1(x)+\cdots+a_{k-1}(\sigma_k(a)-\sigma_{k-1}(a))\sigma_{k-1}(x)=0.$$

由 x 的任意性, $a_1\neq 0$ 及 $\sigma_k(a)-\sigma_1(a)\neq 0$ 可得 $\sigma_1,\cdots,\sigma_{k-1}$ E-线性相关, 与归纳假设矛盾. 故命题成立. □

利用 Dedekind 无关性定理, 我们可以得到如下重要结论.

定理4.5.6 设 $\sigma_1,\sigma_2,\cdots,\sigma_n\in\mathrm{Gal}(E/F)$ 互不相同, 则 $[E:F]\geqslant n$.

证 设 $[E:F]=r<n$, $\alpha_1,\cdots,\alpha_r$ 是 E 的一组 F-基. 考虑齐次线性方程组

$$\begin{cases}\sigma_1(\alpha_1)x_1+\cdots+\sigma_n(\alpha_1)x_n=0,\\ \cdots\cdots\\ \sigma_1(\alpha_r)x_1+\cdots+\sigma_n(\alpha_r)x_n=0.\end{cases}$$

由于未知量个数大于方程个数, 因此该方程组有非零解, 不妨就用 $x_1,\cdots,x_n$ 表示. 对任意 $\alpha\in E$, 存在 $a_1,\cdots,a_r\in F$ 使得 $\alpha=a_1\alpha_1+\cdots+a_r\alpha_r$. 将上述方程组中第 i 个方程乘以 a_i 然后把所有方程加在一起可得

$$\sum_{i=1}^{r}a_i\sigma_1(\alpha_i)x_1+\cdots+\sum_{i=1}^{r}a_i\sigma_n(\alpha_i)x_n=0.$$

故

$$x_1\sigma_1(\alpha)+\cdots+x_n\sigma_n(\alpha)=0.$$

由 α 的任意性及 $x_1,\cdots,x_n$ 不全为零得 $\sigma_1,\cdots,\sigma_n$ 线性相关. 矛盾. 因此 $[E:F]\geqslant n$. □

这个定理告诉了我们一个很有用的信息, 对于有限扩张 E/F 而言, 其 Galois 群 $\mathrm{Gal}(E/F)$ 的阶数可以被扩张次数 $[E:F]$ 控制. 我们计算过的例子表明等号不一定成立. 那么等号何时成立呢? 注意到 $\mathrm{Gal}(E/F)$ 的不变子域 K 自然包含 F, 从而 $\mathrm{Gal}(E/F)\supseteq\mathrm{Gal}(E/K)$. 又由于 $[E:K]\leqslant[E:F]$, 这样, $|\mathrm{Gal}(E/K)|$ 与 $[E:K]$ 就更接近了. 下面的定理告诉我们, 这两者是相等的.

定理4.5.7 设 G 为 $\mathrm{Aut}(E)$ 的有限子群, $F=E^G$, 则 $|G|=[E:F]$, 且 $G=\mathrm{Gal}(E/F)$.

证 显然, G 是 $\mathrm{Gal}(E/F)$ 的子群, 因此 $|G|\leqslant|\mathrm{Gal}(E/F)|\leqslant[E:F]$. 只需证明 $|G|\geqslant[E:F]$. 设 $G=\{\sigma_1=\mathrm{id},\cdots,\sigma_n\}$. 对任意 $\alpha_1,\cdots,\alpha_{n+1}\in E$, 考虑齐次线

性方程组

$$\begin{cases} \sigma_1(\alpha_1)x_1 + \cdots + \sigma_1(\alpha_{n+1})x_{n+1} = 0, \\ \cdots\cdots \\ \sigma_n(\alpha_1)x_1 + \cdots + \sigma_n(\alpha_{n+1})x_{n+1} = 0. \end{cases} \tag{4.5}$$

自然这个方程组有非零解. 设 $(b_1, b_2, \cdots, b_{n+1})$ 是所有非零解中包含零最多的解 (注意: 此时由第一个方程知 $b_1\alpha_1 + b_2\alpha_2 + \cdots + b_{n+1}\alpha_{n+1} = 0$, 这不能说明 $\alpha_1, \cdots, \alpha_{n+1}$ 线性相关! 为什么?). 不妨设 $b_1 \neq 0$. 因为 $\left(1, \dfrac{b_2}{b_1}, \cdots, \dfrac{b_{n+1}}{b_1}\right)$ 也是解, 故可以假定 $b_1 = 1$, 则对任意 $i = 1, \cdots, n$, 有

$$\sigma_i(\alpha_1) + \sigma_i(\alpha_2)b_2 + \cdots + \sigma_i(\alpha_{n+1})b_{n+1} = 0. \tag{4.6}$$

如果存在 $b_i \notin F$, 不妨设为 b_2. 故存在 $\sigma \in G$ 使得 $\sigma(b_2) \neq b_2$. 用 σ 作用在 (4.6) 上可得

$$(\sigma\sigma_i)(\alpha_1) + (\sigma\sigma_i)(\alpha_2)\sigma(b_2) + \cdots + (\sigma\sigma_i)(\alpha_{n+1})\sigma(b_{n+1}) = 0.$$

自然 $\sigma\sigma_i$ 等于某个 σ_k. 注意到 $\sigma\sigma_1, \cdots, \sigma\sigma_n$ 是 G 中所有元, 故上式表明 $(1, \sigma(b_2), \cdots, \sigma(b_{n+1}))$ 也是 (4.5) 的一个解. 于是 $(0, b_2 - \sigma(b_2), \cdots, b_{n+1} - \sigma(b_{n+1}))$ 是一个包含零更多的非零解. 这与 $(b_1, b_2, \cdots, b_{n+1})$ 的取法矛盾. 因此, $b_2, \cdots, b_{n+1} \in F$. 由于 $\sigma_1 = \mathrm{id}$, 故有 $\alpha_1 + b_2\alpha_2 + \cdots + b_{n+1}\alpha_{n+1} = 0$, 即 $\alpha_1, \cdots, \alpha_{n+1}$ 线性相关. 于是 $[E : F] \leqslant n \leqslant |G|$. 结合定理 4.5.6 可得 $|G| = |\operatorname{Gal}(E/F)| = [E : F]$, 于是 $G = \operatorname{Gal}(E/F)$. □

综合上述讨论, 我们可以得到如下定理.

定理4.5.8 设 E/F 为有限扩张, 则下列命题等价.

(1) F 为 $\operatorname{Aut}(E)$ 的某个有限子群 G 的不变子域.

(2) F 为 $\operatorname{Gal}(E/F)$ 的不变子域.

(3) $[E : F] = |\operatorname{Gal}(E/F)|$.

定义4.5.9 称满足上述等价条件的有限扩张 E/F 为有限 **Galois 扩张**.

考虑有限扩张 E/F, 如果其 Galois 群的不变子域为 K, 则 E/K 是 Galois 扩张且容易得到 $\operatorname{Gal}(E/K) = \operatorname{Gal}(E/F)$. 一般情况下, 如何判断一个扩张是否为 Galois 扩张呢? 或者如何计算一个域的 Galois 群呢? 此外, Galois 扩张具有什么好的性质? 这是本章余下部分的核心.

习 题 4.5

1. 试求 $\operatorname{Gal}(\mathbb{Q}(\sqrt{2} + \sqrt{3})/\mathbb{Q})$.

2. 试求 $x^3-2\in\mathbb{Q}[x]$ 的分裂域的 Galois 群.
3. 设 E 为有理数域上的多项式 x^4-10x^2+1 的分裂域, 试求 $\mathrm{Gal}(E/\mathbb{Q})$.
4. 举例说明存在扩张 E/F 满足 $\mathrm{Hom}_F(E,E)\neq\mathrm{Gal}(E/F)$.

训练与提高题

5. 设 $E=F_q(t)$ 为单超越扩张.
(1) 证明: 对任意 $a\in F_q$, 令 $\sigma_a(t)=t+a$, 证明 $\sigma_a\in\mathrm{Gal}(E/F_q)$;
(2) $G=\{\sigma_a|a\in F_q\}$ 是 $\mathrm{Gal}(E/F_q)$ 的一个子群;
(3) 令 K 为 G 的不变子域, 证明 $K=F_q(t^q-t)$;
(4) 求 $\mathrm{Gal}(E/F_q)$.

4.6 Galois 扩张与 Galois 对应

4.5 节中引入了 Galois 扩张的概念, 这是一类特殊的扩张, 在域扩张理论中起到关键作用, 也是解决方程可用根式解问题的关键. 本节我们重点讨论 Galois 扩张的性质.

设 E/F 是有限 Galois 扩张, $G=\mathrm{Gal}(E/F)$. 对于任意 $\alpha\in E$, 设 $p(x)=\mathrm{Irr}(\alpha,F)$, 自然 α 是 $p(x)$ 的根. 根据引理 4.5.2, 对于任意 $\varphi\in G$, $\varphi(\alpha)$ 也是 $p(x)$ 的根. 设 α 在群 $\mathrm{Gal}(E/F)$ 作用下的轨道为 $O_\alpha=\{\varphi(\alpha)|\varphi\in\mathrm{Gal}(E/F)\}=\{\alpha_1,\cdots,\alpha_n\}$. 考虑多项式

$$f(x)=\prod_{i=1}^{n}(x-\alpha_i)\in E[x].$$

$f(x)$ 的各项系数为 $(-1)^k\sigma_k(\alpha_1,\cdots,\alpha_n)$. 其中, $\sigma_k(\alpha_1,\cdots,\alpha_n)$ 是关于 α_i 的 k 次对称多项式. 注意到 $\varphi(\sigma_k(\alpha_1,\cdots,\alpha_n))=\sigma_k(\varphi(\alpha_1),\cdots,\varphi(\alpha_n))$, 而 $\varphi(\alpha_1),\cdots,\varphi(\alpha_n)$ 是 $\alpha_1,\cdots,\alpha_n$ 的一个排列, 故 $\sigma_k(\varphi(\alpha_1),\cdots,\varphi(\alpha_n))=\sigma_k(\alpha_1,\cdots,\alpha_n)\in E^G=F$. 于是 $\sigma_k(\alpha_1,\cdots,\alpha_n)\in F$. 因此, $f(x)\in F[x]$. 又 $f(x)$ 与 $p(x)$ 作为 $E(x)$ 中的多项式有公因式 $x-\alpha_1$, 因此不互素. 故 $f(x)$ 与 $p(x)$ 在 $F(x)$ 中也不互素. 进一步, 由于 $p(x)$ 不可约, 故 $p(x)|f(x)$. 而由 $f(x)$ 的定义知 $f(x)|p(x)$, 因此 $p(x)=f(x)$. 这说明对于 Galois 扩张 E/F 而言, 任何 $\alpha\in E$ 在 F 上的最小多项式 $\mathrm{Irr}(\alpha,F)$ 都可以在 E 中分解为不同的一次因式乘积, 即 $\mathrm{Irr}(\alpha,F)$ 是可分多项式且在 E 中分裂. 这就自然引出了如下两个在 Galois 理论中 (包括一般的域扩张理论中) 占有重要地位的概念.

定义4.6.1 设 E/F 为代数扩张, $\alpha\in E$ 为 F 上的代数元. 若 $\mathrm{Irr}(\alpha,F)$ 可分, 则称 α 为 F 上的**可分元**, 简称为 F-可分元. 如果 $\mathrm{Irr}(\alpha,F)$ 不可分, 则称 α 为 F 上的**不可分元**. 若代数扩张 E/F 中任何元都是 F-可分元, 则称 E/F 为 F 的**可分扩张**.

定义4.6.2　称代数扩张 E/F 为**正规扩张**, 若 E 中任何元在 F 上的最小多项式在 E 中分裂, 或者说 $F[x]$ 中的任何不可约多项式 $p(x)$ 只要在 E 中有一个根, 则 $p(x)$ 在 E 中分裂.

于是, 上面的讨论可以总结为如下定理.

定理4.6.3　有限 Galois 扩张 E/F 是可分扩张, 也是正规扩张.

设 $E = F(\alpha_1, \cdots, \alpha_m)$ 为 F 的有限扩张. 令 $p_i(x) = \mathrm{Irr}(\alpha_i, F)$, $f(x) = \prod\limits_{i=1}^{m} p_i(x)$. 如果 E/F 为正规扩张, 则 $p_i(x)$ 在 $E[x]$ 中可分解为一次因式的乘积. 自然, $x - \alpha_i$ 是 $f(x)$ 的因式. 于是可设 $f(x) = \prod\limits_{i=1}^{n}(x - \alpha_i)$. 因此 $E = F(\alpha_1, \cdots, \alpha_n)$. 于是我们得到如下定理.

定理4.6.4　设 E/F 是有限正规扩张, 则 E 是 F 上某个多项式的分裂域.

这个定理的逆定理也是对的, 我们首先证明一个引理.

引理4.6.5　设 E 是 $f(x) \in F[x]$ 的分裂域且 E 是 K 的子域, 则对任意 $\sigma \in \mathrm{Gal}\,(K/F)$, 有 $\sigma(E) = E$.

证　设 $f(x)$ 在 E 中的根为 $\alpha_1, \cdots, \alpha_n$, 则 $E = F(\alpha_1, \cdots, \alpha_n)$. 由引理 4.5.2 可知, 任意 $\sigma \in \mathrm{Gal}\,(K/F)$ 都是 $f(x)$ 的根集的置换, 于是

$$\sigma(E) = F(\sigma(\alpha_1), \cdots, \sigma(\alpha_n)) = E.$$

□

定理4.6.6　设 E 是 $f(x) \in F[x]$ 的分裂域, 则 E/F 是有限正规扩张.

证　对任意 $\alpha \in E$, 记 $p(x) = \mathrm{Irr}(\alpha, F)$. 设 K 是 $p(x)f(x) \in F[x]$ 的分裂域. 设 $\beta \in K$ 是 $p(x)$ 的一个根, 则自然存在 F-同构 $\sigma : F(\alpha) \to F(\beta)$ 使得 $\sigma(\alpha) = \beta$. 根据定理 4.4.13 的证明, σ 可以延拓为 K 的 F-自同构. 由上述引理知 $\sigma(E) = E$, 则有 $\beta = \sigma(\alpha) \in E$. 因此 $p(x)$ 在 E 中分裂, 从而 E/F 是有限正规扩张. □

于是我们发现对于有限扩张而言, 正规扩张与多项式的分裂域是一回事. 更一般地有如下命题, 其证明留给读者.

命题4.6.7　设 E/F 是正规扩张, 则 E 是 F 上一族(可以是任意多个)多项式的分裂域, 即 E 是在 F 上添加一些 $F[x]$ 中多项式的根得到的.

对于 F 的任何有限扩张 $E = F(\alpha_1, \cdots, \alpha_n)$, 设 $f(x) = \prod\limits_{i=1}^{n} \mathrm{Irr}(\alpha_i, F)$, 则 $f(x)$ 的分裂域是 F 的正规扩张. 由分裂域的唯一性, 任何包含 E 的正规扩张 K/F, 其中必有子域是 $f(x)$ 的分裂域. 从这个意义上说, 存在唯一包含 E 的 F 的最小的正规扩张, 称为 E 的**正规闭包**.

现在我们可以来讨论 $f(x) \in F[x]$ 的分裂域 E 是否是 F 的 Galois 扩张的问题, 也就是需要计算 $\mathrm{Gal}\,(E/F)$. 在定理 4.4.13 中令 $E = \bar{E}$, 我们自然得到如下推论.

推论4.6.8 设 E 是 $f(x) \in F[x]$ 的分裂域, 则 $|\mathrm{Gal}\,(E/F)| \leqslant [E:F]$. 等号成立当且仅当 $f(x)$ 可分.

于是我们有如下结论.

定理4.6.9 设 $f(x) \in F[x]$ 可分, E 是 $f(x)$ 的一个分裂域, 则 E/F 为 Galois 扩张.

结合定理 4.6.3、定理 4.6.4 和定理 4.6.9, 我们得到如下定理.

定理4.6.10 设 E/F 是代数扩张, 则下列命题等价.

(1) E/F 为有限 Galois 扩张, 即 $|\mathrm{Gal}\,(E/F)| = [E:F]$.

(2) $F = E^{\mathrm{Gal}\,(E/F)}$.

(3) 存在 $\mathrm{Aut}\,(E)$ 的有限子群 G, 使得 $F = E^G$. 此时, $G = \mathrm{Gal}\,(E/F)$.

(4) E 是 F 的有限可分正规扩张.

(5) E 是 F 上一个可分多项式的分裂域.

利用这个定理, 我们可以给出一般的 Galois 扩张的定义.

定义4.6.11 称代数扩张 E/F 为 **Galois 扩张**, 如果 E/F 是一个可分正规扩张.

例如, 设 $\bar{\mathbb{Q}}$ 是 $\mathbb{Q}$ 的代数闭包, 则 $\bar{\mathbb{Q}}$ 是 $\mathbb{Q}$ 的可分正规扩张, 故 $\bar{\mathbb{Q}}/\mathbb{Q}$ 是 Galois 扩张. 数论中的重要问题之一就是研究 $\mathrm{Gal}\,(\bar{\mathbb{Q}}/\mathbb{Q})$ 的结构.

研究域扩张 E/F 的一个比较麻烦的问题是 E/F 有多少子扩张, 或者说是 E 与 F 的中间域. 当然, 对任意 $\alpha \in E$, $F(\alpha)$ 就是一个中间域. 例如, 设 $F = \mathbb{Q}$, $E = \mathbb{Q}(\sqrt[3]{2}, \omega)$, 明显不一样的中间域有

$$\mathbb{Q}, \quad \mathbb{Q}(\sqrt[3]{2}), \quad \mathbb{Q}(\sqrt[3]{2}\omega), \quad \mathbb{Q}(\sqrt[3]{2}\omega^2), \quad \mathbb{Q}(\omega), \quad \mathbb{Q}(\sqrt[3]{2}, \omega).$$

但是对任意 $k \in \mathbb{Q}$, $\mathbb{Q}(\sqrt[3]{2} + k\omega)$ 都是中间域, 如何判断这些中间域中哪些是一样的? 哪些不一样? 在这个问题的研究中, Galois 群和 Galois 扩张起到了关键作用.

我们首先来讨论一下 Galois 群的子群和扩张的中间域之间的关系. 设 E/F 是一个有限扩张, $G = \mathrm{Gal}\,(E/F)$. 记 $\mathcal{S}$ 为 G 的子群的全体, $\mathcal{I}$ 为 E/F 的中间域的全体, 则定义映射

$$\mathrm{Inv}\,: \mathcal{S} \to \mathcal{I}, \quad \mathrm{Inv}\,(H) = E^H,$$
$$\mathrm{Gal}\,: \mathcal{I} \to \mathcal{S}, \quad \mathrm{Gal}\,(K) = \mathrm{Gal}\,(E/K).$$

关于这两个映射有如下比较明显的性质.

引理4.6.12 (1) 设 H_1, H_2 是 $\mathrm{Gal}\,(E/F)$ 的子群, 则 $H_1 \subseteq H_2$ 当且仅当 $\mathrm{Inv}\,(H_1) \supseteq \mathrm{Inv}\,(H_2)$.

(2) 设 K_1, K_2 是 E/F 的中间域, 则 $K_1 \subseteq K_2$ 当且仅当 $\mathrm{Gal}\,(K_1) \supseteq \mathrm{Gal}\,(K_2)$.

对任意 $H < \mathrm{Gal}\,(E/F)$, 令 $K = E^H$, 则由定理 4.5.7 知 E/K 为 Galois 扩张, 且 $\mathrm{Gal}\,(E/K) = H$. 因此 $\mathrm{Gal}\,(\mathrm{Inv}\,(H)) = H$, 即得如下引理.

引理4.6.13　$\mathrm{Gal}\circ\mathrm{Inv}=\mathrm{id}_{\mathcal{S}}$, 从而 Inv 为单射, Gal 为满射.

一般情况下, Gal 不一定是单射, Inv 也不一定是满射. 如果能够在 $\mathcal{S}$ 与 $\mathcal{I}$ 之间利用这两个映射建立一一对应, 自然最小的中间域 F 对应于最大的子群 $\mathrm{Gal}(E/F)$, 即 $F=\mathrm{Inv}(\mathrm{Gal}(E/F))$, 也就是说 F 恰为 $\mathrm{Gal}(E/F)$ 的不变子域. 于是, E/F 为 Galois 扩张. 我们有如下的 **Galois 基本定理**.

定理4.6.14　设 E/F 是一个有限 Galois 扩张, $G=\mathrm{Gal}(E/F)$, 则

(1) Inv 与 Gal 互为逆映射, 即 G 的子群与 E/F 的中间域之间存在一一对应, 称为 **Galois 对应**.

(2) 对任意 $H<G$, $|H|=[E:\mathrm{Inv}(H)]$, $[G:H]=[\mathrm{Inv}(H):F]$.

(3) H 是 G 的正规子群当且仅当 $\mathrm{Inv}(H)/F$ 是正规扩张. 此时, $\mathrm{Gal}(\mathrm{Inv}(H)/F)\cong G/H$.

证　(1) 由于 E/F 是有限 Galois 扩张, E 是 F 上某个可分多项式 $f(x)$ 的分裂域. $f(x)$ 自然可以看作任意中间域 K 上的多项式, 因此 E 是 $f(x)\in K[x]$ 的分裂域, 故 E/K 是有限 Galois 扩张. 令 $H=\mathrm{Gal}(E/K)$, 自然有 $E^H=K$, 即 $\mathrm{Inv}(\mathrm{Gal}(K))=K$. 由引理 4.6.13 知 Inv 和 Gal 互为逆映射.

(2) 由定理 4.5.7 知 $E/\mathrm{Inv}(H)$ 是 Galois 扩张且 $\mathrm{Gal}(E/\mathrm{Inv}(H))=H$, 故 $|H|=|\mathrm{Gal}(E/\mathrm{Inv}(H))|=[E:\mathrm{Inv}(H)]$. 因为 $[E:F]=[E:\mathrm{Inv}(H)][\mathrm{Inv}(H):F]$ 且 $|G|=|H||G/H|$, 所以 $[G:H]=[\mathrm{Inv}(H):F]$.

(3) 设 $K=\mathrm{Inv}(H)$. 对任意 $\varphi\in G$, $\varphi(K)$ 自然也是中间域. 容易得到 $\mathrm{Gal}(\varphi(K))=\varphi H\varphi^{-1}$. 因此, H 是 G 的正规子群当且仅当对任意 $\varphi\in G$ 有 $\varphi(K)=K$. 此时, $\varphi|_K$ 是 K 上 F-自同构. 因此 $\varphi\mapsto\varphi|_K$ 是 G 到 $\mathrm{Gal}(K/F)$ 的同态且核为 H, 即 G/H 同构于 $\mathrm{Gal}(K/F)$ 的一个子群. 又由于 $|G/H|=[K:F]\geqslant\mathrm{Gal}(K/F)$, 因此 $\mathrm{Gal}(K/F)\cong G/H$, 且 K/F 为 Galois 扩张, 自然是正规扩张.

反之, 设 K 是中间域. 对任意 $\alpha\in K$, $\varphi\in G$, $\varphi(\alpha)$ 也是 $\mathrm{Irr}(\alpha,F)$ 的根. 若 K/F 是正规扩张, 则 $\varphi(\alpha)\in K$, 即 $\varphi(K)\subseteq K$. 自然有 $\varphi(K)=K$. 因此 H 是 G 的正规子群. □

推论4.6.15　设 E/F 是有限 Galois 扩张, K 是一个中间域, 则 E/K 也是 Galois 扩张.

习　题　4.6

1. 设 K 是 Galois 扩张 E/F 的中间域, 其对应的子群为 H. 设 $\varphi\in\mathrm{Gal}(E/F)$, 令 $\varphi(K)=\{\varphi(x):x\in K\}$. 证明 $\varphi(K)$ 对应的子群为 $\varphi H\varphi^{-1}$. 称 $\varphi(K)$ 为 K 的**共轭子域**.

2. 设 E 是 $x^3-3\in\mathbb{Q}[x]$ 的分裂域, 求 $\mathrm{Gal}\,(E/\mathbb{Q})$ 的所有子群及其对应的子域, 并证明 $\mathrm{Gal}\,(E/\mathbb{Q})\cong S_3$.

3. 设 $E=\mathbb{Q}(\sqrt{2},\sqrt{3},\sqrt{5})$, 求 $\mathrm{Gal}\,(E/\mathbb{Q})$ 的所有子群及其对应的子域.

4. 设 α 是 $x^3+x^2-2x-1\in\mathbb{Q}[x]$ 的一个根, 证明 α^2-2 也是一个根, $\mathbb{Q}(\alpha)$ 是 $\mathbb{Q}$ 上的正规扩张, 并求 $\mathrm{Gal}\,(\mathbb{Q}(\alpha)/\mathbb{Q})$.

5. 设 E/F 为有限 Galois 扩张, K_1,K_2 是两个中间域, 以 $K_1\vee K_2$ 表示 E 的包含 K_1 与 K_2 的最小子域 (称为 K_1 与 K_2 的**和域**). 证明:

(1) $K_1\vee K_2=E$ 当且仅当 $\mathrm{Gal}\,(E/K_1)\cap\mathrm{Gal}\,(E/K_2)=\{\mathrm{id}\}$;

(2) 又若 K_1 是 F 的正规扩张, 则 $\mathrm{Gal}\,(K_1\vee K_2/K_2)$ 与 $\mathrm{Gal}\,(K_1/F)$ 的一个子群同构.

6. 设 E/F 为有限 Galois 扩张, G_1,G_2 是 $\mathrm{Gal}\,(E/F)$ 的两个子群. 试证:

(1) $\mathrm{Inv}\,(G_1\cap G_2)=\mathrm{Inv}\,(G_1)\vee\mathrm{Inv}\,(G_2)$;

(2) $\mathrm{Inv}\,(\langle G_1,G_2\rangle)=\mathrm{Inv}\,(G_1)\cap\mathrm{Inv}\,(G_2)$.

7. 设域 F 的特征为素数 p, $a\in F$. 令 α 为 x^p-x-a 的一个根, 证明 $F(\alpha)/F$ 为 Galois 扩张, 并求 $\mathrm{Gal}\,(F(\alpha)/F)$.

8. 设 L 和 M 均是域 E 的子域. 求证: 如果 $L/(L\cap M)$ 为有限 Galois 扩张, 则 $L\vee M/M$ 也是有限 Galois 扩张, 并且 $\mathrm{Gal}\,(L\vee M/M)\cong\mathrm{Gal}\,(L/(L\cap M))$.

9. 证明: 二次扩张都是正规扩张. 对于三次扩张结论又如何?

10. 设 K 是 E/F 的中间域, K 是 F 的正规扩张, $\sigma\in\mathrm{Gal}\,(E/F)$, 证明 $\sigma(K)=K$.

11. 设 E/F 为有限正规扩张, 证明: $\alpha,\beta\in E$ 对 F 共轭的充要条件是存在 $\sigma\in\mathrm{Gal}\,(E/F)$ 使得 $\sigma(\alpha)=\beta$.

12. (1) 如果 E/M 和 M/F 均是域的正规扩张, 试问 E/F 是否一定为正规扩张?

(2) 如果 E/F 是正规扩张, M 是它们的中间域, 试问 E/M 和 M/F 是否一定为正规扩张?

训练与提高题

13. 设 E/F 为有限代数扩张. 求证: E/F 为正规扩张当且仅当对于 $F[x]$ 中任意不可约多项式 $f(x)$, $f(x)$ 在 $E[x]$ 中的所有不可约因子均有相同的次数.

14. 设 E/F 为有限正规扩张, $G=\mathrm{Gal}\,(E/F)$, K 是 E/F 的中间域. 证明: K/F 是正规扩张当且仅当对任意 $\sigma\in G$, $\sigma(M)=M$.

15. 设 $\bar{\mathbb{Q}}$ 为 $\mathbb{Q}$ 在 $\mathbb{C}$ 中的代数闭包, $G=\mathrm{Gal}\,(\bar{\mathbb{Q}}/\mathbb{Q})$, $\sigma\in G$.

(1) 证明 $\bar{\mathbb{Q}}$ 是 $\mathbb{Q}$ 的正规扩张且 $[\bar{\mathbb{Q}}:\mathbb{Q}]=+\infty$;

(2) 对任意有限 Galois 扩张 $E/\mathbb{Q}$, $\sigma\mapsto\sigma|_E$ 是 G 到 $\mathrm{Gal}\,(E/\mathbb{Q})$ 的群同态;

(3) 上述群同态是满射.

4.7 有 限 域

在继续对 Galois 理论的进一步探索之前, 我们先来看看有限域的结构问题. 这是 Galois 基本定理的简单应用, 我们也可以体会到这一理论的威力. 有限域是

Galois 最早提出的, 因此也称为 Galois 域. 如果 E 是一个有限域, 其特征为 p, 则 E 可以看作是 $\mathbb{F}_p$ 的扩张. 我们很快会发现这个扩张是一个 Galois 扩张. 首先证明一个一般性的结论.

引理4.7.1 设 E 是一个域, G 是 E^* 的有限子群, 则 G 是循环群.

证 设 $|G| = n$, G 中元的阶的最大值为 m $(m \leqslant n)$. 由 1.1 节习题 8 知, 任意 $b \in G$ 满足 $b^m = 1$. 于是, 多项式 $x^m - 1$ 在 E 中有 n 个根. 因此 $n \leqslant m$, 从而 $n = m$, 即 G 中有 n 阶元, 故为循环群. □

特别地, 当 E 是有限域时, E^* 是一个循环群, 其生成元为 α. 设 E 的素域为 $\mathbb{F}_p$, 则 $E = \mathbb{F}_p(\alpha)$ 为单代数扩张. 设 $[E : \mathbb{F}_p] = n$, 将 E 看作 $\mathbb{F}_p$ 上的 n 维线性空间. 设 $\alpha_1, \cdots, \alpha_n$ 为其一组基, 任意 $\alpha \in E$ 可以唯一表示为 $\alpha = a_1\alpha_1 + \cdots + a_n\alpha_n$, $a_1, \cdots, a_n \in \mathbb{F}_p$. 注意到 $\mathbb{F}_p$ 含有 p 个元, 因此 E 中元的个数为 $|E| = p^n$, 而 E^* 是一个 $p^n - 1$ 阶循环群, 其中任何元 β 都满足 $\beta^{p^n-1} = 1$ (其中 1 是 $\mathbb{F}_p$ 中幺元), 从而 E 中所有元素恰好是多项式 $x^{p^n} - x \in \mathbb{F}_p[x]$ 的所有根. 换言之, E 是可分多项式 $x^{p^n} - x$ 的分裂域. 而多项式的分裂域在同构意义下是存在唯一的. 至此, 我们证明了如下关于有限域的结构定理.

定理4.7.2 设 E 是一个特征为 p 的有限域, 其素域为 $\mathbb{F}_p$, $n = [E : \mathbb{F}_p]$, 则

(1) E 的元的个数 $|E| = p^n$.

(2) E 中非零元的全体 E^* 是一个循环群, 且 $E/\mathbb{F}_p$ 是单扩张.

(3) E 是 $\mathbb{F}_p$ 上多项式 $f(x) = x^{p^n} - x$ 的分裂域.

(4) 同构意义下有且仅有一个 p^n 个元的有限域. 通常记为 $\mathbb{F}_{p^n}$.

注意到 $(x^{p^n} - x)' = -1$, 故 $(x^{p^n} - x)$ 是一个可分多项式. 于是我们有如下结论.

推论4.7.3 若 E 是一个特征为 p 的有限域, 则 $E/\mathbb{F}_p$ 是一个 Galois 扩张. 其 Galois 群是循环群, Frobenius 同构 Fr 是其生成元.

证 E 是可分多项式 $x^{p^n} - x$ 的分裂域, 因此 $E/\mathbb{F}_p$ 是 Galois 扩张. 又 E 是有限域, 故 Fr 是同构. 设由 Fr 生成的循环群为 G, 则 G 在 E 中的不变子域即为 Fr 的不变子域. 而 Fr 的不动点满足 $\mathrm{Fr}(x) = x$, 即 $x^p - x = 0$, 因此 Fr 的不变子域是多项式 $x^p - x$ 的解集, 最多有 p 个元. 自然 $\mathbb{F}_p$ 包含于 Fr 的不变子域, 因此 $\mathbb{F}_p$ 恰为 Fr(也就是 G) 的不变子域. 因此 $\mathrm{Gal}\,(E/\mathbb{F}_p) = G$. □

由于 E 是 $\mathbb{F}_p$ 上的 Galois 扩张, 对于任何中间域 F, E/F 自然也是 Galois 扩张. 进一步, 我们有如下结论.

推论4.7.4 设 E 为有限域, $|E| = p^n$. 若 F 是 E 的子域, 则 $|F| = p^m$ 且 $m|n$. 反之, 对任意 $m|n$, 存在唯一 E 的子域 F 使得 $|F| = p^m$. 此时, E/F 是 Galois 扩张, 且 $\mathrm{Gal}\,(E/F)$ 是循环群, 其生成元为 Fr^m.

证 若 F 是 E 的子域, 则 E 是 F-线性空间, 设维数为 k, 故 $|E| = |F|^k = p^{mk}$.

于是, $mk=n$, 即 $m|n$.

反之, 设 $\mathbb{F}_p$ 为 E 的素域, 则$E/\mathbb{F}_p$ 为 Galois 扩张, 其 Galois 群为 n 阶循环群 $\langle\mathrm{Fr}\rangle$. 当且仅当 $m|n$ 时, n 阶循环群存在唯一的$\dfrac{n}{m}$ 阶子群 $H=\langle\mathrm{Fr}^m\rangle$. 容易得到 $F=E^H$ 为 p^m 个元的中间域, 自然 E/F 为 Galois 扩张, 且 $\mathrm{Gal}(E/F)=H=\langle\mathrm{Fr}^m\rangle$.

□

有限域的结构特点可以帮助我们研究有限域上的不可约多项式. 首先, 我们有如下结论.

引理4.7.5 设 $\mathbb{F}_p$ 为 p 个元的有限域, 则对任意 $n\in\mathbb{N}$ 存在 n 次首一不可约多项式 $f(x)\in\mathbb{F}_p[x]$.

证 设 E 为有 p^n 个元的有限域, 则 E 有一个 p 个元的子域, 自然与 $\mathbb{F}_p$ 同构. 于是, E 可以看作是 $\mathbb{F}_p$ 上的 n 次扩张, 且为单扩张. 设 $E=\mathbb{F}_p(\alpha)$, 则 $\deg\mathrm{Irr}(\alpha,\mathbb{F}_p)=[E:\mathbb{F}_p]=n$, 即 $\mathrm{Irr}(\alpha,\mathbb{F}_p)$ 为 $\mathbb{F}_p$ 上的 n 次首一不可约多项式. □

引理4.7.6 设 $f(x)\in\mathbb{F}_p[x]$ 是一个 n 次首一不可约多项式, 则 $E=\mathbb{F}_p[x]/\langle f(x)\rangle$ 是一个含有 p^n 个元的有限域, 且 $f(x)$ 在 E 中分裂. 进一步, $f(x)|(x^{p^n}-x)$.

证 $E=\mathbb{F}_p[x]/\langle f(x)\rangle$ 是 $\mathbb{F}_p$ 上的 n 次扩张, 自然含有 p^n 个元. 由于 $E/\mathbb{F}_p$ 是 Galois 扩张, 自然是正规扩张. $f(x)$ 在 E 中有一个根 $x+\langle f(x)\rangle$, 因此 $f(x)$ 在 E 中分裂. 由于 E 中所有元都是 $x^{p^n}-x$ 的根, 因此 $f(x)$ 与 $x^{p^n}-x$ 在 E 上不互素, 从而在 $\mathbb{F}_p$ 上也不互素. 又因为 $f(x)$ 在 $\mathbb{F}_p$ 上不可约, 故 $f(x)|(x^{p^n}-x)$. □

利用上述引理可以得到 $x^{p^n}-x$ 的分解, 也可以帮助我们得到有限域上的不可约多项式.

推论4.7.7 $x^{p^n}-x$ 是 $\mathbb{F}_p[x]$ 中所有次数是 n 的因子的首一不可约多项式的乘积.

证 设 E 是 p^n 个元素的有限域, 自然 E 中所有元恰好是 $x^{p^n}-x$ 的所有根. 若 $g(x)$ 为 $x^{p^n}-x$ 的 m 次首一不可约因式, $\alpha\in E$ 为 $g(x)$ 的一个根, 则 $\mathbb{F}_p(\alpha)/\mathbb{F}_p$ 为 m 次扩张. 于是由推论 4.7.4 可得 $m|n$. 反之, 如果 $g(x)$ 为 $\mathbb{F}_p$ 上的 m 次首一不可约多项式, 其中 $m|n$, 则 $K=\mathbb{F}_p[x]/\langle g(x)\rangle$ 为 $\mathbb{F}_p$ 的 m 次扩张. 再次利用推论 4.7.4 可知存在 $\mathbb{F}_p$-同态 $\varphi:K\to E$. 于是 E 中包含 $g(x)$ 的根, 自然 $g(x)$ 与 $x^{p^n}-x$ 不互素. 又 $g(x)$ 不可约, 自然有 $g(x)|(x^{p^n}-x)$. 由于 $x^{p^n}-x$ 没有重根, 它的不可约因式也都是 1 重因式, 结论得证. □

例4.7.8 注意到在 $\mathbb{F}_2$ 中 $-1=1$, 我们容易得到 $\mathbb{F}_2$ 的不超过三次的不可约多项式为

$$x,\quad x+1,\quad x^2+x+1,\quad x^3+x^2+1,\quad x^3+x+1.$$

于是

$$x^8+x=x(x+1)(x^3+x^2+1)(x^3+x+1).$$

在有限单群的分类中有一类被称为 Lie 型单群, 它们与有限域紧密相关, 试举一例如下.

例4.7.9 $G=\mathrm{SL}(3,\mathbb{F}_2)$ 为 168 阶单群.

解 首先计算 G 的阶数. 注意到 $\mathrm{SL}(3,\mathbb{F}_2)=\mathrm{GL}(3,\mathbb{F}_2)$, 我们下面计算一般 $\mathrm{GL}(n,\mathbb{F}_q)$ 的阶数. 设 $A\in\mathrm{GL}(n,\mathbb{F}_q)$, 则 A 的列向量组 $A_1,A_2,\cdots,A_n\in\mathbb{F}_q^{n\times1}$ 线性无关. 显然 $\mathbb{F}_q^{n\times1}$ 共有 q^n 个元. A_1 只要不等于 0 即可, 因此有 q^n-1 个选择; A_2 要与 A_1 线性无关, 即不能形如 kA_1, $k\in\mathbb{F}_q$, 故 A_2 有 q^n-q 中选择; 以此类推, A_{i+1} 不是 $A_1,A_2,\cdots,A_i$ 的线性组合即可, 即不能形如 $k_1A_1+k_2A_2+\cdots+k_iA_i$, $k_i\in\mathbb{F}_q$, 因此共有 q^n-q^i 种选择. 因此 $\mathrm{GL}(n,\mathbb{F}_q)$ 种共有

$$(q^n-1)(q^n-q)\cdots(q^n-q^{n-1})$$

个元. 从而 G 的阶为 $(2^3-1)(2^3-2)(2^3-2^2)=168=2^3\times3\times7$.

其次, 要证明 G 为单群, 需要证明 G 的共轭类的并集不能构成非平凡子群. 下面讨论 G 的共轭类. 当然我们的讨论并不只为了证明 G 是单群.

注意到 $A\in G$ 的特征多项式 $f(x)=|xI_3-A|$ 为三次首一多项式, 且常数项不为零, 则只能为:

(1) $x^3+x^2+x+1=(x+1)^3$; (2) x^3+x+1;

(3) x^3+x^2+1; (4) $x^3+1=(x+1)(x^2+x+1)$.

我们分情况来讨论.

(1) $f(x)=x^3+x^2+x+1=(x+1)^3$.

(a) 若 A 的最小多项式为 $x+1$, 则 $A=I_3$.

(b) 若 A 的最小多项式为$(x+1)^2=x^2+1$, 则 A 为 2 阶元; 当然所有 2 阶元也满足 $A^2=I_3$. 因此, 2 阶元的都与 $T_2=\begin{pmatrix}1&0&1\\0&1&0\\0&0&1\end{pmatrix}$ 共轭, 从而所有的 2 阶元都是共轭的. 容易得到$C_G(T_2)=\left\{\begin{pmatrix}1&a&c\\0&1&b\\0&0&1\end{pmatrix}\middle|\, a,b,c\in\mathbb{F}_2\right\}$, 这是 G 的 8 阶子群, 自然是一个 Sylow 2-子群. 于是 2 阶元共有 $168/8=21$ 个.

(c) 若 A 的最小多项式为 $(x+1)^3$, 则 $(A+I_3)^3=0$, 故 $A^4+I_3=(A+I_3)^4=0$, 即 A 为 4 阶元; 反之, 4 阶元满足 $A^4=I_3$, 故 $x^4+1=(x+1)^4$ 为其零化多项式, 从而其特征多项式为 $(x+1)^3$. 于是我们可以得到所有的 4 阶元都

与$T_4 = \begin{pmatrix} 1 & 1 & 0 \\ 0 & 1 & 1 \\ 0 & 0 & 1 \end{pmatrix}$共轭. 进一步 $C_G(T_4)$ 中的元必是 T_4 的多项式 (为什么?), 于是$C_G(T_4) = \left\{ \begin{pmatrix} 1 & a & b \\ 0 & 1 & a \\ 0 & 0 & 1 \end{pmatrix} \middle| a, b \in \mathbb{F}_2 \right\}$为 4 阶群, 故 4 阶元共有 $168/4 = 42$ 个.

(2) $f(x) = x^3 + x + 1$ 或 $x^3 + x^2 + 1$. 由于 $f(x)|(x^7+1)$, 故 A 为 7 阶元. 反之容易得到 7 阶元的特征多项式必为这两者之一. 由于 $f(x)$ 不可约, 故A 与 $T_7 = \begin{pmatrix} 0 & 0 & 1 \\ 1 & 0 & 1 \\ 0 & 1 & 0 \end{pmatrix}$ 或 $S_7 = \begin{pmatrix} 0 & 0 & 1 \\ 1 & 0 & 0 \\ 0 & 1 & 1 \end{pmatrix}$ 相似. 由于 $C_G(T_7)$ 中元必是 T_7 的多项式 (为什么?), 于是 $C_G(T_7)$ 至多 7 个元且包含 $\langle T_7 \rangle$, 故 $C_G(T_7) = \langle T_7 \rangle$. 同理 $C_G(S_7) = \langle S_7 \rangle$. 从而 7 阶元有两个共轭类, 都含 $168/7 = 21$ 个元. 考察特征多项式可知 7 阶元 A 与其逆 A^{-1} 分属不同的共轭类.

(3) $f(x) = x^3 + 1 = (x+1)(x^2+x+1)$. 自然 A 是 3 阶元, 且与 $T_3 = \begin{pmatrix} 1 & 0 & 0 \\ 0 & 0 & 1 \\ 0 & 1 & 1 \end{pmatrix}$ 共轭. 于是所有 3 阶元彼此共轭. 容易得到 $C_G(T_3) = \langle T_3 \rangle$, 故 3 阶元有 $168/3 = 56$ 个.

利用上述讨论结果容易得到 G 的共轭类的并不能得到非平凡正规子群. 实际上, 如果 G 的正规子群 H 包含 2 阶元, 则包含所有 $I_3 + E_{ij}$, $i \neq j$. 这里 E_{ij} 为只有第 i 行 j 列元素为 1 其他全为 0 的矩阵. 而 $I_3 + E_{ij}$ 生成 G, 故 $H = G$. 于是非平凡正规子群不含 2 阶元, 自然也没有 4 阶元. 再考虑到 3 阶和 7 阶元的共轭类元素个数容易得到 G 没有非平凡正规子群. 于是 G 为单群. □

最后我们给出一个思考题.

思考题4.7.10 168 阶单群一定同构于 $\mathrm{SL}(3, \mathbb{F}_2)$.

习 题 4.7

1. 列出多项式环 $\mathbb{F}_3[x]$ 中次数不超过 2 的所有不可约多项式.

2. 将本节的结论推广到 $\mathbb{F}_q$ 上, 其中 $q = p^n$.

3. 设 p 是一个素数, $q = p^k$, $k \in \mathbb{N}^*$. V 是域 $\mathbb{F}_q$ 上的 n 维线性空间.

(1) 求 V 的一维子空间的个数;

(2) 证明群 $\mathrm{GL}(n, F_q)$ 中有一个 q^n-1 阶循环子群.

4. 给出 9 元域 $\mathbb{F}_3(u)$ 和 9 元域 $\mathbb{F}_3(v)$ 之间的一个同构, 其中 u 和 v 分别是 $\mathbb{F}_3[x]$ 中多项式 x^2+1 和 x^2+x+2 的根.

5. (1) p^n 元域 $E=\mathbb{F}_p(u)$ 中的 u 是否一定是乘法循环群 E^* 的生成元?

(2) 若 2^n-1 是素数, 2^n 元域 $\mathbb{F}_2(u)$ 中的元 u 是否一定是其乘法循环群的生成元?

6. 称 $\mathbb{F}_q[x]$ 中 n 次首一不可约多项式 $f(x)$ 为 $\mathbb{F}_q[x]$ 中的 n 次**本原多项式**, 如果 $f(x)$ 的某一根 u 是域 $\mathbb{F}_q(u)$ 的乘法循环群的生成元.

(1) 证明: x^4+x+1 为 $\mathbb{F}_2[x]$ 中本原多项式;

(2) 证明: $x^4+x^3+x^2+x+1$ 为 $\mathbb{F}_2[x]$ 中不可约多项式但不是本原多项式;

(3) 令 u 为 $x^4+x^3+x^2+x+1\in\mathbb{F}_2[x]$ 的一个根, 试问 $\mathbb{F}_{16}=\mathbb{F}_2(u)$ 中哪些元是 $\mathbb{F}_{16}$ 的乘法群的生成元?

7. 证明: 集合$\left\{\left.\begin{pmatrix}1 & a & b\\ 0 & 1 & c\\ 0 & 0 & 1\end{pmatrix}\right| a,b,c\in\mathbb{F}_q\right\}$对于矩阵的乘法是一个 q^3 阶非 Abel 群.

8. 求群 $G=\mathrm{GL}_n(\mathbb{F}_p)$ 的 Sylow p-子群的个数.

9. 设 $f(x)$ 为首一整系数多项式, 将 $f(x)$ 看作 $\mathbb{F}_p$ 上的多项式, 记为 $f_p(x)$.

(1) 若对某个素数 p 有 $f_p(x)$ 不可约, 证明 $f(x)$ 不可约;

(2) 若对任意素数 p 有 $f_p(x)$ 可约, $f(x)$ 是否一定可约?

训练与提高题

10. 求证: 域 F 是有限域当且仅当 F 的乘法群 F^* 是循环群.

11. 设 R 是只含有有限个元的无零因子环.

(1) 证明: R 中非零元都可逆, 从而 R 是除环;

(2) 证明: 存在素数 p 和正整数 n 使得 $|R|=p^n$;

(3) 证明 **Wedderburn 定理**: R 是域.

4.8 可分多项式与完备域

为了研究可分扩张的结构, 自然需要研究多项式的可分性问题, 即不可约多项式何时有重根. 我们在高等代数中研究数域上多项式的重因式时引入了多项式的形式微商, 这个概念可以推广到一般域上.

定义4.8.1 设 $f(x)=a_nx^n+a_{n-1}x^{n-1}+\cdots+a_0\in F[x]$, 称 $F[x]$ 中多项式

$$f'(x)=na_nx^{n-1}+(n-1)a_{n-1}x^{n-2}+\cdots+a_1$$

为 $f(x)$ 的**导数**或**形式微商**.

利用形式微商的定义, 我们不难验证如下命题.

命题4.8.2 设 $f(x), g(x) \in F[x]$, $a, b \in F$, 则

(1) 若 $\deg f(x) \leqslant 0$, 则 $f'(x)=0$. 当 $\mathrm{Ch}\ F=0$ 时, 若 $f'(x)=0$, 则 $\deg f(x) \leqslant 0$.

(2) $x' = 1$.

(3) $(af(x) + bg(x))' = af'(x) + bg'(x)$.

(4) $(f(x)g(x))' = f'(x)g(x) + f(x)g'(x)$.

可以证明上述四条性质完全刻画了形式微商(见习题). 值得注意的是, 当 $\mathrm{Ch}\,F = p$ 不为 0 时, 不能由 $f'(x) = 0$ 推出 $f(x) \in F$, 例如, $(x^p)' = px^{p-1} = 0$.

定理4.8.3 设 E 是 $f(x) \in F[x]$ 的分裂域, α 是 $f(x)$ 在 E 中的一个 k 重根, 则当 $\mathrm{Ch}\ F \nmid k$ 时, α 是 $f'(x)$ 的 $k-1$ 重根; 当 $\mathrm{Ch}\ F|k$ 时, α 是 $f'(x)$ 的至少 k 重根.

证 设 $f(x) = (x-\alpha)^k g(x)$, 其中 $g(x) \in E[x]$ 且 $g(\alpha) \neq 0$, 则

$$f'(x) = k(x-\alpha)^{k-1}g(x) + (x-\alpha)^k g'(x) = (x-\alpha)^{k-1}(kg(x) + (x-\alpha)g'(x)).$$

当 $\mathrm{Ch}\ F \nmid k$ 时, $kg(\alpha) + (\alpha-\alpha)g'(\alpha) = kg(\alpha) \neq 0$, 故 α 是 $f'(x)$ 的 $(k-1)$ 重根. 当 $\mathrm{Ch}\ F|k$ 时, $kg(x) = 0$, 故 $f(x) = (x-\alpha)^k g'(x)$. 因此 α 是 $f'(x)$ 的至少 k 重根. □

设 $f(x), g(x) \in F[x]$ 不全为零, 我们记 $f(x), g(x)$ 的首一的最大公因式为 $(f(x), g(x))$. 由于 $F[x]$ 是欧几里得环, 最大公因式可以用辗转相除法得到. 容易看出最大公因式与域无关, 即若 E 是 F 的扩域, 则 $f(x), g(x)$ 在 $F[x]$ 上的最大公因式与 $f(x), g(x)$ 在 $E[x]$ 上的最大公因式是相同的.

现在我们可以给出多项式是否有重根的判别法则.

定理4.8.4 域F上多项式$f(x)$在其分裂域E中无重根当且仅当$(f(x), f'(x))=1$.

证 若 $f(x)$ 有 k 重根 α, 其中 $k > 1$. 由定理 4.8.3, α 是 $f'(x)$ 的至少 $k-1$ 重根, 于是在 $E[x]$ 中, $(x-\alpha)^{k-1}|(f(x), f'(x))$. 故 $(f(x), f'(x)) \neq 1$.

反之, 若 $f(x)$ 在 E 中无重根, 则

$$f(x) = c(x-\alpha_1)(x-\alpha_2)\cdots(x-\alpha_n),$$

其中 $c \in K$, 且当 $i \neq j$ 时, $\alpha_i \neq \alpha_j$. 由定理 4.8.3 知 $\alpha_i\ (i = 1, 2, \cdots, n)$ 不是 $f'(x)$ 的根. 因此 $(f(x), f'(x)) = 1$. □

推论4.8.5 设 $p(x) \in F[x]$ 不可约, 则 $p(x)$ 在其分裂域中有重根当且仅当 $p'(x) = 0$.

证 不妨设 $p(x)$ 首一, 其首一的因式只有 $p(x)$ 和 1. 故 $(p(x), p'(x)) = p(x)$ 或 1. 因此 $p(x)$ 有重根当且仅当 $p(x)|p'(x)$. 又 $\deg p'(x) < \deg p(x)$, 于是 $p(x)|p'(x)$ 当且仅当 $p'(x) = 0$. □

若 Ch $F=0$, 容易看出对任意不可约多项式 $p(x)\in F[x]$, $\deg p'(x)\geqslant 0$, 因此 $p'(x)\neq 0$. 因此我们有如下结论.

推论4.8.6　若 Ch $F=0$, $F[x]$ 中的任何不可约多项式都是可分的, 从而 F 上的任何多项式都是可分的.

定义4.8.7　如果域 F 上的多项式都是可分的, 则称 F 为**完备域**.

于是, 特征为 0 的域都是完备域. 这样, 不可分多项式只可能存在于特征为 p 的域上.

设 F 的特征为 p, $f(x)=a_nx^n+a_{n-1}x^{n-1}+\cdots+a_0\in F[x]$ 为不可分的不可约多项式, 则由推论 4.8.5 知 $f'(x)=na_nx^{n-1}+\cdots+a_1=0$. 故 $la_l=0, l=1,2,\cdots,n$. 于是当 $l\nmid p$ 时 $a_l=0$, 即

$$f(x)=a_{mp}x^{mp}+a_{(m-1)p}x^{(m-1)p}+\cdots+a_px^p+a_0.$$

令 $f_1(x)=a_{mp}x^m+a_{(m-1)p}x^{m-1}+a_px+a_0$, 则 $f(x)=f_1(x^p)$. 自然 $f_1(x)\in F[x]$ 也是不可约的. 若 $f_1(x)$ 不可分, 进一步可将 $f_1(x)$ 写成 $f_1(x)=f_2(x^p)$, 而 $f(x)=f_2(x^{p^2})$. 如此重复有限次后我们得到 $F[x]$ 上一个可分的不可约多项式 $h(x)$ 使得

$$f(x)=h(x^{p^k}).$$

由于 $h(x)$ 可分, 故在其分裂域中有分解

$$h(x)=c(x-\beta_1)(x-\beta_2)\cdots(x-\beta_r),$$

其中当 $i\neq j$ 时, $\beta_i\neq\beta_j$. 于是

$$f(x)=c(x^{p^k}-\beta_1)(x^{p^k}-\beta_2)\cdots(x^{p^k}-\beta_r).$$

设 α_i 是 $x^{p^k}-\beta_i$ 的一个根, 即 $\beta_i=\alpha_i^{p^k}$. 于是我们得到如下结论.

定理4.8.8　设 F 的特征为 p, $f(x)\in F[x]$ 为不可分的不可约多项式, 则 $f(x)$ 在其分裂域上有分解

$$f(x)=c(x-\alpha_1)^{p^k}(x-\alpha_2)^{p^k}\cdots(x-\alpha_r)^{p^k},$$

其中 $k\in\mathbb{Z}_+$, 当 $i\neq j$ 时, $\alpha_i\neq\alpha_j$, 且

$$h(x)=c(x-\alpha_1^{p^k})(x-\alpha_2^{p^k})\cdots(x-\alpha_r^{p^k})$$

是 $F[x]$ 中可分的不可约多项式.

现在我们可以进一步研究特征 p 的域 F 中的多项式的可分性了. 注意到映射 $\mathrm{Fr}(a)=a^p$ 是 F 上的 Frobenius 同态, 因此对任意 $a,b\in F$, 有

$$(a+b)^p=a^p+b^p.$$

如果 Fr 是同构, 即 $F=F^p=\{b^p|b\in F\}$, 则在 (??) 中, 存在 $b_i\in F$ 使得 $a_{ip^k}=b_i^p$, $i=0,1,\cdots,m$. 这样

$$f(x)=b_m^p x^{mp^k}+\cdots+b_1^p x^{p^k}+b_0^p=(b_m x^{mp^{k-1}}+\cdots+b_1 x^{p^{k-1}}+b_0)^p.$$

这与 $f(x)$ 不可约矛盾. 因此 F 上的多项式都是可分的, 即 F 是完备域.

反之, 如果 $F\neq F^p$, 则存在 $a\in F$ 使得对任意 $b\in F$, $b^p\neq a$. 令 $f(x)=x^p-a$, 显然有 $f'(x)=0$. 设 E 为 $f(x)$ 的分裂域, α 为 $f(x)$ 在 E 中的一个根, 即 $a=\alpha^p$. 于是在 $E[x]$ 上有

$$f(x)=(x-\alpha)^p.$$

若 $f(x)$ 在 $F[x]$ 中可约, 设 $f(x)=g(x)h(x)$, 其中 $g(x),h(x)$ 为 $F[x]$ 中首一多项式, $\deg g(x)>0,\deg h(x)>0$, 则必有

$$g(x)=(x-\alpha)^r,\quad h(x)=(x-\alpha)^{p-r},$$

其中 $0<r<p$. 于是 $\alpha^r\in F$. 由于 p 为素数, 存在整数 u,v 使得 $up+vr=1$, 于是

$$\alpha=\alpha^{(up+vr)}=(\alpha^p)^u(\alpha^r)^v=a^u(\alpha^r)^v\in F.$$

这与 a 的选取矛盾! 故 $f(x)$ 不可约, 于是 $f(x)$ 是不可分的. 因此, 我们得到了特征为 p 的域为完备域的判别法则.

定理4.8.9 特征 p 的域 F 为完备域当且仅当 F 上的 Frobenius 同态是同构, 即 $F=F^p$.

由于有限集上的单射一定是满射, 因此有限域 F 上的 Frobenius 同态必是满射. 于是我们有如下推论.

推论4.8.10 有限域是完备域.

进一步我们有如下推论.

推论4.8.11 完备域的代数扩张也是完备域.

证 设 F 为完备域, E/F 为代数扩张. 如果 $\mathrm{Ch}\,F=0$, 自然有 $\mathrm{Ch}\,E=0$, 因此 E 是完备域. 故我们只需考虑 $\mathrm{Ch}\,F=p>0$ 的情况. 由 F 完备知 $\mathrm{Fr}(F)=F$. 对任意 $\alpha\in E$, $K=F(\alpha)$ 为有限扩张, 自然 $\mathrm{Fr}(K)=F(\alpha^p)$, 故 $F(\alpha^p)/F$ 是 K/F 的子扩张. 又

$$[\mathrm{Fr}(K):F]=[\mathrm{Fr}(K):\mathrm{Fr}(F)]=[K:F],$$

因此 $\mathrm{Fr}(K)$ 作为 F 上线性空间 K 的子空间与 K 的维数相同, 则 $\mathrm{Fr}(K)=K$, 即 Fr 是同构, 故 E 是完备域. □

由此, 要寻找非完备域, 必须考虑特征为 $p>0$ 的域上的超越扩张. 最简单的情形是如下例题.

例4.8.12 有限域 $\mathbb{F}_p$ 的单超越扩张 $E=\mathbb{F}_p(t)$ 不是完备域. 如果存在 $f(t)/g(t)\in E$, 其中 $f(t),g(t)\in\mathbb{F}_p[t]$, 使得 $(f(t)/g(t))^p=t$. 于是 $f(t)^p-tg(t)^p=0$, 这与 t 是 $\mathbb{F}_p$ 上超越元矛盾. 从而 $E^p\neq E$, 即 $\mathbb{F}_p(t)$ 不是完备域. 类似于定理 4.8.9 的证明中的讨论可知, x^p-t 是不可分的不可约多项式. 实际上类似的构造对于一般非完备域也是可行的.

习 题 4.8

1. 设 F 是一个域, 称 $F[x]$ 上线性变换 D 为 $F[x]$ 的**导子**如果

$$D(f(x)g(x))=D(f(x))g(x)+f(x)D(g(x)).$$

(1) 试求 $F[x]$ 的所有导子的集合 $\mathrm{Der}\,F[x]$;

(2) 证明 $\mathrm{Der}\,F[x]$ 是一个左 $F[x]$-自由模;

(3) 若 $D_1,D_2\in\mathrm{Der}\,F[x]$, 证明 $[D_1,D_2]=D_1D_2-D_2D_1\in\mathrm{Der}\,F[x]$. 是否一定有 $D_1D_2\in\mathrm{Der}\,F[x]$?

2. 设域 F 的特征为 p, $\alpha\in F$, $\alpha\notin F^p$. 证明: 对任意 $n\in\mathbb{N}$, $x^{p^n}-\alpha$ 是 $F[x]$ 中不可约多项式.

3. 设域 F 的特征 $p\neq 0$, $F(\alpha_1,\alpha_2,\cdots,\alpha_m)$ 是 F 的扩域, 其中 $\alpha_1,\alpha_2,\cdots,\alpha_m$ 在 F 上代数无关. 试证:

(1) $[F(\alpha_1,\alpha_2,\cdots,\alpha_m):F(\alpha_1^p,\alpha_2^p,\cdots,\alpha_m^p)]=m$;

(2) $\mathrm{Gal}\,(F(\alpha_1,\alpha_2,\cdots,\alpha_m)/F(\alpha_1^p,\alpha_2^p,\cdots,\alpha_m^p))$ 为平凡群.

训练与提高题

4. 设 E/F 是有限扩张, 证明 E 是完备域当且仅当 F 是完备域. 当 E/F 为代数扩张时, 结论又如何?

4.9 可 分 扩 张

由于完备域上的多项式都是可分的, 因此完备域的代数扩张都是可分扩张. 特别地, 有限域或特征为 0 的域的代数扩张都是可分扩张. 一般情况下, 如何判断一个代数扩张是否是可分扩张呢? 当然我们不可能去验证其中所有元都是可分元, 与代数元的判别方法类似, 我们有如下命题.

命题4.9.1 设 $E = F(\alpha_1, \cdots, \alpha_n)$ 是域 F 上的有限扩张, 且 $\alpha_1, \cdots, \alpha_n$ 都是 F-可分元, 则 E/F 是可分扩张.

证 因为 α_i 可分, 故 $\mathrm{Irr}(\alpha_i, F)$ $(i = 1, 2, \cdots, n)$ 都是可分的不可约多项式. 于是 $f(x) = \prod_{i=1}^{n} \mathrm{Irr}(\alpha_i, F)$ 是可分多项式. 设 K 为 $f(x) \in E[x]$ 的分裂域, 则 K 也是 $f(x) \in F[x]$ 的分裂域, 因此 K 是 F 的可分扩张. 于是, E 上的每个元在 F 上可分, 故 E/F 为可分扩张. □

利用上述命题, 我们容易得到如下推论.

推论4.9.2 设 K 为 F 的代数扩张, $\alpha, \beta \in K$. 若 α, β 都是 F-可分元, 则 $\alpha \pm \beta$, $\alpha\beta$, $\alpha\beta^{-1}(\beta \neq 0)$ 都是 F-可分元.

设 K 为 F 的代数扩张, 令 K_0 是 K 中的 F-可分元的全体, 由上述推论知 K_0 为 K 的子域, 称为 F 在 K 中的**可分闭包**. 当然, $\mathrm{Ch}\ F = 0$ 时 $K_0 = K$, 因此可分闭包只在特征不为零时有意义. 那么, 是否与代数闭包的性质类似有任何 $\delta \in K \backslash K_0$ 都不是 K_0 上可分元呢? 为此我们需要继续探讨可分扩张的性质. 下面的定理显示了有限可分扩张的特别之处.

定理4.9.3 设 E/F 为有限可分扩张, 则 E/F 是单代数扩张, 即存在 $\alpha \in E$ 使得 $E = F(\alpha)$. 这样的 α 称为 E/F 的**本原元**.

证 若 F 是有限域, 则 E/F 自然是单扩张. 以下只考虑无限域.

方法一. 设 $E = F(\alpha_1, \cdots, \alpha_n)$ 为有限可分扩张. 令 $f(x) = \prod_{i=1}^{n} \mathrm{Irr}(\alpha_i, F)$, 则 $f(x)$ 为 F 上可分多项式. 设 $f(x)$ 作为 E 上多项式的其分裂域为 K, 自然 K 也是 $f(x)$ 作为 F 上多项式的分裂域, 因此 K/F 为 Galois 扩张, 只有有限多个中间域. E/F 是 K/F 的子扩张, 因此也只有有限多个中间域. 由于 E 是 F- 线性空间, E 的有限多个真子空间的并不是全空间 (为什么?), 因此, E/F 的所有真中间域 (即不是 E 本身) 的并不是 E, 即存在 $\alpha \in E$ 不属于 E/F 的任何真中间域, 则 $F(\alpha) = E$.

方法二. 利用归纳法, 只需证明 $E = F(\beta_1, \gamma_1)$ 为 F 的单扩张, 即存在 $\alpha \in E$ 使得 $E = F(\alpha)$. 自然我们会选择形如 $\beta_1 + c\gamma_1$ $(c \in F)$ 的元 α, 我们需要证明可以选择合适的 $c \in F$ 使得 $\gamma_1 \in F(\alpha)$, 即 $\mathrm{Irr}(\gamma_1, F(\alpha))$ 是 1 次的, 这样自然有 $\beta_1 = \alpha - c\gamma_1 \in F(\alpha)$.

设 $g(x) = \mathrm{Irr}(\gamma_1, F)$, 自然 $\mathrm{Irr}(\gamma_1, F(\alpha)) | g(x)$. 又设 $f(x) = \mathrm{Irr}(\beta_1, F)$, 考虑 $F(\alpha)$ 上的多项式

$$h(x) = f(\alpha - cx).$$

于是 $h(\gamma_1) = f(\alpha - c\gamma_1) = f(\beta_1) = 0$, 故 γ_1 是 $h(x)$ 的根. 因此 γ_1 是 $h(x)$ 与 $g(x)$ 的公共根. 设 K 是 $f(x)g(x)$ 在 $F(\alpha)$ 上 (自然也是在 F 上) 的分裂域, 则在 $K[x]$ 上

有 $(x-\gamma_1)|(g(x),h(x))$. 如果 $g(x),h(x)$ 的公共根只有 γ_1, 则 $(g(x),h(x))=x-\gamma_1$. 由于最大公因式与域的选取无关, 因此 $g(x),h(x)$ 作为 $F(\alpha)$ 上的多项式的最大公因式也是 $x-\gamma_1$, 从而 $\gamma_1\in F(\alpha)$.

为了选择合适的 c, 我们考虑在 $K[x]$ 上的分解

$$f(x)=\prod_{i=1}^{s}(x-\beta_i),\quad g(x)=\prod_{j=1}^{r}(x-\gamma_j).$$

因为 γ_1 为 F-可分元, 故 $g(x)$ 无重根, 即 $\gamma_1,\gamma_2,\cdots,\gamma_r$ 两两不同. 又

$$h(x)=f(\alpha-cx)=\prod_{i=1}^{n}(\alpha-cx-\beta_i)=\prod_{i=1}^{n}((\beta_1-\beta_i)+c(\gamma_1-x)).$$

而 $h(x)$ 的所有根为 $\gamma_1,\gamma_1+\dfrac{\beta_1-\beta_2}{c},\cdots,\gamma_1+\dfrac{\beta_1-\beta_s}{c}$. 考虑集合

$$\left\{\frac{\beta_1-\beta_i}{\gamma_j-\gamma_1}\middle|1\leqslant i\leqslant s,2\leqslant j\leqslant r\right\},$$

它是有限集, 但是 F 是无限集, 故必存在 $0\neq c\in F$ 使得

$$c\neq\frac{\beta_1-\beta_i}{\gamma_j-\gamma_1},\quad 1\leqslant i\leqslant s,\quad 2\leqslant j\leqslant r.$$

这样, $g(x),h(x)$ 在 K 上只有唯一的公共根 γ_1, 故在 $K[x]$ 中 $(h(x),g(x))=x-\gamma_1$. □

于是我们需要判断单代数扩张 $F(\beta)/F$ 是否可分, 我们有如下引理.

引理4.9.4 设 $\mathrm{Ch}\,F=p>0$, 则 F 的单代数扩张 $F(\beta)$ 是可分扩张当且仅当 $F(\beta)=F(\beta^p)$.

证 设 β 在 F 上可分, 则 β 在 $F(\beta^p)$ 也可分. 令 $f(x)=x^p-\beta^p\in F(\beta^p)[x]$, 则 $f(\beta)=0$ 且在 $f(x)$ 的分裂域中有 $f(x)=(x-\beta)^p$. 因此 $\mathrm{Irr}(\beta,F(\beta^p))$ 为一次多项式, 即为 $x-\beta$, 故 $\beta\in F(\beta^p)$, 从而 $F(\beta)=F(\beta^p)$.

若 β 在 F 上不可分, 则存在 $F(x)$ 中可分不可约多项式 $g(x)$ 使得 $\mathrm{Irr}(\beta,F)=g(x^{p^e})$, 因而 β^p 是 $g(x^{p^{e-1}})$ 的根, $\deg(\beta,F)>\deg(\beta^p,F)$. □

利用这一引理, 我们可以得到如下引理.

引理4.9.5 设 $F(\alpha,\beta)/F$ 为代数扩张, α 在 F 上可分, β 在 $F(\alpha)$ 上可分, 则 $F(\alpha,\beta)/F$ 为可分扩张.

证 不妨设 $\mathrm{Ch}\,F=p$. 只需证明 β 在 F 上可分, 即证明 $F(\beta)=F(\beta^p)$. 由 α 在 F 上可分, 故 α 在 $F(\beta)$, $F(\beta^p)$ 上也是可分的. 设 $g(x)=\mathrm{Irr}(\alpha,F(\beta))$,

$h(x)=\mathrm{Irr}(\alpha,F(\beta^p))$, 则 $g(x)|h(x)$. 而 $g(x)^p\in F(\beta^p)[x]\subseteq F(\beta)[x]$, 则 $h(x)|g(x)^p$. 而 $g(x)$ 与 $h(x)$ 可分 (无重根), 因而 $g(x)=h(x)$. 所以

$$[F(\alpha,\beta^p):F(\beta^p)]=[F(\alpha,\beta):F(\beta)].$$

因 β 在 $F(\alpha)$ 上可分, 故

$$F(\alpha,\beta^p)=F(\alpha)(\beta^p)=F(\alpha)(\beta)=F(\alpha,\beta).$$

故 $F(\beta^p)=F(\beta)$. □

有了以上准备工作, 现在我们可以证明**可分扩张的传递性**.

定理4.9.6 设 $F\subseteq K\subseteq E$, 则 E/K, K/F 为可分扩张当且仅当 E/F 为可分扩张.

证 设 $\beta\in E$, 由 β 在 K 上可分知

$$\mathrm{Irr}(\beta,K)=x^n+a_1x^{n_1}+\cdots+a_n.$$

在 K 上可分. 而 $\mathrm{Irr}(\beta,K)\in F(a_1,\cdots,a_n)[x]$, 从而, β 在 $F(a_1,\cdots,a_n)$ 上可分. K/F 为可分扩张, 故 $a_1,\cdots,a_n$ 在 F 上可分, 且存在 α 使得 $F(a_1,\cdots,a_n)=F(\alpha)$. 故 β 在 $F(\alpha)$ 上可分. 由上述引理可知 $F(\alpha,\beta)$ 为 F 的可分扩张. □

习 题 4.9

1. 求 $\mathbb{Q}(\sqrt{2},\sqrt{3})/\mathbb{Q}$ 的本原元.

2. 设 E 是 $x^5-2\in\mathbb{Q}[x]$ 的分裂域, 求 θ 使得 $E=\mathbb{Q}(\theta)$.

3. 设域 F 的特征 $p\neq 0$, $F(\alpha,\beta)$ 是 F 的代数扩张, 其中 α 可分, $\deg(\alpha,F)=n$, β 不可分, $\deg(\beta,F)=p$. 求 $[F(\alpha,\beta):F]$.

4. 设 K/F 为代数扩张, $\mathrm{Ch}\ F=p\neq 0$, K_0 为 F 在 K 中的可分闭包. 证明: K 是 K_0 的不可分扩张, 且对任意 $\alpha\in K\setminus K_0$, 存在 $s\in\mathbb{N}$ 使得 $\alpha^{p^s}\in K_0$.

5. 设 E/F 为代数扩张, $\mathrm{Ch}\ F=p\neq 0$. 称 $\alpha\in E$ 为 F 的**纯不可分元**, 若有整数 $s\geqslant 0$ 使 $\alpha^{p^s}\in F$. 若 E 中每个元都是 F 上的纯不可分元, 则称 E/F 为**纯不可分扩张**.

(1) 证明: $\alpha\in E$ 为 F 上纯不可分元素当且仅当 $\mathrm{Irr}(\alpha,F)$ 形如 $x^{p^s}-a$, $a\in F$;

(2) 若 $\alpha\in K$ 在 F 上既是可分的又是纯不可分的, 则 $\alpha\in F$;

(3) 设 E_0 为 F 在 E 中的可分闭包, 则 E/E_0 为纯不可分扩张.

6. 设 $\mathrm{Ch}\ F=p>0$, $E=F(\alpha)$, 且存在 $n\in\mathbb{N}$ 使得 $\alpha^{p^n}\in F$. 证明 E/F 是纯不可分扩张.

7. 设 $\mathrm{Ch}\ F=p>0$, K 是 E/F 的中间域. 证明:

(1)E/F 是纯不可分扩张当且仅当 K/F 和 E/K 都是纯不可分扩张;

(2) 若 E/F 是有限正规扩张, 且 $K = \mathrm{Inv}(\mathrm{Gal}(E/F))$, 则 K/F 是纯不可分扩张, E/K 是可分扩张.

8. 设 E/F 为代数扩张, $\mathrm{Ch}\ F = p$ 为素数. 试证 E 中 F 上的纯不可分元素的集合 K 是一个中间域.

9. 证明: 有限纯不可分扩张的 Galois 群是平凡群.

10. 设 K 是域 F 正规扩张, K_0 是 F 在 K 中的可分闭包, 试证 K_0 也是 F 的正规扩张.

训练与提高题

11. 设 E/F 是有限扩张, 证明: E/F 只有有限个中间域当且经当 E/F 为单扩张.

12. 举例说明有限扩张不一定是单扩张.

13. 设 E/F 为 n 次可分扩张, 设 $\bar{F}$ 是 F 的代数闭包, $\sigma : F \to \bar{F}$ 为域同态, 证明 σ 恰可以延拓为 n 个 E 到 $\bar{F}$ 的域同态. 特别地, 令 $\sigma = \mathrm{id}_F$, 则恰存在 n 个 E 到 $\bar{F}$ 的 F-同态.

14. (**代数基本定理**) 设 K 是复数域 $\mathbb{C}$ 上的有限扩张.

(1) 证明: 存在 K 的扩域 E 使得 $E/\mathbb{R}$ 是 Galois 扩张;

(2) 设 H 是 $\mathrm{Gal}(E/\mathbb{R})$ 的 Sylow 2-子群, 令 $F = E^H$. 证明: $F/\mathbb{R}$ 是奇数次单扩张;

(3) 证明: $F = \mathbb{R}$, 从而 $\mathrm{Gal}(E/\mathbb{R}) = H$;

(4) 若 $[K : \mathbb{C}] > 1$, 则存在 K 的子域 K_1 使得 $[K_1 : \mathbb{C}] = 2$;

(5) 证明: $\mathbb{C}$ 上没有二次扩张, 从而 $\mathbb{C}$ 是代数闭域.

4.10 Galois 逆问题

前面我们知道, 一个有限 Galois 扩张或者一个可分多项式的分裂域对应于一个有限群, 一个自然的逆问题是: 任何一个有限群是不是一个有限 Galois 扩张的 Galois 群呢? 这就是所谓的 **Galois 逆问题**. 我们知道一个可分多项式 $f(x) \in F[x]$ 的分裂域是 F 的有限 Galois 扩张. 所以, 我们也把 E/F 的 Galois 群称为 f 的 **Galois 群**, 记为 $G(f, F)$ 或 G_f. 要解决 Galois 逆问题, 就需要研究 G_f 的结构. 由于 $f(x)/(f(x), f'(x))$ 没有重根且与 $f(x)$ 具有相同的根, 故我们可以用前者代替 $f(x)$, 或可假定 $f(x)$ 没有重根. 设 $X = \{\alpha_1, \cdots, \alpha_n\}$ 为 $f(x)$ 在 E 中的所有根的全体. 由于 $\mathrm{Gal}(E/F)$ 把 $f(x)$ 的根仍然映为 $f(x)$ 的根, 故 $\mathrm{Gal}(E/F)$ 自然作用在 X 上, 且由 $E = F(\alpha_1, \cdots, \alpha_n)$ 知该作用是有效的. 于是我们有如下引理.

引理4.10.1 设 $f(x) \in F[x]$ 是 n 次无重根的 (可分) 多项式, E 是 $f(x)$ 的分裂域, $X = \{\alpha_1, \cdots, \alpha_n\}$ 是 $f(x)$ 在 E 中的根集, 则

(1) $\mathrm{Gal}(E/F) < S_X \cong S_n$.

(2) $f(x)$ 的首一不可约因式与 $\mathrm{Gal}(E/F)$ 在 X 上的轨道一一对应. 特别地, $f(x) \in F[x]$ 不可约当且仅当 $\mathrm{Gal}(E/F)$ 作用在 X 上是可递的.

证 只需证明 (2). 我们使用在定义 4.6.2 之前研究 Galois 性质时的类似想法. 设 $p(x)$ 为 $f(x)$ 的首一不可约因式, 其根集为 $X_1 = \{\alpha_1, \cdots, \alpha_l\}$. 对任意 $\sigma \in \mathrm{Gal}\,(E/F)$, $\sigma(\alpha_1)$ 都是 $p(x)$ 的根, 因此 $\sigma(\alpha_1) \in X_1$. 不妨设 α_1 在 $\mathrm{Gal}\,(E/F)$ 作用下的轨道为 $O_1 = \{\alpha_1, \cdots, \alpha_k\}$. 考虑多项式

$$g(x) = \prod_{i=1}^{k}(x - \alpha_i).$$

$g(x)$ 的各项系数都是 $\alpha_1, \cdots, \alpha_k$ 的对称多项式, 因此是 $\mathrm{Gal}\,(E/F)$ 的不动点, 即 $g(x) \in F[x]$. 显然有 $g(x)|p(x)$, 而 $p(x)$ 首一不可约, 故 $g(x) = p(x)$. 因此 $\mathrm{Gal}\,(E/F)$ 在 X 上的轨道与 $f(x)$ 的不可约因式一一对应. 于是, $\mathrm{Gal}\,(E/F)$ 的作用可递当且仅当 $f(x)$ 不可约. □

定义4.10.2 称 S_n 的子群 G 为**可递子群**, 如果 G 作用在 $\{1, 2, \cdots, n\}$ 上可递.

由于任何有限群 G 都是某个对称群 S_n 的子群, 利用 Galois 对应, 如果存在 Galois 扩张 E/F 使得 $\mathrm{Gal}\,(E/F) = S_n$, 则 $G = \mathrm{Gal}\,(E/\,\mathrm{Inv}\,(G))$. 而要找到 Galois 群为 S_n 的 Galois 扩张 E/F, 我们只需要找到一个域 E 使得 S_n 是 $\mathrm{Aut}\,(E)$ 的子群即可. 在研究多元多项式尤其是对称多项式时, 我们利用了 S_n 在其上的作用. 设 F 是个域, $R = F[x_1, \cdots, x_n]$ 为其 n 元多项式环. 对任意 $\sigma \in S_n$, $\sigma(x_i) = x_{\sigma(i)}$ 自然的定义了 R 的一个自同构, 也得到了 S_n 在 R 上的作用. 所有对称多项式恰是 S_n 的不动点集. 考虑 R 的分式域 $E = F(x_1, \cdots, x_n)$, 则 σ 可以自然延拓为 E 的自同构. 设 $p_1, \cdots, p_n$ 是初等对称多项式, 则由 $p_1, \cdots, p_n$ 生成的中间域 $K = F(p_1, \cdots, p_n) \subseteq \mathrm{Inv}\,(S_n)$. 考虑多项式

$$g(x) = (x - x_1)(x - x_2)\cdots(x - x_n) = x^n - p_1 x^{n-1} + p_2 x^{n-2} - \cdots + (-1)^n p_n.$$

于是 $g(x) \in K[x]$. 故 E 是 $g(x) \in K[x]$ 分裂域, 从而 E/K 是 Galois 扩张且 $S_n < \mathrm{Gal}\,(E/K)$. 由于 $\deg g(x) = n$, 因此 $[E:K] \leqslant n!$. 于是

$$n! = |S_n| \leqslant |\,\mathrm{Gal}\,(E/K)| = [E:K] \leqslant n!.$$

由此可得 $\mathrm{Gal}\,(E/K) = S_n$. 因此我们证明了如下定理.

定理4.10.3 设 $R = F[x_1, \cdots, x_n]$ 是域 F 上的 n 元多项式环, 其分式域为 E. 设 $p_1, \cdots, p_n$ 为初等对称多项式. 令 $K = F(p_1, \cdots, p_n)$ 为 E/F 的中间域, 则 E/K 是 Galois 扩张且其 Galois 群为 S_n.

那么, 是否存在 $\mathbb{Q}$ 上的 Galois 扩张使得其 Galois 群是 S_n 呢? 回答是肯定的. 这里, 我们考虑 $n = p$ 是素数的特殊情形. 首先我们需要如下引理.

引理4.10.4 设 p 是素数, 则对称群 S_p 可由任何一个对换和任何一个 p 阶轮换生成.

证 通过重排 $1, \cdots, p$ 的顺序, 我们可以假设对换为 $\tau = (12)$. 任取 p- 轮换 $\gamma = (1 i_2 \cdots i_p)$. 设 $i_k = 2$, 则由于 p 是素数, γ^{k-1} 也是 p-轮换且形如 $(12 j_3 \cdots j_p)$. 再次重排顺序, 不妨设 $\gamma^{k-1} = (123 \cdots p)$. 因此只需证明 $\tau = (12)$ 与 $\sigma = (123 \cdots p)$ 可以生成 S_p. 而

$$\sigma^i (12) \sigma^{-i} = (\sigma^i(1) \sigma^i(2)) = (i\, i+1),$$

而 $(12), (23), \cdots, (p-1, p)$ 是 S_p 的生成元, 故 $(12), (123 \cdots p)$ 也是 S_p 的生成元.□

命题4.10.5 设 p 是素数, $f(x)$ 为 $\mathbb{Q}$ 上 p 次不可约多项式. 若 $f(x)$ 恰有两个非实复根, 则 $G_f \cong S_p$.

证 设 E 是 $f(x)$ 的分裂域, $\alpha \in E$ 是 $f(x)$ 的根, 则 $[\mathbb{Q}(\alpha) : \mathbb{Q}] = p$, 故 $p | [E : \mathbb{Q}]$. 由 Sylow 第一定理 (或 Cauchy 定理) 可知 G_f 中有 p 阶元. 由于 $f(x)$ 是有理系数的, 故复共轭 $\tau(x) = \bar{x}$ 是其根集上的置换, 自然保持 E 不变, 即 $\tau|_E \in G_f$. 由于 $f(x)$ 只有两个非实复根, 故 τ 在根集上的作用是一个对换. 于是由上述引理可知 $G_f \cong S_p$. □

有了上述准备, 我们可以找出大量不可约多项式 $f(x) \in \mathbb{Q}[x]$ 使得 $G_f \cong S_p$.

例4.10.6 设 $p \geqslant 5$ 是一个素数, m 为正数, $n_1 < n_2 < \cdots < n_{p-2}$ 都是整数, 则多项式

$$g(x) = (x^2 + m)(x - n_1) \cdots (x - n_{p-2}) \in \mathbb{Q}[x]$$

恰有两个非实复根. 当然, $g(x)$ 是可约的, 我们需要对 $g(x)$ 进行调整从而构造一个有理系数的不可约多项式. 由于 $n_1, \cdots, n_{p-2}$ 都是单根, 因此这些点都不是 $g(x)$ 的极值点. 故 $g(x)$ 的极值不是 0. 设 $a = \min_{g'(x)=0} |g(x)|$, 即 a 是 $g(x)$ 的所有极值的绝对值最小值. 自然有 $a > 0$. 取正奇数 n 使得 $\dfrac{1}{2n} < a$, 令

$$f(x) = g(x) + \frac{1}{2n}.$$

容易看出 $f(x) \in \mathbb{Q}[x]$ 仍然有 $p-2$ 个实根和 2 个非实复根. 进一步考虑整系数多项式 $2nf(x)$, 其首项是 $2n$, 其他除常数项外的各项系数都是偶数, 而常数项是奇数, 利用 Eisenstein 判别法可知 $2nf(x)$ 作为整系数多项式不可分解, 因此 $f(x)$ 不可约. 这样, 我们构造的 $f(x)$ 满足上述命题的要求, 故 $G_f \cong S_p$.

当然, 并不是所有 Galois 群是 S_p 的多项式都恰有两个复根, 有一些多项式, 如 $x^5 - 5x^3 + 4x + 1$, 它们的根都是实数, 但其 Galois 群也是 S_p. 不过计算这类多项式的 Galois 群有一定难度.

关于求 $f(x) \in \mathbb{Q}[x]$ 使得 G_f (或求的 Galois 扩张 $E/\mathbb{Q}$ 使得 $\mathrm{Gal}(E/\mathbb{Q})$) 是任意给定的有限群的问题被称为 Galois 逆问题, 最早由 Hilbert 和他的学生 Noether 提出, 目前还是一个公开问题. Hilbert 证明了 S_n 和 A_n 都可以实现为 G_f, Shafarevich 证明了有限可解群都可以实现为 G_f.

习 题 4.10

1. 设 $f(x)=x^n+a_1x^{n-1}+\cdots+a_n\in F[x]$ 在分裂域 E 中分解为 $f(x)=\prod\limits_{i=1}^{n}(x-\alpha_i)$. 令

$$\Delta(f)=\prod_{1\leqslant i<j\leqslant n}(\alpha_i-\alpha_j),\quad D(f)=\Delta(f)^2.$$

称 $D(f)$ 为 $f(x)$ 的**判别式**, 则 $D(f)\neq 0$ 当且仅当 f 没有重根.

(1) 证明 ax^2+bx+c 的判别式为 b^2-4ac;

(2) 证明 ax^3+bx^2+cx+d 的判别式为 $b^2c^2-4ac^3-4b^3d-27a^2d^2+18abcd$. 特别地, 如果 $a=1$, $b=0$, 则判别式为 $-4c^3-27d^2$;

(3) 设 $\sigma\in G(f,F)<S_n$, 证明 $\sigma\Delta(f)=\mathrm{sgn}(\sigma)\Delta(f)$, $\sigma D(f)=D(f)$;

(4) 设 $f(x)\in F[x]$ 无重根, 证明 $D(f)\in F$, 且 $G(f,F)<A_n$ 当且仅当 $\Delta(f)\in F$ 当且仅当 $D(f)$ 是 F 中平方元.

2. 设 $f(x)\in F[x]$ 无重根, K 是 F 的扩域. 设 E,E' 分别为 $f(x)$ 在 F 和 K 上的分裂域. 证明: $\mathrm{Gal}\,(E'/K)$ 同构于 $\mathrm{Gal}\,(E/F)$ 的一个子群.

3. 设 F 是域, $f(x)\in F[x]$ 无重根, $\deg f(x)=n$, K 为 $f(x)$ 的分裂域, $u_1,u_2,\cdots,u_n$ 是不定元. 记 $\bar{F}=F(u_1,u_2,\cdots,u_n)$, $\bar{K}$ 为 $f(x)\in\bar{F}[x]$ 的分裂域. 证明 $\mathrm{Gal}\,(\bar{K}/\bar{F})$ 与 $\mathrm{Gal}\,(K/F)$ 同构.

4. 求 $f(x)$ 在 $\mathbb{Q}$ 上的 Galois 群, 其中

(1) $f(x)=x^5-x-1$;

(2) $f(x)=x^5-15x^2+9$.

5. 设 F 是特征为 2 的域, 求 $f(x)$ 在 F 上的 Galois 群, 其中 (1) $f(x)=x^3+x+1$; (2) $f(x)=x^3+x^2+1$.

训练与提高题

6. (Dedekind 定理) 设 p 是素数, $f(x)\in\mathbb{Z}[x]$, 将 $f(x)$ 看作 $\mathbb{F}_p=\mathbb{Z}/p\mathbb{Z}$ 上的多项式时记为 $f_p(x)$. 若 $f_p(x)$ 无重根, 试证 $\mathrm{Gal}\,(f_p,\mathbb{F}_p)$ 与 $\mathrm{Gal}\,(f,\mathbb{Q})$ 的一个子群同构. 特别地, 设 $f_p(x)=g_1(x)g_2(x)\cdots g_r(x)$, 其中 $g_i(x)$ 为 n_i 次不可约多项式, 则 $G(f,\mathbb{Q})$ 包含一个置换, 它可以分解为 r 个长度分别为 $n_1,n_2,\cdots,n_r$ 的轮换之积.

7. 设 $g(x)\in\mathbb{F}_2[x],h(x)\in\mathbb{F}_3[x],k(x)\in\mathbb{F}_5[x]$ 均为首一不可约多项式, $\deg g(x)=n\geqslant 5$, $\deg h(x)=n-1$, $\deg k(x)=2$. 将 $g(x),h(x),k(x)$ 看作整系数多项式, 令 $f(x)=-15g(x)+10xh(x)+6x(x+1)\cdots(x+n-3)k(x)$. 证明:

(1) $f(x)$ 不可约;

(2) $G(f,\mathbb{Q})$ 包含一个 n-轮换, $(n-1)$-轮换和一个对换;

(3) $G(f,\mathbb{Q})\simeq S_n$.

4.11 Abel 扩 张

Shafarevich 证明了任何可解群都是某个 Galois 扩张 $E/\mathbb{Q}$ 的 Galois 群. 一般地, 称 Galois 扩张 E/F 为**可解(Abel, 循环)扩张**, 如果 $\mathrm{Gal}(E/F)$ 是可解 (Abel, 循环) 群. 本节我们主要考察一些 Abel 扩张, 包括分圆扩张、Kummer 扩张和循环扩张. 这些为方程可解性的判别提供了必要的理论基础, 在代数数论的研究中也发挥重要的作用. Abel 在研究高次方程可解性的时候不仅证明了一般五次以上方程不一定存在根式解 (详见 4.12 节), 同时也发现了很多高次方程是可解的. 这些方程的共同点是其 Galois 群都是交换群, 因此也把交换群称为 Abel 群, 对应的扩张称为 Abel 扩张.

我们首先讨论在域论中有某种基础性地位的 Abel 扩张——分圆扩张.

定义4.11.1 *设 E 是 $f(x)=x^n-1\in F[x]$ 的分裂域. 称 $f(x)$ 的根为 n 次***单位根**. *E 中所有的 n 次单位根构成一个循环群, 其中任何 n 阶元 θ_n 称为 n 次***本原单位根**. *如果 E 中有 n 次本原单位根, 则称 E/F 是 n 次***分圆扩张***或 E 是一个 n 次***分圆域**.

尽管 E 是 x^n-1 的分裂域, 但 n 次本原单位根未必存在. 如果 $\mathrm{Ch}\,F=p$, $n=p^km$, $(m,p)=1$, 则

$$x^n-1=(x^m)^{p^k}-1=(x^m-1)^{p^k}.$$

因此 x^n-1 有重因式, 它与 x^m-1 有同样的根. 即我们有如下引理.

引理4.11.2 *如果特征为 p 的域上含有 n 次本原单位根, 则 $(n,p)=1$.*

当 $(n,p)=1$ 时, $(x^n-1)'=nx^{n-1}$, 而 $(x^n-1,nx^{n-1})=1$, 则 x^n-1 无重根. 因此其分裂域 E 上含有 n 个不同的 n 次单位根, 构成 n 阶循环群, 自然存在 n 次本原单位根. 设 $\theta_n\in E$ 为一个本原单位根, 则所有根为 $1,\theta_n,\theta_n^2,\cdots,\theta_n^{n-1}$. 如果 θ_n^k 也是本原单位根, 则存在 $l\in\mathbb{N}$ 使得 $\theta_n=(\theta_n^k)^l=\theta_n^{kl}$, 即 $kl\equiv 1(\mathrm{mod}\,n)$, 或等价地, $(k,n)=1$. 反之, 如果 $(k,n)=1$, 则存在 $l,m\in\mathbb{Z}$ 使得 $kl+nm=1$, 则 $\theta_n^{kl}=\theta_n$. 于是有如下引理.

引理4.11.3 *θ_n^k 是本原单位根当且仅当 $(k,n)=1$.*

通常用 **Euler 函数** $\varphi(n)$ 表示 $\{1,2,\cdots,n\}$ 中与 n 互素的数的个数. 设 n 的素因子分解为

$$n=p_1^{e_1}p_2^{e_2}\cdots p_r^{e_r}.$$

则容易证明

$$\varphi(n)=n\left(1-\frac{1}{p_1}\right)\left(1-\frac{1}{p_2}\right)\cdots\left(1-\frac{1}{p_r}\right).$$

容易看出 $\{0,1,\cdots,n-1\}$ 中与 n 互素的整数是环 $\mathbb{Z}/n\mathbb{Z}$ 中所有乘法可逆元, 它们构成的群记为 $U_n(n=1$ 时 $U_1=\{0\})$, 则 $\varphi(n)=|U_n|$. 实际上 U_n 与分圆域的 Galois 群关系很大. 我们有如下命题.

命题4.11.4 设 E/F 为 n 次分圆扩张, 则 $\mathrm{Gal}(E/F)$ 同构于 U_n 的子群. 从而分圆扩张都是 Abel 扩张.

证 由于 $E=F(\theta_n)$, 任意 $\sigma\in\mathrm{Gal}(E/F)$ 完全由 $\sigma(\theta_n)$ 确定, 而 $\sigma(\theta_n)$ 一定是一个 n 次本原单位根, 即存在唯一的 $k\in\{0,1,\cdots,n-1\}$ 且 $(k,n)=1$ 使得 $\sigma(\theta_n)=\theta_n^k$, 则 $\sigma\mapsto k$ 就定义了 $\mathrm{Gal}(E/F)$ 到 U_n 的单射. 容易验证这个映射是群同态. 因此, $\mathrm{Gal}(E/F)$ 同构于 U_n 的一个子群. □

一般地, $\mathrm{Gal}(E/F)\ncong U_n$. 例如 F 中如果含有 n 次本原单位根, 则 $E=F$, $\mathrm{Gal}(E/F)$ 是平凡群. 那么什么情况下有 $\mathrm{Gal}(E/F)\cong U_n$ 呢? 为此, 考虑多项式

$$\Psi_n(x)=\prod_{k\in U_n}(x-\theta_n^k).$$

由 Galois 群作用的不变性可得 $\Psi_n(x)\in F[x]$, 称其为 n 次**分圆多项式**. 它的次数为 $\varphi(n)$.

引理4.11.5 设 $E=F(\theta_n)$ 为 n 次分圆域, 则下列命题等价:

(1) $[E:F]=\varphi(n)$;

(2) $\mathrm{Gal}(E/F)\cong U_n$;

(3) $\Psi_n(x)$ 是 F 上不可约多项式.

证 (3) $\Rightarrow$ (1) 和 (1) $\Rightarrow$ (2) 都是明显的. 只需证明 (2) $\Rightarrow$ (3). 如果 $\mathrm{Gal}(E/F)\cong U_n$, 则对任意 $k\in U_n$, 都存在 $\sigma\in\mathrm{Gal}(E/F)$ 使得 $\sigma(\theta_n)=\theta_n^k$. 换句话说所有 n 次本原单位根在 $\mathrm{Gal}(E/F)$ 作用下形成一个轨道. 由引理 4.10.1 可得 $\Psi_n(x)$ 是不可约的. □

因此, 研究 $\Psi_n(x)$ 的可约性就极为关键. 首先如何计算 $\Psi_n(x)$? 这需要借助多项式 x^n-1. 由于 $\Psi_n(x)|x^n-1$, 而 x^n-1 的所有根构成 n 阶循环群, 任何根的阶数都是 n 的因子. 而对于 $d|n$, d 次单位根自然也是 n 次单位根. 因此 $\Psi_d(x)|x^n-1$ 当且仅当 $d|n$. 将分解式 $x^n-1=\prod\limits_{k=0}^{n-1}(x-\theta_n^k)$ 中的同次本原单位根对应的一次因式合并可得如下命题.

命题4.11.6 x^n-1 可以分解为

$$x^n-1=\prod_{d|n}\Psi_d(x).$$

特别地, 如果 p 是素数, 则

$$\Psi_p(x)=\frac{x^p-1}{x-1}=x^{p-1}+x^{p-2}+\cdots+1.$$

这个命题也给了我们计算 $\Psi_n(x)$ 的递推关系, 即

$$\Psi_n(x)=\frac{x^n-1}{\prod\limits_{d|n,d<n}\Psi_d(x)}.$$

例如, $\Psi_1(x)=x-1$, $\Psi_2(x)=\frac{x^2-1}{\Psi_1(x)}=x+1$, $\Psi_3(x)=x^2+x+1$, $\Psi_4(x)=\frac{x^4-1}{(x-1)(x+1)}=x^2+1$, $\Psi_5(x)=x^4+x^3+x^2+x+1$, $\Psi_6(x)=\frac{x^6-1}{(x-1)(x+1)(x^2+x+1)}=x^2-x+1$.

那么如何判断这些分圆多项式是否不可约呢? 一个简单的例子是如下例题.

例4.11.7 设 p 是素数, 则由 Eisenstein 判别法, $\Psi_p(x)$ 在 $\mathbb{Q}$ 上不可约. 从而 $\mathbb{Q}$ 上的 p 次分圆域 E 的 Galois 群与 U_p 同构.

这个现象并不是偶然的, 实际上我们有如下命题.

命题4.11.8 $\Psi_n(x)\in\mathbb{Z}[x]$ 且 $\Psi_n(x)$ 在 $\mathbb{Q}$ 上不可约. 从而 $\mathrm{Gal}\,(\mathbb{Q}(\theta_n)/\mathbb{Q})\cong U_n$.

证 由于 $x^n-1=\prod\limits_{d|n}\Psi_d(x)$, $x^n-1\in\mathbb{Z}[x]$ 是本原多项式且 $\Psi_d(x)\in\mathbb{Q}[x]$ 首一, 利用关于本原多项式的 Gauss 引理可得 $\Psi_d(x)\in\mathbb{Z}[x]$.

设 $\Psi_n(x)$ 可约, 设 $\Psi_n(x)=g(x)h(x)$, 其中 $g(x),h(x)\in\mathbb{Z}[x]$ 都是首一的真因式. 由于 $g(x)$ 的根都是本原单位根, 故存在 $g(x)$ 的根 ξ 和 $p\in U_n$ 使得 ξ^p 是 $h(x)$ 的根. 我们可以选取 p 是素数 (为什么?). 于是 ξ 是 $h(x^p)$ 的根, 则 $h(x^p)$ 与 $g(x)$ 存在公因式, 即 $k(x)=(h(x^p),g(x))\neq 1$, 且 $k(x)$ 为首一整系数多项式. 将 $\mathbb{Z}\to\mathbb{Z}/p\mathbb{Z}=\mathbb{F}_p$ 的自然环同态延拓为环同态 $\mathbb{Z}[x]\to\mathbb{F}_p[x]$, 任何 $f(x)\in\mathbb{Z}[x]$ 的像记为 $\bar{f}(x)$, 则 $\bar{k}(x)|(\bar{h}(x^p),\bar{g}(x))$. 由于任意 $a\in\mathbb{F}_p$ 有 $a^p=a$, 故 $\bar{h}(x^p)=(\bar{h}(x))^p$. 于是 $(\bar{h}(x),\bar{g}(x))\neq 1$. 而 $\bar{\Psi}_n(x)=\bar{g}(x)\bar{h}(x)$, 故 $\bar{\Psi}_n(x)$ 有重因式, 从而 $x^n-1\in\mathbb{F}_p[x]$ 有重根, 矛盾. 故 $\Psi_n(x)$ 在 $\mathbb{Q}$ 上不可约. □

注记4.11.9 证明 $\Psi_n(x)$ 的不可约性的思想是 Dedekind 在 1857 年给出的, 并在后来得到了很大的发展, 成为数论中的重要研究方向, 揭示了代数数域、有限域和 p-adic 域之间的联系.

下面我们需要研究 U_n 的结构. 由于 U_n 是 $\mathbb{Z}/n\mathbb{Z}$ 中乘法的可逆元的全体, 我们首先考虑 $\mathbb{Z}/n\mathbb{Z}$ 的结构.

定理4.11.10 设 $n=n_1n_2\cdots n_t$ 满足 $(n_i,n_j)=1$, $i\neq j$, 则

$$\mathbb{Z}/n\mathbb{Z}\cong\mathbb{Z}/n_1\mathbb{Z}\oplus\mathbb{Z}/n_2\mathbb{Z}\oplus\cdots\oplus\mathbb{Z}/n_t\mathbb{Z}.$$

证 令 $\pi_i:\mathbb{Z}\to\mathbb{Z}/n_i\mathbb{Z}$ 为自然的环同态, 定义映射 $\pi:\mathbb{Z}\to\mathbb{Z}/n_1\mathbb{Z}\oplus\mathbb{Z}/n_2\mathbb{Z}\oplus\cdots\oplus\mathbb{Z}/n_t\mathbb{Z}$, $\pi(k)=(\pi_1(k),\cdots,\pi_t(k))$. 容易验证这是一个环同态. 由于 n_i 两两互素, 故其核为 $\mathrm{Ker}\,\pi=n\mathbb{Z}$. 再由中国剩余定理可知, 对任意 $k_1,\cdots,k_t\in\mathbb{Z}$, 存在 $n\in\mathbb{Z}$ 使得 $n\equiv k_i(\mathrm{mod}\,n_i)$. 因此 π 是满射. 由环的同态基本定理即得所要结论. □

考虑 $\mathbb{Z}/n\mathbb{Z}$ 和 $\mathbb{Z}/n_1\mathbb{Z}\oplus\mathbb{Z}/n_2\mathbb{Z}\oplus\cdots\oplus\mathbb{Z}/n_t\mathbb{Z}$ 的可逆元可得如下推论.

推论4.11.11 $U_n\cong U_{n_1}\oplus U_{n_2}\oplus\cdots\oplus U_{n_t}$. 特别地, 当 $n=p_1^{a_1}p_2^{a_2}\cdots p_l^{a_l}$ 为素因子分解时, 有 $U_n\cong U_{p_1^{a_1}}\oplus U_{p_2^{a_2}}\oplus\cdots\oplus U_{p_l^{a_l}}$.

当 p 是素数时, U_p 作为 $\mathbb{F}_p$ 的可逆元的全体是一个循环群. 一般情况要复杂一些, 留给感兴趣的读者自行探讨.

在分圆扩张的基础上我们可以讨论一类在研究方程求解中起到关键作用的Abel扩张.

定义4.11.12 设 F 包含 n 次本原单位根, $a_1,\cdots,a_r\in F$, 则称 $(x^n-a_1)\cdots(x^n-a_r)$ 的分裂域 E 为 **Kummer 域**, 称 E/F 为 **Kummer 扩张**.

当 $\mathrm{Ch}\ F=p$ 时, 自然有 $(p,n)=1$. 因此 x^n-a_i 都是可分多项式, 从而 E/F 是 Galois 扩张. 当 $\mathrm{Ch}\ F=0$ 时, E/F 自然也是 Galois 扩张. 不过需要注意的是 Kummer 扩张的前提是要求 F 中含有 n 次本原单位根. 首先看几个例子.

例4.11.13 当 $n=2$ 时, 由于 F 包含二次本原单位根, 自然有 $\mathrm{Ch}\ F\neq 2$. 任何特征不是 2 的域自然含有二次本原单位根 -1. 此时有 $E=F(\sqrt{a_1},\cdots,\sqrt{a_r})$. 当 $r=1$ 时, E/F 是二次扩张. 容易验证: 任何 F 的二次扩域都是形如 $F(\sqrt{a})$ 的 Kummer 域, 其中 $a\in F$ 不是平方元.

例4.11.14 在 $\mathbb{Q}$ 上考虑 x^3-a 的分裂域 E. 如果 a 是一个有理数的立方, 则容易验证 $E/\mathbb{Q}$ 是二次扩张, 自然是 Kummer 域. 如果 a 不是立方元, 则任取 α,β 为 x^3-a 的两个不同根, 有 $(\alpha/\beta)^3=1$. 故 E 包含三次本原单位根 θ_3. 从而 E 也是 Kummer 域, $E/\mathbb{Q}(\theta_3)$ 为 Kummer 扩张.

定理4.11.15 Kummer 扩张是 Abel 扩张, 其 Galois 群的每个元的阶都是 n 的因子.

证 设 F 含有 n 次本原单位根, E 为 $(x^n-a_1)\cdots(x^n-a_r)\in F[x]$ 的分裂域, $\alpha_i\in E\ (i=1,\cdots,r)$ 是 x^n-a_i 的一个根, 则 $\alpha_i,\alpha_i\theta_n,\cdots,\alpha_i\theta_n^{n-1}$ 是 x^n-a_i 的所有根. 由于 $\theta_n\in F$, 故 $E=F(\alpha_1,\cdots,\alpha_r)$. 设 $\sigma,\tau\in\mathrm{Gal}\,(E/F)$, 则 $\sigma(\alpha_i)$ 与 $\tau(\alpha_i)$ 还是 x^n-a_i 的根, 设为 $\sigma(\alpha_i)=\alpha_i\theta_n^{j_i}$, $\tau(\alpha_i)=\alpha_i\theta_n^{k_i}$, 则 $\sigma(\tau(\alpha_i))=\alpha_i\theta_n^{k_i+j_i}=\tau(\sigma(\alpha_i))$. 由于 $\alpha_1,\cdots,\alpha_r$ 是 E/F 的生成元, 故 $\sigma\tau=\tau\sigma$. 因此 $\mathrm{Gal}\,(E/F)$ 是 Abel 群. 进一步, $\sigma^n(\alpha_i)=\alpha_i\theta_n^{nj_i}=\alpha_i$, 故 $\sigma^n=\mathrm{id}$. □

推论4.11.16 设 p 是素数, F 包含 p 次本原单位根, E 是 $x^p-a\in F[x]$ 的分裂域且 $E\neq F$, 则 x^p-a 不可约且 $\mathrm{Gal}\,(E/F)$ 为 p 阶循环群.

证 容易知道 $\mathrm{Gal}\,(E/F)$ 不是平凡群且 $|\mathrm{Gal}\,(E/F)|=[E:F]\leqslant p$. 由上

述定理知 $\mathrm{Gal}\,(E/F)$ 的每个元都是 p 阶元, 故 $\mathrm{Gal}\,(E/F)$ 为 p 阶循环群. 从而 $[E:F]=p$, □

上述推论的逆命题也是正确的, 见习题.

习 题 4.11

1. 证明: $\varphi(n)=\sum\limits_{d|n}\mu(n/d)d$. 这里, μ 为 Möbius 函数.

2. 设 $n=p_1^{e_1}p_2^{e_2}\cdots p_r^{e_r}$, 其中 p_i 为素数, $e_i\in\mathbb{N}$. 证明

$$\varphi(n)=n\left(1-\frac{1}{p_1}\right)\left(1-\frac{1}{p_2}\right)\cdots\left(1-\frac{1}{p_r}\right).$$

3. 证明: $\Psi_n(x)=\prod\limits_{d|n}(x^d-1)^{\mu(n/d)}$.

4. 设 $(m,n)=1$, 证明: $x^{mn}-1\in\mathbb{Q}[x]$ 的分裂域与 $(x^m-1)(x^n-1)\in\mathbb{Q}[x]$ 的分裂域相同, 且 $\mathrm{Gal}\,(x^{mn}-1,\mathbb{Q})\cong\mathrm{Gal}\,(x^m-1,\mathbb{Q})\times\mathrm{Gal}\,(x^n-1,\mathbb{Q})$.

5. 设 x^p-a 为 $\mathbb{Q}[x]$ 中不可约多项式. 证明: $\mathrm{Gal}\,(x^p-a,\mathbb{Q})$ 与 F_p 中的变换群 $\{\sigma_{kl}|k\neq 0\}$ 同构. 其中, $\sigma_{kl}(y)=ky+l$, $y\in F_p$.

6. 设 p 是素数, F 包含 p 次本原单位根, E/F 是循环扩张且 $[E:F]=p$, 证明: 存在 $d\in E$, $d^p\in F$, $E=F(d)$.

7. 设 E 是 F 的扩张, 证明: E/F 是 Kummer 扩张当且仅当 E/F 是 Abel 扩张且 F 包含 r 次本元单位根, 其中 r 是 $\mathrm{Gal}\,(E/F)$ 中元的阶的最大值.

训练与提高题

8. (1) 设 E 为数域, 且 $E/\mathbb{Q}$ 为有限 Galois 扩张, 证明: E 中的元都是可构造数当且仅当 $[E:\mathbb{Q}]$ 为 2 的幂次;

(2) 设 $\theta\in\mathbb{C}$ 为 n 次本原单位根, 证明: 尺规作图可以作出正 n 边形当且仅当 $[\mathbb{Q}(\theta):\mathbb{Q}]$ 是 2 的幂次当且仅当 $n=2^kp_1\cdots p_l$, 其中 $k\in\mathbb{N}$, $p_1,\cdots,p_l$ 为互不相同的 **Fermat 素数**, 即形如 $2^{2^m}+1$ 的素数.

9. 证明: 当 $k\geqslant 3$ 时, U_{2^k} 是一个 2 阶群和一个 2^{k-2} 阶循环群的直积; 当 p 为奇素数时, U_{p^k} 为循环群.

10. (1) 设 G 是有限 Abel 群, 证明存在某个 U_n 的子群 H 使得 $G\cong U_n/H$;

(2) 任何有限 Abel 群都是某个 Galois 扩张 $E/\mathbb{Q}$ 的 Galois 群.

4.12 方程的根式解

汉谟拉比时代的楔形文字泥板记录了四千年前的古巴比伦人对二次方程求根的探索, 实际上他们已经找到求根公式了. 直到 3000 多年后的文艺复兴时期, 一

批意大利数学家在三、四次方程的求根公式问题上取得了突破. 首先是 Ferro 和 Tartaglia 独立的发现了后来被称为 Cardano 公式的三次方程求根公式. Cardano 的学生 Ferrari 在三次方程求根的基础上找到了四次方程的求根方法. 1770 年, Lagrange 用一种统一的方法来处理低于五次的方程的求根方法, 他的方法体现了根置换的思想. 不过他的方法对于五次以上方程求解并不适用, 也提示人们五次以上方程未必有求根公式. 1799 年, Ruffini 证明一般五次以上方程不可解, 不过证明中有漏洞. 直到 1824 年, Abel 给出了后来被称为 Abel-Ruffini 定理的完整证明, 正式宣告一般五次以上方程不可解. 尽管如此, 还是有很多高次方程明显可解的. Galois 用群的思想给出了这个问题的完美的回答. 现在我们已经做好了足够的准备工作来欣赏 Galois 的结果. 不过首先我们需要对方程的可解性给出严格的数学定义. 本节考虑的都是特征为 0 的域, 因此扩张都是可分的, 正规扩张即为 Galois 扩张.

定义4.12.1 称 E/F 为**单根式扩张** 如果 $E=F(\alpha)$ 且 α 是 $x^n-\beta\in F[x]$ 的根. 称 E/F 为**根式扩张**如果存在中间域 $F_0=F,F_1,F_2,\cdots,F_r=E$ 满足 F_{i+1}/F_i, $i=0,1,2,\cdots,r-1$, 都是单根式扩张. 此时称 $F,F_1,F_2,\cdots,F_r=E$ 为**根式扩张塔**. 如果 $f(x)\in F[x]$ 的分裂域是 F 的某个根式扩张的子域, 则称 $f(x)$ **可用根式解**.

利用根式扩张的定义不难得到如下引理.

引理4.12.2 设 K/F, E/K 都是根式扩张, 则 E/F 也是根式扩张.

例4.12.3 分圆扩张是单根式扩张. Kummer 扩张是根式扩张.

证 设 E/F 是 n 次分圆扩张, θ_n 是 n 次本原单位根, 则 $E=F(\theta_n)$, 故 E/F 是单根式扩张. 再考虑 Kummer 扩张 E/F, 设 E 是 $\prod\limits_{i=1}^{r}(x^n-a_i)\in F[x]$ 的分裂域, $\alpha_i\in E$ 是 x^n-a_i 的根, 由于 F 中含有 n 次本原单位根, 则 $K=F(\alpha_1,\cdots,\alpha_n)$. 因此 $F\subseteq F(\alpha_1)\subseteq F(\alpha_1,\alpha_2)\subseteq\cdots\subseteq F(\alpha_1,\cdots,\alpha_n)=K$ 是根式扩张塔. 故 K/F 是根式扩张. □

要利用 Galois 理论来研究方程的可用根式解, 自然需要考虑 Galois 扩张, 但根式扩张不一定是 Galois 扩张. 由于我们考虑的是特征为零的域, 所有扩张都是可分的, 我们只要找一个正规的根式扩张包含给定的根式扩张即可. 实际上我们可以得到更好的结果.

设 $F_0=F\subseteq F_1\subseteq F_2\subseteq\cdots\subseteq F_r=E$ 是一个根式扩张, 其中 $F_{i+1}=F_i(\alpha_i)$, α_i 是 $x^{n_i}-a_i\in F_i[x]$ 的根. 因 α_i 可以看作 $x^n-a_i^{n/n_i}\in F_i[x]$ 的根, 我们可以用 $n=n_0n_1\cdots n_{r-1}$ 代替所有的 n_i. 故不妨设 $n_0=n_1=\cdots=n_{r-1}=n$, 即 α_i 是 x^n-a_i 的根. 于是令 K_0 是 $x^n-1\in F_0[x]$ 的分裂域, 则 $K_1=K_0(\alpha_0)\supseteq F_0(\alpha_0)=F_1$. 由于 K_0 包含所有 n 次单位根, $K_0(\alpha_0)$ 实际上就是 x^n-a_0 的分裂域. 故 K_1/F 是正规根式扩张. 同理, $K_1(\alpha_1)$ 是 x^n-a_1 的分裂域. 但是 $x^n-a_1\in F_1[x]$, 并不一定有

$x^n-a_1\in F[x]$, 所以 $K_1(\alpha_1)/K_1$ 是正规根式扩张, 但 $K_1(\alpha_1)/F$ 不一定正规. 这里需要做一点处理. 由于 $a_1\in F_1\subseteq K_1$, 而 K_1/F 是正规扩张, 于是 $f_{a_1}(x)=\mathrm{Irr}(a_1,F)$ 在 K_1 中分裂, 即存在 $b_1,\cdots,b_k\in K_1$ 使得 $f_{a_1}(x)=(x-b_1)\cdots(x-b_k)$. 注意到 $(x^n-b_1)\cdots(x^n-b_k)=f_{a_1}(x^n)\in F[x]$, 令 K_2 为 $(x^n-b_1)\cdots(x^n-b_k)$ 的分裂域. 故 K_2/F 为正规扩张. 而 K_2/K_1 为 Kummer 扩张, 从而也是根式扩张. 这样做下去, 我们就得到了如下定理.

定理4.12.4 *设 $F_0=F\subseteq F_1\subseteq\cdots\subseteq F_r=E$ 为根式扩张塔, 则存在域扩张列*

$$F\subseteq K_0\subseteq K_1\subseteq\cdots\subseteq K_r=K,$$

使得 $F_i\subseteq K_i$, K_i/F 是正规扩张, K_i/K_{i-1} 是 Kummer 扩张. 特别地, 根式扩张 E/F 总是某个正规根式扩张 K/F 的子扩张.

既然 K/F 是正规扩张, 自然是 Galois 扩张, 我们可以考虑其 Galois 群 $G=\mathrm{Gal}(K/F)$ 及与根式扩张塔对应的子群列. 令 $G_{-1}=G$, $G_i=\mathrm{Gal}(K_i)=\mathrm{Gal}(K/K_i)$. 于是由 Galois 基本定理可得子群序列

$$G_{-1}\supseteq G_0\supseteq G_1\supseteq\cdots\supseteq G_r=\{\mathrm{e}\}.$$

由于 K_i/F 是正规扩张, 故 $G_i\lhd G$, 故上式为 G 的正规序列. 进一步, 由于 $G_i=\mathrm{Gal}(K/K_i)$, $G_i\lhd G_{i-1}$, 因此 $G_{i-1}/G_i\cong\mathrm{Gal}(K_i/K_{i-1})$. 而 K_i/K_{i-1} 为 Kummer 扩张, 故 $\mathrm{Gal}(K_i/K_{i-1})$ 是 Abel 群. 于是 $[G_{i-1},G_{i-1}]<G_i$. 因此 G 是可解群.

于是我们有如下定理.

定理4.12.5 *多项式 $f(x)\in F[x]$ 可用根式解当且仅当其 Galois 群 G_f 是可解群.*

证 设 E 是 $f(x)$ 的分裂域. 如果 $f(x)$ 可用根式解, 则 E 包含于 F 的某个根式扩张 K 中. 由上述定理, 我们可以假定 K 是正规的. 于是 $G_f=\mathrm{Gal}(E/F)\cong\mathrm{Gal}(K/F)/\mathrm{Gal}(K/E)$. 而 $\mathrm{Gal}(K/F)$ 可解, 因此 G_f 是可解群.

反之, 设 $n=|G_f|$, K/E 是 x^n-1 的分裂域, 即把 x^n-1 看作 $E[x]$ 中多项式的分圆扩张, 则存在 n 次本原单位根 $\theta\in K$ 使得 $K=E(\theta)$. 显然 $F_1=F(\theta)$ 也是分圆域. 由于 E 是正规扩张, 对任意 $\sigma\in G=\mathrm{Gal}(K/F_1)$ 有 $\sigma(E)=E$, 因此 $\pi:G\to G_f$, $\pi(\sigma)=\sigma|_E$ 是一个群同态. 如果 $\sigma|_E=\mathrm{id}_E$, 又由于 $\sigma_{F_1}=\mathrm{id}$, 因此 $\sigma=\mathrm{id}_K$. 故 π 是单同态. 由于 G_f 是可解群, 则 G 也是可解群. 于是存在 G 的次正规序列 $G=G_1\supset G_2\supset\cdots\supset G_r=\{e\}$ 使得 G_i/G_{i+1} 为 p_i 阶群, 其中 p_i 为素数, $i=1,2,\cdots,r-1$, 则存在中间域序列

$$F_1\subseteq F_2\subseteq\cdots\subseteq F_r=K,$$

使得 $F_i = K^{G_i}$. 由于 $\mathrm{Gal}(K/F_{i+1}) = G_{i+1} \lhd G_i = \mathrm{Gal}(K/F_i)$, 故 F_{i+1}/F_i 是正规扩张且 $\mathrm{Gal}(F_{i+1}/F_i) \cong G_i/G_{i+1}$ 为素数阶 (循环) 群. 又由于 F_i 包含 n 次单位根, $p_i|n$, 因此由第 4.11 节习题 6 可知 F_{i+1}/F_i 为单根式扩张. 故 K/F_1 是根式扩张. 又 F_1/F 为根式扩张, 因此 K/F 也是根式扩张. E 包含于根式扩张 K/F 中, 故 $f(x)$ 可用根式解. □

注记4.12.6 当 $n \leqslant 4$ 时, S_n 都是可解群, 因此四次以下多项式都是可用根式解的. 而 $n \geqslant 5$ 时 A_n 为单群, 自然 S_n 不可解. 对于素数 $p \geqslant 5$, 我们已经构造出 p 次多项式使其 Galois 群为 S_p, 故五次以上方程不一定可以用根式解.

习 题 4.12

1. 由 $(p-q)^3 = -3pq(p-q) + (p^3 - q^3)$ 得 $p - q$ 满足方程 $x^3 + 3pqx - (p^3 - q^3) = 0$. 试由此给出三次方程的求根公式.

2. 对 $x^4 + bx^2 + cx + d = 0$，考虑

$$(x^2 - t)^2 = (b - 2t)x^2 + cx + (d + t^2).$$

证明: 右式为完全平方当且仅当 $c^2 - 4(b-2t)(d+t^2) = 0$. 由此给出四次方程的求根公式.

3. 设二次方程 $ax^2 + bx + c = 0$ 的两个根为 x_1, x_2, 用系数表达 $x_1 - x_2$, 并结合$x_1 + x_2 = -\dfrac{b}{a}$ 给出二次方程求根公式.

4. 设三次方程 $x^3 + bx + c = 0$ 的根为 x_1, x_2, x_3, ω 为三次单位根, $u = x_1 + \omega x_2 + \omega^2 x_3$, $v = x_1 + \omega^2 x_2 + \omega^4 x_3$.

(1) 证明: $u^3 + v^3$, u^3v^3 为 x_1, x_2, x_3 的对称多项式, 并利用方程的系数求出表达式;

(2) 利用 $x_1 + x_2 + x_3 = 0$ 及 u, v 的值给出三次方程的求根公式.

训练与提高题

5. 设四次方程 $x^4 + bx^2 + cx + d = 0$ 的根为 x_1, x_2, x_3, x_4.

(1) ω 为四次单位根, $u = x_1 + \omega x_2 + \omega^2 x_3 + \omega^3 x_4$, $v = x_1 + \omega^2 x_2 + \omega^4 x_3 + \omega^6 x_4$, $w = x_1 + \omega^3 x_2 + \omega^6 x_3 + \omega^9 x_4$. 类似于上题方法给出四次方程的求根公式;

(2) 令 $u = x_1 + x_2 - x_3 - x_4$, $v = x_1 - x_2 + x_3 - x_4$, $w = x_1 - x_2 - x_3 + x_4$. 类似于上题方法给出四次方程的求根公式.

4.13 本章小结

域扩张理论是在方程 $f(x)=0$ 是否可用根式解的探索过程中提出来的. 方程的所有根自然张成了 $f(x)\in F[x]$ 的分裂域 E. 可用根式解意味着 E 包含于 F 的某个根式扩张中. 我们可以要求这个根式扩张 R 是一个 Galois 扩张, 这样 $\mathrm{Gal}(R/F)$ 和 $\mathrm{Gal}(E/F)$ 都是可解群, 从而 $f(x)=0$ 可用根式解与 $\mathrm{Gal}(E/F)$ 的可解性等价. 因此, 对于多项式的分裂域及其 Galois 群的研究是至关重要的. 当然, 只有在多项式是可分的情形, 其分裂域的结构才与其 Galois 群的结构有很好的对应. 这就引出了对于有限 Galois 扩张的研究, 在这个过程中, 有限扩张、代数扩张、正规扩张、可分扩张和完备域等概念才相继提出, 并引出了对超越扩张、纯不可分扩张等问题的研究. 有趣的是, 尺规作图的问题与域扩张理论有紧密联系, 对于古希腊三大作图问题的解决是域扩张的牛刀小试, Galois 理论的进一步应用可以解决正 n 边形的尺规作图问题.

参 考 文 献

[1] 顾沛, 邓少强. 简明抽象代数. 北京: 高等教育出版社, 2003.

[2] 孟道骥, 陈良云, 史毅茜, 白瑞蒲. 抽象代数 I –代数学基础. 北京: 科学出版社, 2010.

[3] 聂灵沼, 丁石孙. 代数学引论. 北京: 高等教育出版社, 1988.

[4] Artin M. Algebra. State of New Jersey: Prentice-Hall, 1991.

[5] Ash R B. Abstract Algebra: The Basic Graduate Year. http://www.math.uiuc.edu/ r-ash/.

[6] Atiyah M F, Macdonald I G. Introduction to Commutative Algebra. State of New Jersey: Addison-Wesley Publishing Company, 1969.

[7] Andrew Baker. An Introduction to Galois Theory. 2012. http://www.maths.gla.ac.uk/ ajb/dvi-ps/Galois.pdf.

[8] Baez J. The Octonions. Bulletins of the American Mathematical Society, 2001, 39: 145—205.

[9] Hua L K. On the automorphisms of a sfield. Proc. Nat. Sci. USA, 1949, 35: 386—389.

[10] Isaacs I M. Algebra, a graduate course. Brooks/Cole Publishing Company, 1994.

[11] Jacobson N. Basic Algebra I. New York: Dover Publications, 1985.

[12] Koblitz N. p-adic Numbers, p-adic Analysis, and Zeta-functions. 2nd ed. New York: Springer, 1984.

[13] Lang S. Algebra. 3rd ed. New York: Springer, 2002.

[14] Milne J S. Fields and Galois Theory. 2012. http://www.doc88.com/p-9179389284730.html.

[15] Robert A M. A Course in p-adic Analysis. New York: Springer, 2000.

[16] Zariski O, Samuel P. Commutative Agebra. Vol. Ⅰ, Ⅱ. New York: Springer, 1958.

索　　引

其他